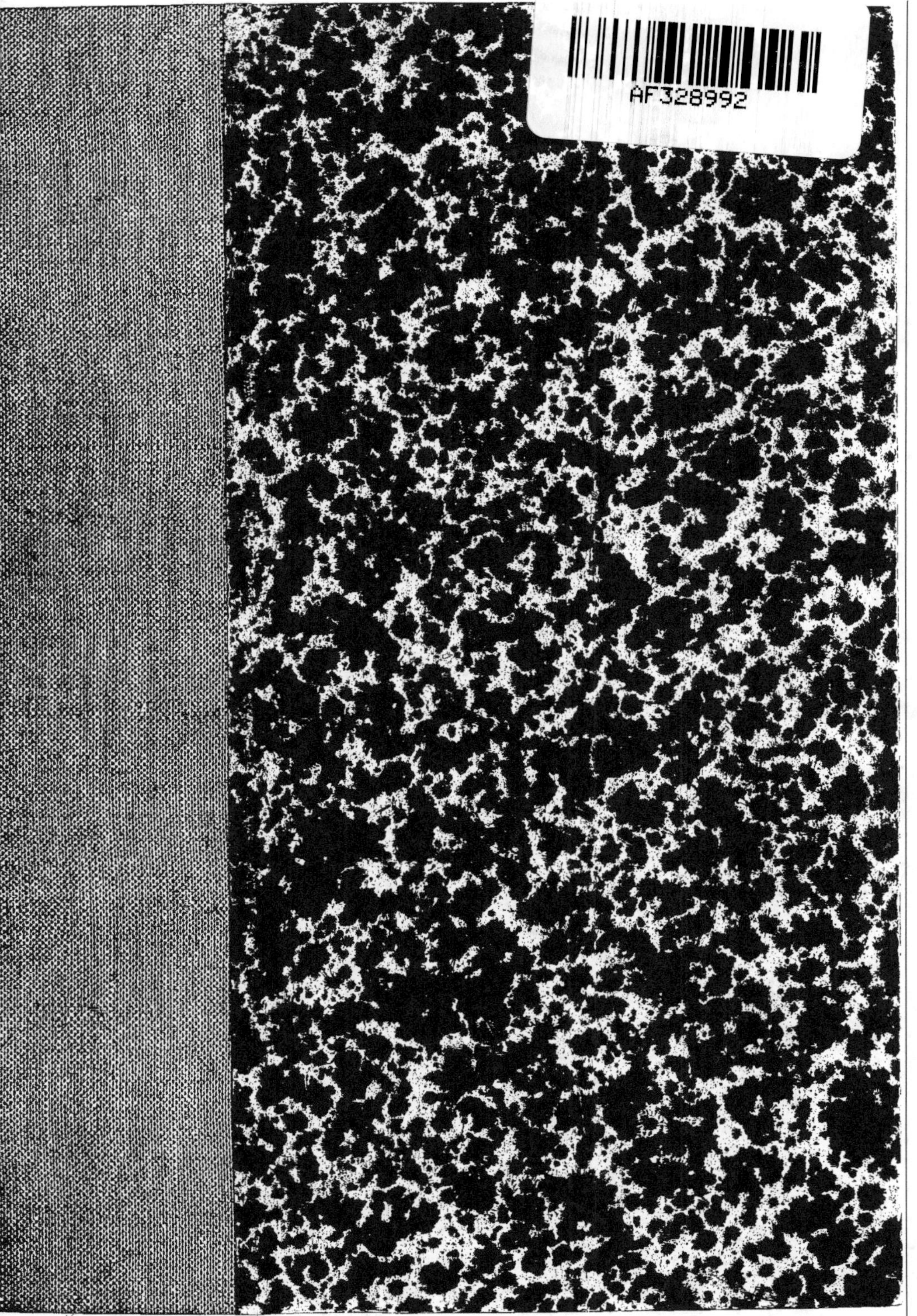
AF328992

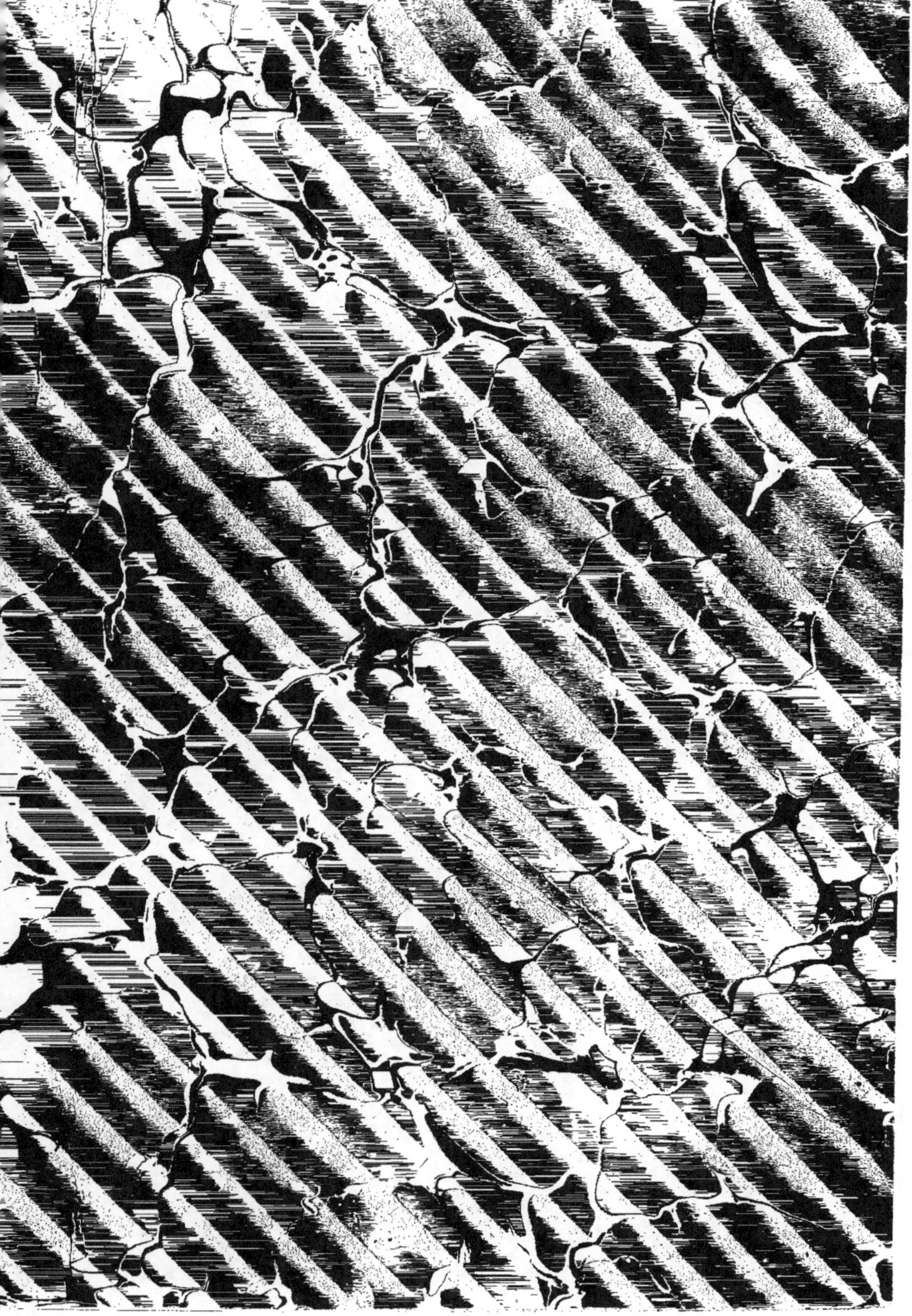

STATISTIQUE INTERNATIONALE
PUBLIÉE SUR L'ORDRE DU CONGRÈS DE STATISTIQUE.

STATISTIQUE INTERNATIONALE

DES

GRANDES VILLES.

PREMIÈRE SECTION:

MOUVEMENT DE LA POPULATION.

TOME I.

Rédigé par

JOSEPH KŐRÖSI

DIRECTEUR DU BUREAU DE STATISTIQUE DE LA VILLE DE BUDAPEST, MEMBRE DE LA COMMISSION PERMANENTE DU CONGRÈS
INTERNATIONAL DE STATISTIQUE.

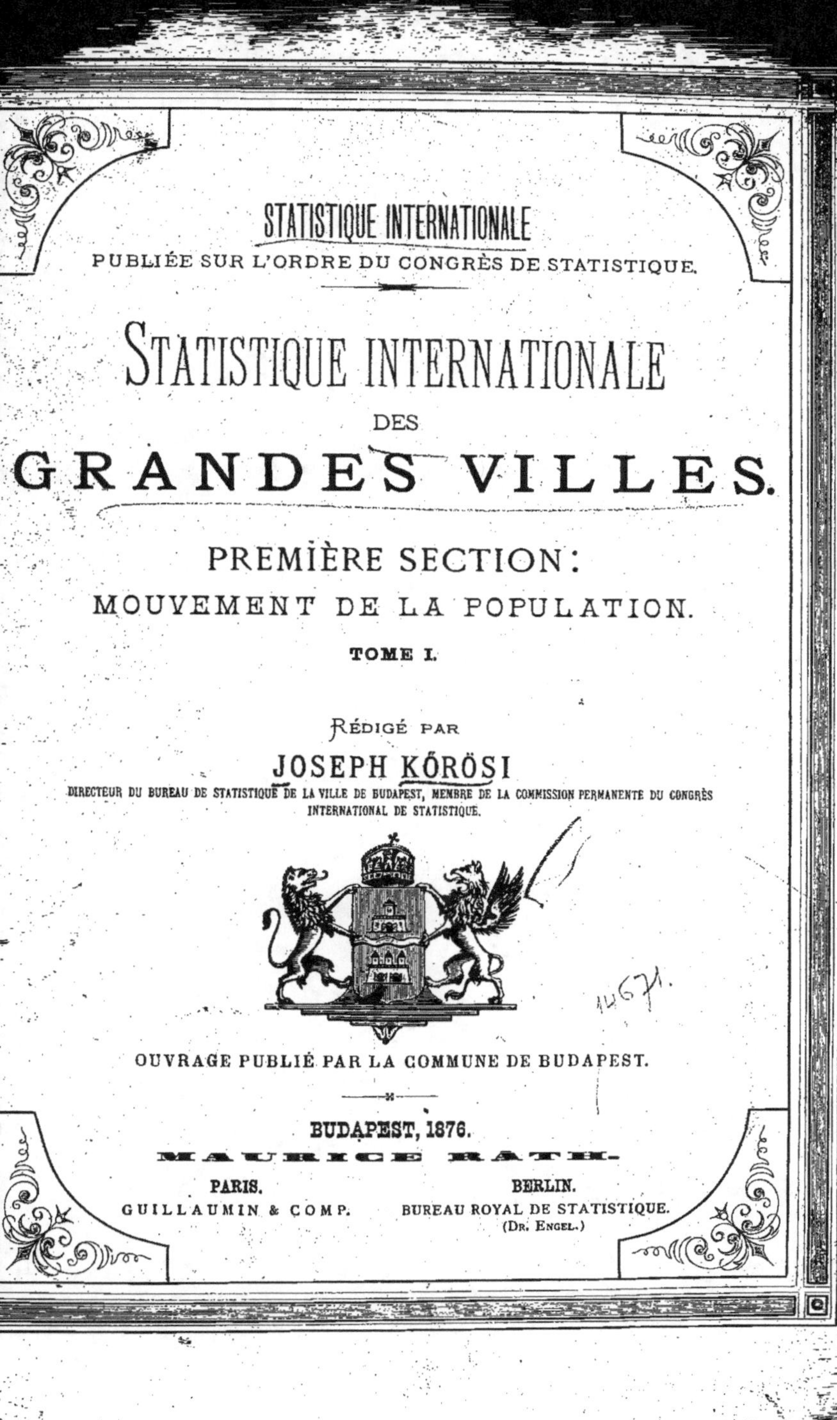

OUVRAGE PUBLIÉ PAR LA COMMUNE DE BUDAPEST.

BUDAPEST, 1876.

MAURICE RATH.

PARIS.   BERLIN.
GUILLAUMIN & COMP.   BUREAU ROYAL DE STATISTIQUE.
                                    (Dr. Engel.)

STATISTIQUE INTERNATIONALE

PUBLIÉE SUR L'ORDRE

DU

CONGRÈS INTERNATIONAL DE STATISTIQUE.

STATISTIQUE INTERNATIONALE

DES

GRANDES VILLES.

BUDAPEST, 1876.

MAURICE RÁTH.

PARIS.
GUILLAUMIN & COMP.

BERLIN.
BUREAU ROYAL DE STATISTIQUE.
(DR. ENGEL.)

STATISTIQUE INTERNATIONALE

DES

GRANDES VILLES.

PREMIÈRE SECTION:

MOUVEMENT DE LA POPULATION.

TOME I.

Rédigé par

JOSEPH KŐRÖSI

DIRECTEUR DU BUREAU DE STATISTIQUE DE LA VILLE DE BUDAPEST, MEMBRE DE LA COMMISSION PERMANENTE DU CONGRÈS INTERNATIONAL DE STATISTIQUE.

OUVRAGE PUBLIÉ PAR LA COMMUNE DE BUDAPEST.

— ⁂ —

BUDAPEST, 1876.

MAURICE RÁTH.

PARIS.	**BERLIN.**
GUILLAUMIN & COMP.	BUREAU ROYAL DE STATISTIQUE.
	(DR. ENGEL.)

IMPRIMERIE SOCIÉTAIRE D'ACTIONS À PEST.

Préface.

En publiant ce premier volume sur le mouvement de la population de 38 grandes villes (au-dessus de 100,000 habitants) nous ne faisons que remplir un devoir en exprimant nos chaleureux remercîments à Messieurs les chefs des bureaux de statistique des différents pays, ainsi qu'à Messieurs les maires des différentes villes, qui ont bien voulu prêter leur appui à cette entreprise internationale.

Nous ne devons pas moins de remercîments à tous les Messieurs, qui se sont chargés de faire le recueil des données concernant leur ville, et dont nous publions les noms à la tête de cet ouvrage.

Quant à la distribution des matières, nous renvoyons à la table des matières, dans laquelle on pourra reconnaître le système que nous nous proposions de réaliser, mais que nous n'avons pu suivre partout, vu la diversité des tableaux et les difficultés techniques de l'impression.

Nous avons calculé en pour cent les chiffres les plus marquants quant au mouvement de la population. Cependant ce n'est que lorsque nous nous occuperons de la récapitulation et de la comparaison des données, travail qui paraîtra à la fin de l'ouvrage, que nous pourrons à cet égard entrer dans de plus grands détails. Relativement aux chiffres des mariages, des naissances et des décès sur 1000 habitants, nous ne les avons calculés que pour les années où il y avait eu un recensement.

Nous croyons qu'on sera content de trouver dans cet ouvrage quelques renseignements sur le climat et la bibliographie. Quant à ce dernier point, nous ne prétendons pas que les sources que nous donnons soient complètes pour toutes les villes, quoique les renseignements qui nous ont été fournis sur ce point nous aient été envoyés par les autorités communales elles-mêmes.

Quant à l'ordre dans lequel suivent les villes, nous ne pouvions pas nous en tenir à l'ordre géographique, vu que les renseignements des diverses villes d'un même état nous étaient arrivés à diverses époques.

Que le lecteur nous permette de requérir son indulgence pour l'essai que nous lui présentons. Si l'on considère la peine que nécessitait un pareil travail (les réductions en pour cent d'une ville comme Berlin par exemple s'élevaient à cinq cents), et qu'il a été entrepris par un bureau qui, suffisamment occupé de ses propres travaux, a dû encore trouver le temps d'entreprendre ce travail, ainsi qu'un autre sur les finances, on comprendra qu'il ait pu s'y glisser quelques erreurs.

Le meilleur moyen de remédier à celles qui pourraient s'y trouver serait d'en avertir l'auteur, qui les fera disparaitre dans la partie comparative qui terminera cet ouvrage.

Plusieurs tableaux nous ayant été envoyés sans indication de l'époque à laquelle ils se rapportaient, il est admissible qu'ils concernent l'époque généralement indiquée dans nos formulaires, c'est-à-dire les dix dernières années en général, excepté les renseignements sur le degré d'instruction des fiancés et leur état civil, et sur l'âge des morts, rubriques dont l'époque n'était pas fixée.

Budapest, fin d'août 1876.

Mᵣ· *A. N. Kiaer*; directeur du bureau de statistique de la Norvège, pour la ville de *Christiania*.

Mᵣ· *François Maggiore Perni*, directeur du bureau communal de statistique, pour la ville de *Palerme*.

Mᵣ· *F. C. W. Nessmann*, directeur du bureau de statistique pour *Hambourg*.

Mᵣ· Dᵣ· *Obernberg*, directeur du bureau communal de statistique de la ville de *Francfort sur le Main*.

Mᵣ· *A. Pencowitz*, directeur du bureau de statistique de la Roumanie, pour la ville de *Boucarest*.

Mᵣ· *Fr. X. Proebst*, directeur du bureau communal de statistique pour la ville de *Munich*.

Mᵣ· le Dᵣ· *Joseph Rizetti*, médicin en chef pour la ville de *Turin*.

Son Excellence Mᵣ· *Paul de Seménow*; directeur du bureau de statistique de la Russie, pour les villes de *St. Pétersbourg*, de *Moscou* et d'*Odessa*.

Table des matières.

RAPPORT

SUR LES

PROGRÈS DE LA STATISTIQUE INTERNATIONALE

DES

GRANDES VILLES.

Comme la statistique internationale en général, celle aussi qui concerne les grandes villes est due à la proposition de Mr. le Dr. E n g e l, qui, à la dernière séance du Congrès de St. Pétersbourg, fit la proposition d'ajouter cette nouvelle branche à la grande entreprise scientifique.

Le congrès de statistique, se ralliant à cette proposition, nomma pour rédacteurs Mrs. Schwabe et Kőrösi qui eurent à s'entendre sur les procédés à employer et à faire entre eux la répartition des différents chapitres.

Les premiers chapitres à publier auraient dû être l'état et le mouvement de la population, les finances et l'instruction publique.

L'auteur de ce volume présenta à la première séance de la commission permanente, tenue à Vienne en 1873, la liste des grandes villes (au-dessus de 100,000 habitants) auxquelles les rédacteurs avaient l'intention de s'adresser, ainsi qu'un plan provisoire sur la statistique du mouvement de la population, et s'occupa l'année suivante de la préparation de la statistique des finances, tandis que son collègue, Mr. Schwabe s'occupait de la préparation de la statistique de l'instruction publique.

Mais la mort étant venue à enlever prématurément Mr. Schwabe à ses travaux, la science perdit en lui un de ses plus éminents et de ses plus fervents apôtres.

En 1875, nous fîmes la distribution des formulaires sur le mouvement de la population et sur les finances. Et comme nous ne pouvions guère supposer que les demandes d'un statisticien, livré à lui même, eussent pu décider les autorités communales à se vouer aux travaux et à faire les frais que nécessitaient cette statistique internationale, nous nous sommes adressé à cet égard aux bureaux de statistique, pour les prier de bien vouloir accorder à cette entreprise la puissante autorité que leur donnent leur position et l'influence dont ils jouissent dans leur pays. Le résultat constata l'opportunité de cette mesure, car la liste assez longue des grandes villes dont la statistique se trouve ici est due en majeure partie au bienveillant accueil que la plupart des bureaux de statistique ont daigné faire à notre demande.

C'est donc en première ligne à ces bureaux, ainsi qu'à leurs honorés chefs, que nous devons avant tout exprimer nos remercîments.

Ce furent surtout les renseignements sur le mouvement qui nous parvinrent en plus grand nombre, les tableaux relatifs aux finances étant encore en retard. Cela s'explique par le fait que les données concernant le mouvement pouvaient être puisées dans des matériaux entièrement préparés, tandis que, pour les finances, il y avait à refaire les comptes si compliqués des grandes villes, et non-seulement pour une année, mais pour tout une dixaine d'années. Le fait que, malgré la grandeur du travail occasionné par une pareille entreprise, les autorités d'un grand nombre de villes ont satisfait à nos demandes, et que même plusieurs d'entre elles nous ont livré de véritables monographies, pourrait bien être considéré comme la preuve, que les autorités municipales elles-mêmes ont senti la nécessité de s'enquérir sur l'état dans lequel se trouvaient les finances des grandes villes.

Nous présentons actuellement le premier volume des mouvements de la population et la moitié du premier volume concernant la statistique des finances, qui sera complété par les renseignements qui nous seront envoyés par les autres grandes villes jusqu'à la fin de juin prochain, tandis que le deuxième volume de la première section sera publié aussitôt que les matériaux, dont nous espérons la rentrée nous seront parvenus. Ce ne sera qu'à la fin de ces deux sections que nous passerons à la partie comparative de cet ouvrage.

Disons maintenant un mot touchant l'état actuel de la statistique du mouvement de la population.

Il y a en tout 38 grandes villes dont nous avons reçu les données demandées; 2 ont refusé, 5 ont promis, de 49 nous attendons encore la réponse.

Les grandes villes dont nous avons tenu compte sont les suivantes:

(Nous suivons l'ordre des états accepté à St. Pétersbourg et marquons d'un * les villes contenues dans le premier volume.)

I. Russie: 1. *St.-Petersbourg. 2. *Moscou. 3. *Odessa. 4. Varsovie. 5. Riga. Nous avons de sincères remercîments à faire à Son Excellence Mr. Paul de Séménow, qui nous a fourni des tableaux tout à fait achevés pour les trois premières villes de la Russie. Il ne nous a pas été jusqu'à présent possible de nous procurer les données concernant Varsovie. Quant à Riga, nous espérons pouvoir en communiquer les données aux premières feuilles du deuxième volume. — Il faut encore remarquer que, d'après le dernier recensement, Kiew entre aussi au nombre des villes au-dessus de 100,000 habitants, mais il est encore incertain, si nous pourrons en obtenir des données.

II. Suède: 6. *Stockholm,

III. Norvége: 7. *Christiania.

IV. Danemark: 8. *Copenhague.

V. Allemagne: 9. *Berlin, 10. *Munich, 11. *Dresde, 12. *Stuttgard, 13. *Hambourg, 14. *Breslau, 15. *Cologne, 16. *Leipsic, 17. *Francfort sur le Mein. Messieurs les bourgmestres des villes de 18. Hanovre, et de 19. Königsberg nous ont déclaré ces jours derniers qu'ils n'étaient pas en état de nous fournir de renseignements. Nous nous bornerons donc à la publication des données qui peuvent être puisées sur ces villes dans la Statistique officielle de la Prusse, vu que cette statistique contient des rubriques spéciales sur les grandes villes.

VI. Grande-Bretagne: Nous regrettons infiniment que cet ouvrage soit si pauvre quant aux renseignements relatifs aux nombreuses grandes villes de l'Angleterre. Quant à Londres, nous avons extrait des Annual report of the Registrar General, publications célèbres à bon droit, tout ce qui convenait à notre but; mais nous avons, en outre, reçu à la fin d'août 1876, quelques données sur l'état de la population et sur les chiffres trimestriels que nous devons à la bonté de Mr. William Farr, et que nous avons encore pu publier, attendu que la ville de Londres est justement celle qui termine notre ouvrage. Mais quant aux autres villes, nous sommes encore privé de renseignements, bien que Mr. Reader-Lack ait, à la vérité, eu la bonté de nous envoyer quelques données sur diverses grandes villes de la Grande-Bretagne, situées soit en Europe soit dans les possessions transocéaniennes. Nous les avons aussi publiées, mais comme elles ne concernent que la superficie, le nombre des maisons et le chiffre total de leur population, elles ne suffisent pas pour satisfaire aux exigences de la statistique internationale. Il y a donc, comme on le voit, encore une grande lacune à combler dans cet ouvrage. Nous espérons qu'il sera possible de remédier à cet état des choses par le contact personnel auquel donnera lieu le Congrès actuel.

La liste des villes de la Grande-Bretagne est la suivante:

a) en Europe: 20. *Londres, 21. Liverpool, 22. Glasgow, 23. Manchester, 24. Birmingham, 25. Dublin, 26. Sheffield, 27. Edinburgh, 28. Bristol, 29. Newcastle upon Tyne, 30. Portsmouth, 31. Salford, 32. Belfast, 33. Stoke upon Trent, 34. Bradford, 35. Hull, 36. Oldham, 37. Leeds.

b) Possessions transocéaniennes: 38. Calcutta, 39. Melbourne, 40. Sidney, 41. Montréal, 42. Bombay, 43. Madras, 44. Lucknow, 45. Bénarès, 46. Delhi.

VII. Pays Bas: 47. *La Haye, 48. *Rotterdam, 49. *Amsterdam.

VIII. Belgique: 50. *Anvers, 51. *Liège, 52. *Gand, 53. Bruxelles. Les données sur la ville de Bruxelles sont en route pendant que ces feuilles vont sous presse.

IX. France: Nous devons à l'affabilité de Mr. Deloche, chef de section au ministère, la promesse de nous faire parvenir, par l'intermédiaire du gouvernement, les données qu'il sera possible de recueillir sur les grandes villes de France, et nous savons même que les autorités communales ont été invitées de la part du gouvernement à remplir les tableaux internationaux. Néanmoins, nous n'avons pas reçu jusqu'à présent de renseignements desdites villes, pas même de la

---

*) Nous avons réclamé pour la dernière fois les données de cette ville le 20 juillet 1876.

capitale, Paris, bien que nous ayons fait aussi des démarches personnelles à la Préfecture de la Seine. Force nous était donc de rassembler les données relatives à Paris autant que nous le permettaient les sources dont dispose notre bibliothèque.

C'est donc aussi à l'égard des villes de France que nous nous voyons contraint d'ajourner nos espérances au prochain congrès.

Les grandes villes de France sont: 54. *Paris, 55. Lyon, 56. Marseille, 57. Bordeaux, 58. Lille, 59. Toulouse, 60. Nantes, 61. Rouen.

X. Espagne: 62. Madrid, 63. Barcelonne, 64. Havannah, 65. Manille.

Nous espérons aussi, quant aux villes de l'Espagne, que le contact personnel, tel qu'il aura lieu au Congrès, contribuera à aboutir à de meilleurs résultats que la simple correspondance, — qui, d'ailleurs, était rendue difficile par la guerre qui a sévi dans ce pays jusqu'à ces derniers temps.

XI. Portugal: 66) Lisbonne.

XII. Italie: 67. *Rome, 68. *Turin, 69. *Milan, 70. *Nâples, 71. *Palerme, 72. *Venise, 73. Gênes, 74. Florence.

Nous ne pouvons passer sous silence l'accueil amical que notre honoré collègue Mr. Bodio à fait à notre entreprise, car c'est en grande partie à son constant appui que nous devons de voir aussi complète la liste des villes d'Italie. Quant aux villes de Gênes et de Florence qui seules manquaient, ce fut en dernier lieu au mois de juillet qu'il s'est de nouveau adressé aux autorités communales, — mais nous ignorons à l'heure qu'il est quel sera le succés de cette démarche.

XIII. Autriche: 75. *Vienne, 76. *Prague, 77. *Trieste.

XIV. Hongrie: 78. *Budapest.

XV. Roumanie: 79. *Boucarest.

XVI. États-unis d'Amérique: 80. *Philadelphie, 81. *Boston, 82. *St. Louis (Missouri), 83. *San Francisco, 84. *New-Orléans, 85. New-York, 86. Baltimore, 87. Cincinnati, 88. Washington, 89. Louisville.

D'après une communication qui nous a été faite par Mr. Young, chef du bureau de statistique des États-unis, nous pouvons espérer, que les renseignements relatifs à New-York ne manqueront pas dans le second volume.

XVII. Brésil: 90. Rio de Janeiro, 91. Bahia.

XVIII. Mexique: 92. Mexico.

Faisant donc le bilan de cette entreprise internationale, nous composons le tableau suivant:

	Publié	Vraisemblablement pour le 2ᵉ tome	Douteux	Total
Russie	3	1	1	5
Suède	1	—	—	1
Norvége	1	—	—	1
Danemark	1	—	—	1
Allemagne	9	2	—	11
Grande-Bretagne	1	—	26	27
Pays-Bas	2	—	1	3

	Publié	Vraisemblablement pour le 2ᵉ tome	Douteux	Total
Belgique	3	1	—	4
France	1	—	7	8
Espagne	—	—	4	4
Portugal	—	—	1	1
Italie	6	—	2	8
Autriche	3	—	—	3
Hongrie	1	—	—	1
Roumanie	1	—	—	1
États-unis	5	5	—	10
Brésil	—	—	2	2
Mexique	—	—	1	1
En somme	38	9	45	92

Supposé donc que nous réussissions à résoudre la question qui se rapporte aux villes de la Grande-Bretagne et de la France, il ne nous manquerait plus que 14 villes pour pouvoir présenter au congrès la Statistique de toutes les grandes villes du Monde qui puissent être prises en considération.

Qu'il nous soit enfin permis d'exprimer notre reconnaissance à la municipalité de Budapest, qui non-seulement a permis que la rédaction de cet ouvrage soit entreprise dans son bureau de Statistique, par ses propres employés — circonstance qui seule a pu nous mettre à même de soumettre aujourd'hui ce volume au Congrès, — mais a encore daigné se charger des frais de cette édition qui, pour les deux ouvrages que nous présentons, s'élèvent à plus de 6000 francs.

Budapest, fin d'août 1876.

Budapest.

Longitude: 36° 41'.5 à l'est de l'île de Fer.
Latitude septentrionale: 47° 30'.2.
Se compose de dix quartiers, numérotés de I—X. Le I. et le II. quartier composaient auparavant la ville de Bude, le III. celle de Vieux-Bude, mais les trois villes sont réunies par la loi 1872 XXXVI. depuis le 25 octobre 1873.
Surface: 186.12 kilomètres carrés.

1. État de la Population.

Année	Population	Année	Population	Année	Population
I. Budapest.		1829	62,471	1830	27,514
1876	**295,254** [1]	1830	65,494	1840	32,426
		1832	63,143	1841	33,250
II. Pest. [2]		1834	64,724	1842	34,608
		1835	66,788	1843	35,183
1780	**19,652**	1836	70,728	1844	35,340
1784	17,355	1839	65,226	1845	35,895
1786	**19,652** [3]	1840	66,984	1746	38,047
1787	**22,417** [3]	1841	70,520	1847	39,050
1792	26,684	1842	71,880	1848	40,500
1795	29,870	1843	73,302	1849	41,487
1797	26,732	1848	88,618	1850	**40,046** [7]
1802	29,560	1851	83,818	1851	37,953
1807	30,720	1853	109,000	1857	**56,753** [8]
1809	35,449	1857	**132,651** [4]	1870	**53,998** [8]
1814	41,882	1870	**200,476** [5]		
1817	45,684			**IV. Vieux-Bude.**	
1819	47,188			1828	7,562 [9]
1820	47,932	**III. Bude.** [6]		1850	10,760 [10]
1821	48,105			1851	12,174 [11]
1823	51,141	1776	21,665	1857	**14,096** [12]
1824	53,563	1780	23,643	1870	**16,002** [12]
1825	54,563	1799	24,306		
1826	55,956	1810	24,910		
1827	60,746	1820	25,094		

[1]) Recensement: 143,722 h., 151,532 f.
[2]) Excepté les données de 178⁶/₇, 1857 et 1870, les autres sont tirées des ouvrages contemporains, dont les titres se trouvent indiqués dans l'ouvrage publié par Kőrösi sur les résultats du recensement de 1870 sous le titre: Pest, sz. k. város az 1870-dik évben (qui a aussi été publié en allemand: Die königliche Freistadt Pest im Jahre 1870.) Pest, 1871. Ráth.
[3]) Recensement. [4]) 66,199 h. 65.852 f. [5]) 102,941 h. 97,735 f. [6]) 1776—1850 d'après J. Häufler: Budapest, statistisch topographische Skizzen. Pest. 1854. Emich. [7]) Recensement.
[8]) Recensement. [9]) Nagy. [10]) Fényes. [11]) Häufler. [12]) Recensement.

2. Nombre des mariages (1858—1875).*) Mois des mariages (1872—1875).*) Confession des fiancés (1858—1875).*)

1868	2,362	1871	2,593	1874	2,525
1869	2,714	1872	2,557	1875	2,429
1870	2,726	1873	2,264		
				T o t a l	20,170

Sur mille habitants: 135 mariages en 1870.
82   »   »   1875.

Mois de mariage: Sur 10,000 mariages (de 1872—75*) il y en a eu dans les mois de

Janvier	857	Mai	1,317	Septembre	761
Février	1,362	Juin	868	Octobre	889
Mars	214	Juillet	655	Novembre	1,251
Avril	688	Août	977	Decembre	161

Confession des fiancés: Ont été conclus (1858—1875*) par des prêtres catholiques 22,722, luthériens 2,230, calvinistes 1,431, grecs orientaux 158, israélites 4,693. Total 31,234.

---

*) 1858—1873 Pest, 1874—75 Budapest; (les données relatives à l'année 1871 manquent.)

3. Age des fiancés (1858—1875). *)

Age des fiancés	Age des fiancées								Total
	au dessous de 18 ans	18—20 ans	21—24 ans	25—30 ans	31—40 ans	41—50 ans	51—60 ans	au dessous de 60 ans	
au-dessous de 24 ans	325	1,372	1,560	721	211	16	—	—	4,205
24—30 »	472	2,751	3,991	3,641	1,664	191	9	1	12,720
31—40 »	211	1,162	2,180	3,248	3,111	557	34	2	10,505
41—50 »	16	98	291	599	1,089	611	81	3	2,788
51—60 »	—	7	48	96	276	282	103	9	821
au-dessus de 60	—	2	11	16	41	72	42	11	195
Total . .	1,024	5,392	8,081	8,321	6,392	1,729	269	26	31,234

4. Age des fiancés selon la confession (1858—1875) *)

en pour cent.

Age	catholiques	luthériens	calvinistes	grecs orientaux	israélites	Total
a) Age des fiancés.						
au-dessous de 25	1,377	955	1,272	1,772	1,396	1,346
25—30	3,768	4,247	4,074	3,481	5,487	4,072
31—40	3,535	3,480	3,403	3,544	2,456	3,364
41—50	972	959	824	696	503	893
51—60	279	305	343	380	132	263
au-dessus de 60	69	54	84	127	26	62
Total . .	10,000	10,000	10,000	10,000	10,000	10,000
b) Age des fiancées.						
au-dessous de 18	324	301	287	506	328	322
18—20	1,381	1,475	1,586	2,975	3,516	1,726
21—24	2,312	2,650	2,607	2.595	3,850	2,582
25—30	2,839	2,933	2,949	2,404	1,665	2,672
31—40	2,380	2,054	1,901	1,013	498	2,045
41—50	655	502	552	380	119	558
51—60	99	72	118	127	22	86
au-dessus de 60	10	13	—	—	2	9
Total . .	10,000	10,000	10,000	10,000	10,000	10,000

*) 1858—1873 Pest, 1874—75 Budapest. Les données relatives à l'année 1871 manquent.

1*

5. État civil des fiancés (1858—1875). *)

État civil des fiancés	État civil des fiancées						
	Chiffres absolus			Total	en pour cent		
	fille	veuve	divorcée		fille	veuve	divorcée
garçon	24,644	2,219	113	26,976	78.9	7.1	0.3
veuf	2,985	1,097	19	4,101	9.5	3.5	0.1
divorcé	124	16	17	157	0.5	0.0	—
Total . .	27,753	3,332	149	31,234	89.0	10.6	0.4

6. État civil des fiancés selon la confession (1858—1875) *)

en pour cent.

État civil	catholiques	luthériens	calvinistes	grecs orientaux	israélites
Garçon et fille . . .	780	781	768	810	843
» » veuve . .	20	71	75	76	24
» » divorcée . .	—	15	18	7	11
	860	867	861	893	878
Veuf et fille	101	91	83	82	75
» » veuve . . .	39	31	34	7	22
» » divorcée . .	—	2	1	—	3
	140	124	118	89	100
Divorcé et fille . . .	—	8	18	6	17
» » veuve . .	—	—	2	6	2
» » divorcée .	—	1	1	6	3
	—	9	21	18	22
Total . .	1000	1000	1000	1000	1000

*) 1858—1873 Pest, 1874—75 Budapest. (Les données relatives à l'année 1871 manquent.)

7. Garçons, nés vivants selon confession et légitimité (1868—1875).

	1868	1869	1870	1871	1872	1873	1874	1875	Total
Catholiques	?	?	3013	?	3439	3487	4795	4986	19,720
dont illégit.			1145		1308	1246	1580	1724	7,003
Grecs orientaux	?	?	19	?	19	26	26	36	126
dont illégit.			4		5	3	2	8	22
Luthériens	?	?	275	?	294	340	393	378	1,680
dont illégit.			61		77	65	92	99	394
Calvinistes	?	?	218	?	273	290	311	341	1,433
dont illégit.			58		86	103	89	92	428
Israélites	?	?	770	?	954	1031	1141	1141	5,037
dont illégit.			34		50	42	173	102	401
Total des naissances mascul.	3,852	4,133	4,295	4,728	4,979	5,174	6,666	6,882	27,996[1])
dont illégit.	?	?	1,302	1,397	1,526	1,459	1,936	2,025	8,248[1])

8. Filles, nées vivantes selon confession et légitimité (1868—1875).

	1868	1869	1870	1871	1872	1873	1874	1875	Total
Catholiques	?	?	2,895	?	3,198	3.479	4,882	4,828	19,281
dont illégit.			1,094		1,242	1,317	1,595	1,668	6,916
Grêcques orientaux	?	?	9	?	16	9	17	19	70
dont illégit.			—		2	1	3	5	11
Luthériennes	?	?	189	?	275	297	317	358	1,436
dont illégit.			48		75	75	80	102	380
Calvinistes	?	?	186	?	225	245	261	292	1,209
dont illégit.			70		74	89	92	101	426
Israélites	?	?	726	?	767	871	998	1,036	4,398
dont illégit.			14		32	22	131	88	287
Total	3,650	3,933	4,005	4,686	4,481	4,901	6,475	6,532	26,394[1])
dont illégit.	?	?	1,226	1,379	1,425	1,504	1,901	1,964	8,020[1])
Total général (garç. et filles)	7,502	8,066	8,300	9,414	9,460	10,075	13,141	13,414	54,390[1])
dont illégit.	2,546	2.628	2,528	2,776	2,951	2,963	3,837	3,989	16,268[1])
Mort nés	343	437	485	?	428	555	735	739	

[1]) Sans 1868/69 et 1871.

Naissances sur 1000 habitants 45.4 (1875). — Naissances masculines sur 1000 féminines 1060.7 (1074.8 pour les légitimes, 1028.4 pour les illégitimes); naissances illégitimes sur 1000 naissances 299.1 (1870, 1872/75).

Naissances multiples sur 10,000 naissances (1872/75) 90.1, dont jumeaux 89.5, trijumeaux 0.6.

(Ces données regardent seulement les vivant nés).

Mort nés sur 1000 vivant nés (1868—70, 1872/75) 53.2.

9. Répartition des naissances sur les mois (1872—1875).

	De 10.000 naissances il y a eu au mois de											
	Janvier	Février	Mars	Avril	Mai	Juin	Juillet	Août	Septembre	Octobre	Novembre	Décembre
Naissances **masculines** légitim. vivantes	789	778	943	848	835	848	846	852	837	842	814	768
» » illég. »	841	831	873	837	825	800	777	874	820	803	835	884
» » vivantes »	804	793	923	844	832	834	826	859	832	831	820	802
Naissances **féminines** légitim. »	781	829	967	838	865	771	869	840	803	834	774	829
» » illégit. »	872	841	930	850	770	808	819	804	841	809	813	843
» » vivantes »	809	832	955	842	836	782	854	829	815	827	786	833
Mort nés **masculins** ⎰ 1872/75	731	881	897	889	822	918	739	874	799	874	725	851
» » féminins ⎱	778	894	859	939	841	778	859	841	742	796	850	823
» » légitimes ⎰ 1874/75	735	1019	830	894	830	850	861	809	840	830	630	872
» » illégitimes ⎱	527	632	800	737	884	968	1010	758	863	884	842	1095

10. Nombre des décès. Confession des morts. Répartition des décès sur les mois.

(1868—1875*) sans les mort-nés).

Années	Hommes	Femmes	Total	Dont	
				enfants morts aux dessous d'un an dans la maison d'accouchement	morts dans les hôpitaux
1868	4,091	3,293	7,384	25	?
1869	4,264	3,352	7,616	40	?
1870	5,020	3,632	8,652	38	?
1871	5,188	4,245	9,433	57	?
1872	4,918	4,045	8,963	44	2,586
1873	5,857	4,823	10,680	41	3,278
1874	7,054	5,837	12,891	35	3,139
1875	6,603	5,443	12,046	22	2,954
Total	42,995	34,670	77,665	302	—

Sur mille habitants
1870: pour les hommes 48·8, pour les femmes 37·2, pour les deux sexes 43·2.
1875: »   »   »   45·9, »   »   »   35·9, »   »   »   »   40·8.

Confessions (1872—73, seulement les cas de décès naturel).

Catholiques	15,312	Israélites	2,242
Luthériens }	1,803	autres confessions	
Calvinistes }		inconnues	286

Outre cela il y avait 1,039 cas de mort violente.

Répartition sur les mois (1868—70 et 1872—73):

Janvier	772	Mai	937	Septembre	754
Février	751	Juin	882	Octobre	659
Mars	878	Juillet	985	Novembre	698
Avril	870	Août	1,069	Décembre	745

Total 10,000.

*) 1868—1873 Pest, 1874—75 Budapest.
  1868—1871 selon les registres de population, tenus par les autorités confessionnelles;
  1872—1875 selon les renseignements des vérificateurs des décès et des médecins officiels.

11. Age des morts de 1872 et 1873.

De 100 morts avaient l'âge de :

	masc.	fém.	deux sexes
1 semaine	3.98	3.45	3.73
2 »	3.20	3.22	3.26
3 »	1.36	1.56	1.45
4 »	1.71	2.34	2.01
en somme 0— 1 mois	10.25	10.57	10.39
1— 2 »	4.05	3.44	3.77
2— 3 »	2.84	2.87	2.86
4— 6 »	5.40	6.22	5.77
7— 9 »	5.04	5.22	5.12
10—12 »	5.56	6.58	6.02
en somme 0— 1 année	33.14	34.91	33.93
en somme 1— 2 année	7.68	9.57	8.54
en somme 2— 3 année	3.10	3.26	3.17
3— 4 »	1.81	2.23	2.00
4— 5 »	1.18	1.26	1.22
en somme 0— 5 année	46.91	51.22	48.86
5— 6 »	0.80	1.19	0.98
6— 7 »	0.70	0.78	0.73
7— 8 »	0.58	0.62	0.69
8— 9 »	0.34	0.43	0.37
9—10 »	0.33	0.28	0.31
5—10 »	2.75	3.29	2.99
10—11 »	0.23	0.39	0.30
11—12 »	0.26	0.41	0.33
12—13 »	0.37	0.44	0.41
13—14 »	0.37	0.42	0.39
14—15 »	0.40	0.33	0.37
10—15 »	1.63	1.99	1.79
15—16 »	0.43	0.55	0.49
16—17 »	0.56	0.63	0.59
17—18 »	0.91	0.96	0.93
18—19 »	0.97	0.78	0.88
19—20 »	1.07	1.21	1.14
15—20 »	3.94	4.13	4.03
20—21 »	0.96	0.88	0.92
21—22 »	1.10	0.97	1.04
22—23 »	1.18	1.00	1.10
23—24 »	1.25	1.21	1.23
24—25 »	0.93	0.85	0.91

De 100 morts avaient l'âge de :

	masc.	fém.	deux sexes
25—26 année	1.15	0.91	1.05
26—27 »	1.17	0.89	1.01
27—28 »	1.88	1.30	1.85
28—29 »	1.05	0.83	0.95
29—30 »	1.29	1.61	1.44
20—30 »	11.51	10.45	11.03
30—31 »	0.74	0.51	0.64
31—32 »	1.35	0.96	1.17
32—33 »	1.08	0.93	1.02
33—34 »	0.83	0.57	0.71
34—35 »	0.96	0.80	0.69
35—36 »	1.20	1.07	1.15
36—37 »	0.79	0.56	0.68
37—38 »	1.31	0.77	1.07
38—39 »	0.71	0.41	0.57
39—40 »	1.26	1.21	0.73
30—40 »	10.23	7.79	8.62
40—41 »	0.62	0.39	0.51
41—42 »	1.19	0.72	0.98
42—43 »	0.88	0.58	0.75
43—44 »	0.79	0.64	0.72
44—45 »	1.12	0.80	0.98
45—46 »	0.93	0.63	0.79
46—47 »	0.70	0.61	0.66
47—48 »	1.14	0.70	0.94
48—49 »	0.69	0.51	0.61
49—50 »	1.25	1.01	1.15
40—50 »	9.31	6.60	8.09
50—51 »	0.40	0.36	0.38
51—52 »	1.10	0.74	0.94
52—53 »	0.86	0.51	0.70
53—54 »	0.79	0.48	0.65
54—55 »	0.61	0.73	0.66
55—56 »	0.72	0.52	0.63
56—57 »	0.44	0.39	0.42
57—58 »	0.60	0.55	0.57
58—59 »	0.42	0.32	0.38
59—60 »	0.68	0.77	0.72
50—60 »	6.62	5.37	6.05
60—61 »	0.32	0.43	0.36
61— 62 »	0.69	0.53	0.61
62—63 »	0.45	0.55	0.50
63—64 »	0.50	0.28	0.40

De 100 morts avaient l'âge de :

	masc.	fém.	deux sexes
64—65 année	0.48	0.46	0.47
65—66 »	0.47	0.52	0.49
66—67 »	0.19	0.44	0.30
67—68 »	0.37	0.53	0.45
68—69 »	0.17	0.26	0.22
69—70 »	0.35	0.58	0.46
60—70 »	3.99	4.58	4.26
70—71 »	0.19	0.13	0.16
71—72 »	0.44	0.64	0.54
72—73 »	0.32	0.47	0.39
73—74 »	0.28	0.26	0.27
74—75 »	0.27	0.32	0.29
75—76 »	0.22	0.32	0.26
76—77 »	0.09	0.21	0.15
77—78 »	0.16	0.50	0.32
78—79 »	0.11	0.10	0.12
79—80 »	0.19	0.43	0.29
70—80 »	2.30	3.38	2.79
80—81 »	0.07	0.15	0.11
81—82 »	0.10	0.17	0.13
82—83 »	0.12	0.11	0.12
83—84 »	0.10	0.08	0.09
84—85 »	0.06	0.14	0.10
85—86 »	0.08	0.11	0.09
86—87 »	0.05	0.10	0.07
87—88 »	0.03	0.09	0.06
88—89 »	0.03	0.05	0.04
89—90 »	0.06	0.07	0.06
80—90 »	0.70	1.07	0.87
90—91 »	—	0.02	0.01
91—92 »	0.04	—	0.02
92—93 »	—	0.05	0.02
93—94 »	0.02	—	0.01
94—95 »	0.01	0.03	0.02
95—96 »	0.02	0.01	0.02
96—97 »	0.01	—	0.005
97—98 »	0.01	—	0.005
98—99 »	—	—	0.005
99—100 »	—	—	—
90—100 »	0.11	0.12	0.115
Au dessus de 100 ans	0.00	0.01	0.005

Récapitulation.

	0— 5 année	5—10	10—15	15—20	20—30	30—40	40—50	50—60	60—70	70—80	80—90	90—100	Au dessus de 100 ans	En somme
Masculins	46.91	2.75	1.63	3.94	11.51	10.23	9.31	6.62	3.99	2.30	0.70	0.11	0.00	100
Féminins	51.22	3.29	1.99	4.13	10.45	7.79	6.60	5.37	4.58	3.38	1.07	0.12	0.01	100
En somme	48.86	2.99	1.79	4.03	11.03	8.62	8.09	6.05	4.26	2.79	0.87	0.115	0.005	100

12. Principales causes de décès (1872—1875).

	1872	1873	1874	1875	Sur 10,000 cas			
					1872	1873	1874	1875
Debilitas congenita et atrophia	586	685	750	646	6.19	6.11	5.82	5.36
Tuberculosis pulmonum . .	1,775	1,889	2,210	2,275	18.74	16.85	17.14	18.88
Cholera	400	2,124	—	—	4.22	18.96	—	—
Typhus	293	432	386	286	3.09	3.85	2.99	2.37
Dysenteria	35	47	50	50	0.37	0.44	0.39	0.42
Variola	914	163	932	425	9.65	1.45	7.23	3.52
Morbilli	75	78	85	40	0.79	0.70	0.66	0.33
Scarlatina.	52	178	218	257	0.55	1.59	1.69	2.13
Croup	35	21	93	145	0.37	0.19	0.72	1.20
Pertussis	80	110	104	41	0.85	0.99	0.81	0.34
Syphilis	10	13			0.08	0.12		
Hydrocephalus acutus . . .	80	45	109	109	0.85	0.40	0.85	0.90
Meningitis	139	164	301	277	1.47	1.46	2.33	2.30
Dyphtheritis	21	21	147	161	0.17	0.18	1.14	1.33
Febris puerperalis	24	16	71	61	0.25	0.14	0.55	0.51
Alii morbi puerperales. . .	13	12			0.14	0.11		
Marasmus senilis	217	300	368	241	2.29	2.68	2.86	2.00
Pneumonia	613	533	909	841	6.47	4.75	7.05	6.98
Catarrhus intestini (Diarrhoea)	493	842	1,012	672	5.20	7.51	7.85	5.58
Convulsiones	897	771	826	727	9.41	6.87	6.41	6.03

Pour les sexes voir le supplément.

13. Diverses causes de décès relatives au sexe et à l'âge.

	Sont morts des causes de décès mentionnées à la rubrique 1, sur 10,000 décès						
	0—5 ans	5—15 ans	15—20 ans	20—30 ans	30—50 ans	au dessus de 50 ans	Total
Debilitas congenita et atrophia :							
hommes. .	10,000	—	—	—	—	—	10,000
femmes . .	10,000	—	—	—	—	—	10,000
deux sexes	10,000	—	—	—	—	—	10,000
Tuberculosis pulmonum : hommes. .	2,231	204	565	1,984	3,412	1,604	10,000
femmes . .	3,044	417	655	2,254	2,395	1,235	10,000
deux sexes	2,576	295	603	2,099	2,980	1,447	10,000
Cholera : hommes. .	1,518	803	817	2,379	2,986	1,497	10,000
femmes . .	1,508	990	649	1,954	2,866	2,033	10,000
deux sexes	1,513	888	741	2,187	2,932	1,739	10,000
Typhus : hommes. .	876	645	1,198	2,396	3,433	1,452	10,000
femmes . .	1,375	1,478	1,306	1,649	2,543	1,649	10,000
deux sexes	1,076	979	1,241	2,096	3,076	1,532	10,000
Dysenteria : hommes. .	3,334	444	444	1,778	2,000	2,000	10,000
femmes . .	3,333	257	—	257	4,615	1,538	10,000
deux sexes	3,333	357	238	1,072	3,214	1,786	10,000
Variola : hommes. .	5,944	1,308	562	1,177	916	97	10,000
femmes . .	6,218	1,273	996	959	443	111	10,000
deux sexes	6,081	1,291	780	1,068	678	102	10,000
Morbilli : hommes. .	9,175	—	—	—	—	—	—
femmes . .	9,265	—	—	—	—	—	—
deux sexes	9,216	—	—	—	—	—	—
Scarlatina : hommes. .	8,839	—	—	—	—	—	—
femmes . .	8,899	—	—	—	—	—	—
deux sexes	8,870	—	—	—	—	—	—
Croup : hommes. .	10,000	—	—	—	—	—	—
femmes . .	8,182	—	—	—	—	—	—
deux sexes	9,287	—	—	—	—	—	—
Pertussis : hommes. .	9,677	—	—	—	—	—	—
femmes . .	9,794	—	—	—	—	—	—
deux sexes	9,737	—	—	—	—	—	—
Dyphtheritis : hommes. .	10,000	—	—	—	—	—	10,000
femmes . .	10,000	—	—	—	—	—	10,000
deux sexes	10,000	—	—	—	—	—	10,000
Febris puerperalis : femmes . .	—	—	1,500	5,500	3,000	—	10,000
Alii morbi puerperales : femmes . .	—	—	800	6,400	2,800	—	10,000
Marasmus senilis : hommes. .	—	—	—	—	—	10,000	10,000
femmes . .	—	—	—	—	—	10,000	10,000
deux sexes	—	—	—	—	—	10,000	10,000

14. Climatologie.

Hauteur au-dessus de la mer : 197 mètres.
Vents régnants : Ouest et Nord-ouest
Force des vents = 3/10.

Moyennes des mois.

	Janvier	Février	Mars	Avril	Mai	Juin	Juillet	Août	Septembre	Octobre	Novembre	Décembre
Moyenne normale de la température de 1848—1874 (Celsius)	— 1.3	1.0	4.9	11.0	16.5	20.7	22.3	21.3	17.1	11.8	4.6	— 0.4
Température moyenne	— 0.7	0.8	4.8	11.3	15.9	20.0	22.2	20.6	17.0	10.7	4.5	— 0.3
Moyenne des maxima de température	8.1	9.9	15.7	23.4	28.7	30.1	33.0	31.4	27.4	22.8	13.9	9.5
Moyenne des minima de température	—10.1	— 8.0	— 4.3	2.9	6.6	12.0	14.9	13.1	8.1	1.5	— 3.5	— 9.6
Pression de l'air	750.6	751.0	746.9	746.7	747.0	747.6	747.3	747.9	749.3	749.5	748.2	748.8
Différence entre les maxima et les minim de la pression de l'air	27.6	24.0	25.7	21.2	16.1	13.9	12.7	14.0	16.2	23.4	26.3	29.1
Humidité moyenne (Pourcent du maximum)	87	81	72	62	60	60	57	63	65	74	81	86
Quantité mensuelle de pluie (Mm. sur 1/1 mètre carré)	41	25	39	38	50	73	53	52	33	50	60	59
Nombre de jours à précipilation	11	10	11	9	10	11	9	10	6	10	11	13
dont » neigeux	5.6	5.4	3.4	0.2	0.1	0	0	0	0	0.1	2.6	5.3
» à grêle	0	0	0.1	0.1	0.5	0.5	0.2	0.1	0	0	0.1	0
Jours à orages	0	0	0.1	0.9	2.7	3.9	4.3	3.7	1.1	0.3	0	0

1865—1875.

2*

Supplément.

Age moyen des fiancés.

L'âge moyen des fiancés était de 1858 à 1870 . . . de 32.58

de 1872 à 1873 . . . . 30.91

de 1874 à 1875 . . . . 31.07

Âge moyen de 17 années . . . de 31.52 ans.

L'âge moyen des fiancées était de 1858 à 1870 . . . 27.98

de 1872 à 1873 . . . 26.34

de 1874 à 1875 . . . 26.48

Âge moyen de 17 années . . . . 30.27 ans.

Les mort-nés.

En 1868: 343; en 1869: 437; en 1870: 485; en 1872: 428; en 1873: 555; en 1874: 735; en 1875: 739.

Nombre des légitimes, en 1874: 735, illégitimes 248.

1875: 739 » 244.

Proportion des sexes: 1872: 232 garçons, 196 filles.

1873: 320 » 235 »

1874: 390 » 345 »

1875: 397 » 342 »

Manière d'enregistrer les décès.

Nul mort de la population civil ne peut être enseveli sans le permis du vérificateur des décès, qui est un médecin payé par la commune. La statistique de la mortalité se borne seulement à la population civile et comprend tous les cas de décès survenus sur le territoire de la commune que le mort soit étranger ou indigène, décédé chez lui ou à l'hôpital. A la fin de l'année on compare pour le contrôle les enterrements enregistrés dans les registres des divers cimetières et le chiffre des décès communiqué par les vérificateurs des décès.

Les causes des décès sont enregistrées selon l'attestation des médecins (praticiens). Où il n'y a pas eu assistance de médecin, c'est le vérificateur des décès qui constate la cause du décès.

Influence de l'occupation sur la mortalité.

Ces recherches ont commencé en 1872. Pour le moment, nous ne connaissons que les résultats de 1872 et de 1873 — ce qui ne fournit pas d'assez grands nombre pour pouvoir en tirer des conclusions. L'âge moyen des individus suivants était à leur mort de :

29.44 ans pour 420 servantes.
35.57 »   »   131 menuisiers.
36.42 »   »   186 maçons.
36.71 »   »   123 serruriers.
39.63 »   » 1791 journaliers.
40.— »   »   230 domestiques du sexe masculin.
40.06 »   »   191 cordonniers.
40.59 »   »   117 aubergistes, cafetiers.
42.39 »   »   188 tailleurs.
42.50 »   »   210 employés.
43.07 »   » 1253 journalières.
46.64 »   »   251 commerçants.
58.75 »   »   188 capitalistes et sans profession, hommes.
62.91 »   »   174   »   »   »   »   femmes.

Influence de la densité de la population sur la mortalité.

Sont morts aux âges suivants :

7136 morts qui habitaient 3— 5 une chambre   . . 12$\frac{1}{2}$ ans.
8427 »   »   »   6—10 »   »   . . 11$\frac{1}{2}$ »
143 »   »   »   11—15 »   »   . . 10$\frac{3}{4}$ »
47 »   »   » plus de 15 »   »   . . 6.— »

Les décès causés par des maladies contagieuses (choléra, typhus, variola, morbilli, scarlatina, pertussis) sont par rapport aux décès causés par d'autres maladies comme

100 : 20 dans les chambres habitées de 1 — 2 individus.
100 : 29 »   »   »   »   3 — 5   »
100 : 32 »   »   »   »   6 — 10   »
100 : 79 »   »   »   »   de plus de 10 individus.

Influence des habitations souterraines sur la mortalité.

L'âge moyen des morts décédés dans les dites chambres dépassait pas $11^1/_3$ ans ; à savoir, celui des hommes 12 ans, et celui des femmes $10^2/_3$ ans.

A en juger d'après les observations de 1872/73 il semble que le choléra, le typhus et la petite vérole n'aient pas été plus fréquents dans les caves que dans les autres logements, mais que la scarlatine, la rongeole et la coqueluche y ont bien plus vite gagné du terrain.

Influence de l'aisance sur la mortalité.

Les morts sont groupés selon leur aisance en quatre catégories : les plus riches se rapportent à la première catégorie, les plus pauvres à la quatrième.

L'âge moyen des morts était (de 1872 à 73).

35.28 ans dans la   I. classe, à savoir : hommes 38.43, femmes 31.54.
20.57   »   II.   »   »   20.61   »   20.53.
13.23   »   III. »   »   13.45   »   12.94.
11.35   »   IV.   »   »   12.26   »   10.49.

Les cas de choléra, de typhus, de variola, de scarlatine et de coqueluche, ont été plus fréquents parmi les classes pauvres, surtout parmi les femmes.

——— · ---

NB. Des observations spéciales ont été faites sur le typhus, la petite vérole et surtout sur l'épidémie du choléra de 1872/73. Ces renseignements, trop nombreux pour être reproduits dans un ouvrage international se trouvent consignés dans le livre : »Die Sterblichkeit der Stadt Pest und ihre Ursachen« par Joseph Kőrösi, Berlin 1876 et ceux relatifs au choléra dans une réimpression intitulée »Die Choleraepidemie de 1872/73, Berlin 1876« du même auteur.

Principales causes de décès selon le sexe.

Comme nous ne possédons pas des pareils renseignements que depuis 1872, nous les communiquons ici pour les années 1872 et 1873 :

	hommes	femmes		hommes	femmes
Debilitas congenita et atrophia	731	540	Pertussis	93	97
Tuberculosis pulmonum	2,107	1,557	Syphilis	14	9
Cholera	1,383	1,141	Hydrocephalus	68	57
Typhus	434	291	Meningitis	167	136
Dysenteria	45	37	Dyphtheritis	21	21
Variola	535	542	Marasmus senilis	223	294
Morbilli	85	68	Pneumonia	687	459
Scarlatina	112	118	Catarrhus intestini	709	626
Croup	34	22	Convulsiones	904	764

Bibliographie.

FRANÇOIS SCHAMS. Vollständige Beschreibung der kön. Freistadt Pest in Ungarn (Pest 1821).

» » » » » » » Ofen (Bude 1822).

CHARLES PATISZ. Beschreibung der kön. Freistadt Pest (Pest 1833).

D^R. ANTOINE JANKOVICH. Pest und Ofen mit ihren Einwohnern (Bude 1838).

D^R. J. SCHLESINGER. Medicinische Topographie der kön. Freistädte Pest u. Ofen (Pest 1840).

EMERICH PALUGYAY. Buda-Pest sz. k. városok leirása (Description de Bude et Pest. Pest 1852).

J. v. HÄUFLER. Buda-Pest, historisch topographische Skizze (Pest 1859).

D^R. CHARLES TORMAY. Budapest népessége és mozgalma. (Publié aussi en traduction allemande) : Bevölkerung von Buda-Pest und deren Bewegung (Pest 1857).

» » Medicinische Topographie der Stadt Pest (Pest 1856).

FLORIAN ROMER. A régi Pest. (Le vieux Pest.) Budapest 1873.

JOSEPH KŐRÖSI. Pest sz. k. város 1870-ben (publié aussi en traduction allemande : Die kön. Freistadt Pest i. J. 1870. Pest 1871).

» » Pest sz. k. város népességének mozgalma (publié aussi en trad. allemande : Bevölkerungsbewegung der k. Freistadt Pest (Pest 1873).

» » Pestváros halandósága 1872- és 1873-ban és annak okai. Budapest 1876 (publié aussi en traduction allemande : Die Sterblichkeit in Pest i. d. J. 1872/73 und deren Ursachen. Berlin 1876).

» » Budapest főváros havi kimutatásai. (Bulletins mensuels de la ville de Budapest, publiées depuis 1873.)

Vienne (Wien).

Longitude: 34° 2′ à l'est de l'île de Fer 48° 14′.
Latitude septentrionale: 48° 14′.

Se compose des quartiers suivants:

I. Innere Stadt.	VI. Mariahilf.
II. Leopoldstadt.	VII. Neubau.
III. Landstrasse.	VIII. Josefstadt.
IV. Wieden.	IX. Alsergrund.
V. Margarethen.	X. Favoriten.

Les communes Brigittenau et Zwischenbrücken ont été incorporées au deuxième quartier à la date de 9 mars 1850.

1. État de la Population (civile).

Année	Hommes	Femmes	Total	Année	Hommes	Femmes	Total
1754	—	—	175,460	1846	199,729	208,250	407,979
1772	—	—	192.971	1850	209,226	221,921	431,147
1783	—	—	207,797	1856	230,826	238,395	469,221
1790	—	—	207,014	1857	235,597	240,625	476,222
1800	—	—	231,049	1864	271,357	279,376	550,733
1812	—	—	238,201	1869	300,125	307,389	607,514
1816	—	—	244,796	1870	306,238	313,323	619,561
1820	—	—	260,224	1871	312,474	319,372	631,846
1830	151,806	165,962	317,768	1872	318,839	325,536	644,375
1834	153,176	174,177	327,353	1873	325,334	331,818	657,152
1840	172,395	184,474	356,869	1874	331,961	338,222	670,183

Les données de 1754 à 1869 (inclusivement) et celles de 1874 résultent des recensements; celles de 1870, de 1873 sont calculées d'après l'augmentation de la population.

2. Nombre des mariages conclus et dissous.

Mois des mariages. — Confession des fiancés. — Mariages mixtes.

(1865—1874).

Années	Mariages conclus	Mariages dissous	
		par la mort	par le divorce
1865	4,369	3,717	144
1866	3,602	4,986	135
1867	5,236	3,684	157
1868	5,890	3,995	154
1869	7,691	4,230	150
1870	8,586	4,245	127
1871	8,158	4,716	163
1872	7,989	4,835	159
1873	7,378	5,809	186
1874	6,713	4,326	155

Sur 1000 habitants: 126 en 1869, 100 en 1874.

Mois des mariages. Sur 10,000 mariages il y en a eu dans le mois de :

Janvier	632.8	Mai	1137.5	Septembre	712.7
Février	2050.8	Juin	757.5	Octobre	808.1
Mars	231.4	Juillet	654.3	Novembre	1547.7
Avril	515.6	Août	868.1	Décembre	83.5

Confession des fiancés: Mariages conclus par des prêtres catholiques 59,646 ; grecs-catholiques 59 ; grecs-orientaux 110 ; luthériens 2,473 ; calvinistes 448 ; israélites 2,625 ; et par l'autorité civile 251.

Mariages mixtes: Homme catholique avec femme protestante: 763, avec gr.-orientale 15 ; protestant avec catholique 2,267, avec gr.-orientale 13 ; grec-oriental avec catholique 65, avec protestante 8 ; grec-catholique avec protestante 2, anglican avec catholique 1 ; israélite avec fiancée sans confession 68 : fiancé sans confession avec israélite 80. — Total 3,282.

3. Age des fiancés (1865—1874).

Age des fiancés	Age des fiancées						Total
	au-dessous de 20 ans	20—24	24—30	30—40	40—50	au-dessus de 50 ans	
Au-dessous de 24 ans	1,070	1,968	1,388	334	39	8	4,807
24—30 »	2,864	7,703	10,953	4,332	441	37	26,330
30—40 »	1,301	3,969	8,891	8,210	1,427	133	23,931
40—50 »	162	558	1,610	2,912	1,525	212	6,979
50—60 »	29	111	374	965	857	356	2,692
au-dessus de 60 ans	9	33	100	240	289	202	873
Total . .	5,435	14,342	23,316	16,993	4,578	948	65,612

4. État civil des fiancés (1865—1874).

État civil du fiancé	État civil des fiancées						
	chiffres absolus				en pour cent		
	fille	veuve	divorcée	total	fille	veuve	divorcée
garçon	53,266	3,278	—	56,544	81.2	5.0	—
veuf	7,266	1,802	—	9,068	11.1	2.7	—
divorcé							
Total . .	60,532	5,080	—	65,612	92.3	7.7	—

5. Durée des mariages dissous par la mort (1866—1874) et par le divorce (1870—1874).

La durée des mariages									
dissous par la mort						dissous par le divorce			
était sur 10,000 cas									
Une année	469.4	22 années	184.2	43 années	46.7	1 année	759.5	20 années	177.2
2 années	477.7	23 »	186.8	44 »	31.1	2 années	886.1	21 »	126.6
3 »	420.5	24 »	181.7	45 »	45.7	3 »	772.2	22 »	113.9
4 »	361.5	25 »	203.3	46 »	36.8	4 »	645.6	23 »	113.9
5 »	365.9	26 »	196.3	47 »	33.0	5 »	683.5	24 »	25.3
6 »	372.3	27 »	149.9	48 »	22.2	6 »	531.6	25 »	75.9
7 »	320.2	28 »	146.1	49 »	29.9	7 »	594.9	26 »	38.0
8 »	310.0	29 »	123.9	50 »	14.6	8 »	468.4	27 »	75.9
9 »	320.2	30 »	259.2	51 »	12.7	9 »	417.7	28 »	63.3
10 »	452.3	31 »	108.6	52 »	13.3	10 »	569.6	29 »	38.0
11 »	269.3	32 »	136.6	53 »	7.0	11 »	481.0	30 »	101.3
12 »	364.0	33 »	102.3	54 »	5.7	12 »	354.5	31 »	25.3
13 »	271.2	34 »	110.5	55 »	1.9	13 »	405.1	32 »	25.3
14 »	294.8	35 »	112.4	56 »	1.3	14 »	354.4	33 »	25.3
15 »	313.2	36 »	104.2	57 »	0.6	15 »	177.2	36 »	12.7
16 »	259.8	37 »	66.7	58 »	2.5	16 »	189.9	37 »	12.7
17 »	257.3	38 »	93.4	59 »	.	17 »	265.8	40 »	12.7
18 »	280.1	39 »	69.2	60 »	.	18 »	227.8	49 »	12.7
19 »	202.0	40 »	139.7	61 »	0.6	19 »	139.2	Total	10,000
20 »	312.5	41 »	68.6	70 »	0.6				
21 »	187.4	42 »	68.6	Total	10,000				

6. Garçons nés vivants selon la confession et la légitimité (1865—1874).

	1865	1866	1867	1868	1869	1870	1871	1872	1873	1874	Total
Catholiques.	11,837	12,341	11,637	11,724	11,966	11,983	12,193	11,923	11,983	12,076	119,663
dont illégit.	6,091	6,707	6,245	6,144	6,054	5,421	5,409	5,108	5,085	5,123	57,387
Grecs catholiques	4	1	—	3	5	1	4	1	8	7	34
dont illégit.	1	—	—	1	—	—	—	—	—	—	2
Grecs orientaux	10	11	11	11	13	13	15	11	13	17	125
dont illégit.	—	1	—	—	—	1	—	1	—	—	3
Luthériens	277	288	250	300	345	373	378	458	486	531	3,686
dont illégit.	25	30	29	45	64	71	62	58	72	96	552
Calvinistes	44	40	51	46	62	60	62	70	74	75	584
dont illégit.	5	5	5	5	9	12	8	8	11	12	80
Israélites.	516	522	506	637	709	752	692	942	1,048	1,105	7,429
dont illégit.	12	27	21	55	77	87	101	100	109	109	698
Sans confession	—	—	—	—	—	2	4	11	18	15	50
dont illégit.	—	—	—	—	—	—	1	1	3	—	5
Total des naissances mascul.	12,688	13,203	12,455	12,721	13,100	13,184	13,348	13,416	13,630	13,826	131,571
dont illégitimes	6,134	6,770	6,300	6,250	6,204	5,592	5,581	5,276	5,280	5,340	58,727

7. Filles nées vivantes selon la confession et la légitimité (1865—1874).

	1865	1866	1867	1868	1869	1870	1871	1872	1873	1874	Total
Catholiques	11,342	11,736	10,956	11,418	11,448	11,567	11,520	11,307	11,626	11,939	114,859
dont illégit.	5,742	6,363	5,810	6,089	5,772	5,466	5,184	4,781	4,908	5,048	55,163
Grecques catholiques	1	—	2	1	2	5	3	5	4	3	26
dont illégit.	—	—	—	—	—	—	—	2	1	1	4
Grecques orientales	8	9	2	11	10	7	5	5	13	12	82
dont illégit.	—	1	—	—	—	2	—	1	—	—	4
Luthériennes	143	158	151	255	257	311	295	410	364	457	2,801
dont illégit.	18	22	21	61	65	70	54	74	65	94	544
Calvinistes	35	29	12	44	36	57	45	48	63	69	438
dont illégit.	5	7	1	14	14	10	4	8	9	22	94
Israélites	431	436	424	498	559	629	701	795	923	937	6,333
dont illégit.	13	13	20	21	83	86	90	92	106	110	634
Sans confession	—	—	—	—	—	2	5	11	9	22	49
dont illégit.	—	—	—	—	—	1	—	2	1	—	4
Total	11,960	12,368	11,547	12,227	12,312	12,578	12,574	12,581	13,002	13,439	124,588
dont illégit.	5,778	6,406	5,852	6,185	5,934	5,635	5,332	4,960	5,090	5,275	56,447
Total général	24,648	25,571	24,002	24,948	25,412	25,762	25,922	25,997	26,632	27,265	256,159
dont illégit.	11,912	13,176	12,152	12,435	12,138	11,227	10,913	10,236	10,370	10,615	115,174
	—	—	—	—	41.8	—	—	—	—	40.6	—

Naissances sur 1000 habitants: (1869) 42.9. (1874) 38.4.
» masculines sur 1000 féminines: en général 1056. pour les légitimes 1069, pour les illégitimes 1040.
» illégitimes sur 1000 naissances: 449.6.
» multiples sur 10,000 cas: (1865—74): 1086, dont jumeaux 107.5. trijumeaux 1.1.

8. Mort-nés (1865—1874).

	Garçons mort-nés		Filles mort-nés		Total	
		dont illégit.		dont illégit.		dont illégit.
1865	531	278	444	234	975	512
1866	606	317	568	309	1,174	626
1867	565	282	409	218	974	500
1868	633	330	489	263	1,122	593
1869	657	324	518	264	1,175	588
1870	726	320	530	226	1,256	546
1871	708	303	583	229	1,291	532
1872	654	245	532	229	1,186	474
1873	663	275	585	254	1,248	529
1874	683	273	506	229	1,189	502
Total	6,426	2,947	5,164	2.455	11,590	5,402

D'après les confessions.

	Garçons mort-nés		Filles mort-nés		Total	
		dont illégit.		dont illégit.		dont illégit.
Catholiques . . .	5,928	2,891	4,768	2,384	10,696	5,275
Grecs catholiques .	—	—	—	—	—	—
Grecs orientaux . .	2	—	—	—	2	—
Luthériens	103	18	55	14	158	32
Calvinistes . . .	17	—	9	3	26	3
Israélites	376	38	329	53	705	91
Sans confession . .	—	—	3	1	3	1
Total	6,426	2,947	5,164	2,455	11,590	5,402

Sur 1000 nés-vivants, mort-nés: en général 45, pour les légitimes 44, pour les illégitimes 47.

» » catholiques, mort-nés 43, luthériens 24, calvinistes 25, israélites 51.

9. Répartition des naissances d'après les mois (1865—1874).

	Sur 10,000 naissances il y a eu dans les mois de											
	Janvier	Février	Mars	Avril	Mai	Juin	Juillet	Août	Septembre	Octobre	Novembre	Décembre
a) Nés-vivants.												
Naissances **masculines** légitimes	882.8	802.9	901.6	853.6	871.9	808.6	828.2	820.4	816.3	847.0	797.5	771.2
» » illégit.	927.7	842.4	885.4	842.7	878.1	792.5	797.6	779.7	805.1	797.2	820.1	831.5
Total.	902.9	820.5	894.4	848.7	874.7	801.4	814.5	802.2	811.3	823.7	807.6	798.1
Naissances **féminines** légitim.	873.0	809.0	919.0	869.4	871.9	813.0	817.7	826.2	800.4	831.4	799.7	768.4
» » illégit.	920.9	851.9	876.6	846.5	865.4	836.7	799.7	778.8	800.9	810.7	791.7	820.2
Total.	894.7	829.0	899.8	859.0	868.9	823.8	809.5	804.7	800.6	822.0	796.1	791.9
b) Mort-nés.												
Mort-nés **masculins** légitim.	816.3	741.6	922.7	896.8	784.7	830.7	790.5	770.3	781.8	931.3	845.1	888.2
» » » illégit.	946.7	797.4	950.1	800.8	716.0	841.5	790.7	844.9	824.6	760.1	821.2	906.0
Total.	876.1	767.2	935.3	852.8	753.2	835.7	790.5	804.5	801.4	852.8	834.1	896.4
Mort-nées **féminins** légitim.	1015.3	746.5	862.3	963.0	783.9	694.3	780.1	895.8	739.1	895.9	862.3	761.5
» » » illégit.	916.0	863.8	879.9	843.7	887.9	823.6	699.1	815.6	819.6	811.6	823.6	815.6
Total	967.5	803.0	870.7	905.6	834.0	756.6	741.1	857.2	777.9	855.2	843.7	787.5

10. Nombre des décès.[1]) — Confession des morts. — Répartition des décès sur les mois.

(1865—1874, sans les mort-nés).

Année	Hommes	Femmes	Total	Dont		
				enfants mort au dessous d'un an dans les maisons d'accouchement et d'enfants trouvés [2])	morts dans les hôpitaux	Étrangers
1865	10,387	8,949	19,336	1 262	?	?
1866	12,630	11,664	24,294	1,868	?	?
1867	9,832	8,477	18,309	1,588	?	?
1868	10,219	9,132	19,351	1,283	?	?
1869	10,814	9,400	20,214	1,237	?	?
1870	11,582	9,802	21,384	1,137	?	?
1871	12,323	10,277	22,600	1,172	7,940	2,056
1872	13,201	11,706	24,907	1,189	8,620	2,626
1873	13,106	11,595	24,701	962	8,615	2,424
1874	10,399	9,129	19,528	1,077	6,668	2,212
Total	114,493	100,131	214,624	12,715	—	—

On compte tous les cas qui ont eu lieu dans la population civile. Les étrangers décédés sont aussi comptés, mais sont inscrits séparément.

(Cas de décès dans la population militaire 1871 : 473, 1872 : 535, 1873 : 609, 1874 : 398.)

Sur 1000 habitants masculins 36 (1869), 31 (en 1874), féminins 30.s et 26.s, des deux sexes 33.s et 29.t.

Confession: Catholiques 200,778 — Anglicans 14
Grecs catholiques 88 — Mahométans 4
» orientaux 349 — Nazaréens 11
Luthériens 5,310 — Vieux catholiques 41
Calvinistes 497 — Sans confession 29
Israélites 7,294 — Inconnus 209

Répartition sur les mois (sur 10,000 cas):

Janvier	841.4	Mai	965.5	Septembre	776
Février	830.s	Juin	821.6	Octobre	749.4
Mars	971.2	Juillet	793.6	Novembre	697.2
Avril	977.2	Août	812.4	Décembre	764.2

État civil (1871—1874): garçons et filles 62,492, mariés 19,686, veufs et veuves 9,369, divorcés 14, inconnus 175.

[1]) D'après les renseignements fournis par les médecins officiels et les vérificateurs de décès. Ne pas oublier qu'il a régné en 1866 et 1873 une épidémie du choléra, en 1871 une épidémie du typhus, et en 1872 la petite vérole.

[2]) Dans la maison d'accouchement tenue par la province de Niederösterreich sont nés 7,703 enfants (1874); dans la maison des enfants trouvés il fut reçus en 1874, 7,833 enfants.

11. Age des morts de 1865—1874.

De 10,000 morts (premier groupe)

	masc.	fém.	des deux sexes
	avaient l'âge de		
1 semaine	—	—	—
2 »	—	—	—
3 »	—	—	—
4 »	—	—	—
en somme 0—1 mois	1442.7	1289.3	1371.1
1—2 »	353.8	332.4	343.8
2—3 »	254.1	240.7	247.9
3—4 »	—	—	—
4—5 »	—	—	—
5—6 »	—	—	—
en somme 3—6 mois	465.9	455.7	461.1
6—7 »	—	—	—
7—8 »	—	—	—
8—9 »	—	—	—
en somme 6— 9 mois	308.6	316.3	312.2
9—10 »	—	—	—
10—11 »	—	—	—
11—12 »	—	—	—
en somme 9—12 mois	279.4	308.2	292.8
en somme 0— 1 année¹)	3104.5	2942.6	3028.9
13—15 mois	—	—	—
16—18 »	—	—	—
en somme 13—18 mois	341.7	377.0	358.2
19—21 »	—	—	—
22—24 »	—	—	—

De 10,000 morts (second groupe)

	masc.	fém.	des deux sexes
	avaient l'âge de		
en somme 19—24 mois	248.6	266.8	257.1
en somme 1—2 année²)	590.3	643.8	615.3
25—27 mois	—	—	—
28—30 »	—	—	—
31—33 »	—	—	—
34—36 »	—	—	—
en somme 2—3 année³)	288.1	319.2	302.6
3—4 année⁴)	186.1	203.3	194.2
4—5 » ⁵)	133.8	148.5	140.6
en somme 0—5 année	4302.8	4257.4	4281.6
5—6 année	75.6	82.1	78.7
6—7 »	67.2	70.6	68.8
7—8 »	40.2	48.6	44.1
8—9 »	32.9	38.6	35.6
9—10 »	28.4	29.5	28.8
5—10 »	244.3	269.4	256.0
10—11 »	24.0	23.5	23.7
11—12 »	18.1	25.0	21.4
12—13 »	19.9	23.8	21.7
13—14 »	28.5	27.4	28.0
14—15 »	38.9	35.0	37.1
10—15 »	129.4	134.7	131.9
15—16 »	48.1	39.4	44.0
16—17 »	68.0	56.5	62.6
17—18 »	83.8	71.0	77.8
18—19 »	110.6	80.6	96.6

De 10,000 morts (troisième groupe)

	masc.	fém.	des deux sexes
	avaient l'âge de		
19—20 année	107.8	86.5	97.9
15—20 »	418.3	334.0	378.9
20—21 »	105.9	94.1	100.4
21—22 »	102.8	106.4	104.5
22—23 »	99.9	109.5	104.4
23—24 »	104.9	110.9	107.8
24—25 »	99.7	104.3	101.8
25—26 »	98.9	102.9	100.7
26—27 »	94.6	103.6	98.8
27—28 »	100.1	94.1	97.2
28—29 »	95.3	97.9	96.5
29—30 »	99.6	102.9	101.2
20—30 »	1001.7	1026.6	1013.3
30—31 »	83.6	81.1	82.4
31—32 »	87.8	85.9	86.9
32—33 »	90.2	89.3	89.8
33—34 »	89.3	86.6	88.1
34—35 »	88.6	81.6	85.4
35—36 »	91.9	86.8	89.5
36—37 »	86.5	78.7	82.8
37—38 »	86.1	84.1	85.2
38—39 »	86.4	80.9	83.8
39—40 »	87.7	81.1	84.6
30—40 »	878.1	836.1	858.5
40—41 »	81.5	72.0	77.1
41—42 »	79.9	77.9	78.9
42—43 »	86.5	77.1	82.1
43—44 »	89.1	75.2	82.6
44—45 »	92.5	75.4	84.5

¹) De 10,000 morts à l'âge de 0—1 année il y avait : légitim : 5,866.6 illégitim : 4,133.4
²) » » » » » » 1—2 » » » » légitim : 8,261.3 illégitim : 1,738.7
³) » » » » » » 2—3 » » » » légitim : 8,372.6 illégitim : 1,627.4
⁴) » » » » » » 3—4 » » » » légitim : 8,459.3 illégitim : 1,540.7
⁵) » » » » » » 4—5 » » » » légitim : 8,465.9 illégitim : 1,534.1

avaient l'âge de	De 10,000 morts			avaient l'âge de	De 10,000 morts			avaient l'âge de	De 10,000 morts		
	masc.	fém.	des deux sexes		masc.	fém.	des deux sexes		masc.	fém.	des deux sexes
45—46 année	93.1	74.5	84.4	64—65 année	69.8	85.3	77.0	83—84 année	15.4	29.0	21.7
46—47 »	84.5	72.2	78.8	65—66 »	72.5	79.1	75.6	84—85 »	12.7	24.9	18.5
47—48 »	90.5	71.6	81.7	66—67 »	66.0	78.7	71.9	85—86 »	11.4	20.1	15.1
48—49 »	91.8	73.8	83.4	67—68 »	61.1	75.5	67.8	86—87 »	7.9	14.9	11.1
49—50 »	94.1	72.9	64.2	68—69 »	58.4	77.4	67.2	87—88 »	6.2	11.1	8.5
40—50 »	883.5	742.6	817.7	69—70 »	58.0	77.5	67.1	88—89 »	4.3	9.3	6.6
50—51 »	89.7	68.7	79.9	**60—70** »	679.2	773.7	723.3	89—90 »	4.3	7.5	5.8
51—52 »	83.6	65.7	75.3	70—71 »	54.1	72.2	62.6	**80—90** »	119.9	220.2	166.7
52—53 »	92.2	75.7	84.5	71—72 »	48.4	75.7	61.1	90—91 »	2.9	6.4	4.5
53—54 »	97.8	81.0	90.0	72—73 »	56.0	71.9	63.5	91—92 »	2.4	4.2	3.2
54—55 »	89.2	70.0	80.2	73—74 »	50.6	71.0	60.1	92—93 »	1.3	3.4	2.3
55—56 »	81.4	82.1	81.7	74—75 »	49.2	73.3	60.4	93—94 »	1.3	1.8	1.5
56—57 »	84.8	72.1	78.9	75—76 »	45.4	69.5	56.7	94—95 »	0.7	1.1	0.9
57—58 »	80.3	65.7	73.5	76—77 »	35.6	58.4	46.3	95—96 »	1.4	1.8	1.6
58—59 »	77.6	76.2	76.9	77—78 »	33.3	51.9	42.0	96—97 »	0.2	1.2	0.7
59—60 »	80.1	74.5	77.5	78—79 »	32.0	47.4	39.1	97—98 »	0.3	0.4	0.3
50—60 »	856.7	731.7	798.4	79—80 »	25.9	44.2	34.5	98—99 »	—	0.5	0.2
60—61 »	76.0	73.4	74.8	**70—80** »	430.5	635.5	526.3	99—100 »	—	0.4	0.2
61—62 »	67.9	72.8	70.1	80—81 »	22.5	36.9	29.3	**90—100** »	10.5	21.2	15.4
62—63 »	77.4	76.7	77.1	81—82 »	17.4	35.9	26.0	Au dessus de 100 ans	6.1	0.4	0.3
63—64 »	72.1	77.6	74.7	82—83 »	17.8	30.6	23.8	âge inconnus	45.0	16.5	31.7

Récapitulation.

	Sexe mascul.	Sexe fém.	Total		Sexe mascul.	Sexe fém.	Total
0—5 ans	4,302.8	4,257.4	4,281.6				
5—10 »	244.3	569.4	256.0	60—70 ans	679.2	773.3	723.3
10—15 »	129.4	134.7	131.9	70—80 »	430.5	526.3	526.3
15—20 »	418.3	334.0	378.9	80—90 »	119.9	166.7	166.7
20—30 »	1,001.7	1,026.6	1,013.3	90—100 »	10.5	15.4	15.4
30—40 »	878.1	836.1	858.5	Total	0.1	0.3	0.3
40—50 »	883.2	742.6	817.7	Au dessus de 100 ans	9.955.0	9,083.5	9,968.3
50—60 »	856.7	731.7	798.4	Inconnus	45.0	16.5	31.7
				Totale générale	10,000	10,000	10,000

Remarque : Il n'existe pas une table de mortalité pour la ville de Vienne.

4*

12. Principales causes de décès (1865—1874).

Chiffres absolus.

	Debilitas congenita et deformitas	Tuberculosis pulmonum	Cholera asiat.	Typhus	Dysenteria	Variola	Morbilli	Scarlatina	Croup	Pertussis	Syphilis	Hydrocephalus acutus	Meningitis	Dyphteritis	Febris puerp.	Alii morbi puerperales	Marasmus senilis	Catarrhus intestin.	Pneumonia	Vitia cordis organica
1865	1,107	4,665	.	706	79	124	179	100	273	108	23	481	245	112	42	84	813	1,060	1,262	372
1866	1,541	4,719	2,928	728	137	359	103	397	254	100	31	422	286	85	47	94	878	2,322	1,771	482
1867	1,451	4,447	2	509	97	276	129	384	283	138	30	461	306	72	32	40	797	1,443	1,308	474
1868	1,313	4,662	.	641	83	294	107	123	248	135	33	547	373	75	44	64	849	1,794	1,550	471
1869	1,595	4,524	.	733	107	328	130	72	279	121	27	425	380	95	25	53	828	1,983	1,809	526
1870	1,659	5,103	.	594	104	295	93	117	182	160	41	520	518	126	27	43	838	2,311	1,930	582
1871	1,576	5,185	.	1,149	105	473	153	399	234	139	21	513	595	185	51	54	941	2,303	1,702	578
1872	1,641	4,859	1	765	38	3,334	136	497	228	171	36	462	565	213	75	94	990	2,335	1,581	517
1873	1,621	4,545	2,855	742	53	1,410	115	295	128	132	28	378	662	139	58	122	1,041	2,171	1,462	570
1874	1,610	4,175	1	375	32	928	148	291	163	99	30	389	544	163	48	161	808	1,571	1,697	561
Total	15,114	46,884	5,787	6,942	835	7,821	1,293	2,675	2,272	1,303	300	4,598	4,474	1,265	449	809	8,783	19,293	16,072	5,133
dont mascul.	8,378	26,845	2,741	4,084	422	3,909	680	1,428	1,150	577	166	2,625	2,494	599	.	.	3,428	10,419	8,326	2,270
fémin.	6,736	20,039	3,046	2,858	413	3,912	613	1,247	1,122	726	134	1,973	1,980	666	449	809	5,355	8,874	7,746	2,863

NB. L'enregistration des causes de décès se fait d'après l'attestation des médecins praticiens et des vérificateurs de décès.

13. Principales causes de décès (1865—1874).

En pour cent.

	Debilitas congenita et deformitas	Tuberculosis pulmonum	Cholera asiat.	Typhus	Dysenteria	Variola	Morbilli	Scarlatina	Group	Pertussis	Syphilis	Hydrocephalus acutus	Meningitis	Dyphteritis	Febris puerp.	Alii morbi puerperales	Marasmus senilis	Catarrhus intestin.	Pneumonia	Vitia cordis organica
					Sont morts des causes de décès mentionnées à la 1e rubrique															
1865	582.5	2,412.6	.	365.1	40.9	64.1	92.6	51.7	141.2	55.9	11.9	248.8	126.7	57.9	21.7	43.4	420.5	548.2	652.7	192.4
1866	634.3	1,942.5	1,205.2	299.7	56.4	147.8	42.4	163.4	104.6	41.2	12.8	173.7	117.7	35.0	19.3	38.7	361.4	955.8	729.0	198.4
1867	792.5	2,428.9	1.1	278.0	53.0	150.7	70.5	209.7	154.6	75.4	16.4	251.8	167.1	39.3	17.5	21.8	435.3	788.1	714.4	258.9
1868	678.5	2,409.2	.	331.2	42.9	151.9	55.3	63.6	128.2	69.8	17.1	282.7	192.8	38.8	22.8	33.1	438.7	927.1	801.0	243.4
1869	789.1	2,238.1	.	362.6	52.9	162.3	64.3	35.6	138.0	59.9	13.4	210.3	188.0	47.0	12.4	26.2	409.6	981.0	894.0	260.2
1870	775.8	2,386.4	.	277.8	48.6	138.0	43.5	54.7	85.1	74.8	19.2	243.2	242.2	58.9	12.6	20.1	391.9	1,080.7	902.5	272.2
1871	697.3	2,294.2	.	508.4	46.5	209.3	67.7	176.6	103.5	61.5	9.3	227.0	263.3	81.9	22.6	23.9	416.4	1,019.0	753.1	255.8
1872	658.8	1,950.9	0.4	307.1	15.3	1.338.6	54.6	199.5	91.5	68.7	14.5	185.5	226.8	85.5	30.1	37.7	397.5	937.5	634.8	207.6
1873	656.3	1,840.0	1,155.8	300.4	21.5	570.8	46.6	119.4	51.8	53.4	11.3	153.0	268.0	56.3	23.5	49.4	421.4	878.9	591.9	230.8
1874	824.4	2,137.9	0.5	192.0	16.4	475.2	75.8	149.0	83.5	50.7	15.4	199.2	278.6	83.5	24.6	82.4	413.8	804.5	869.0	287.3
Moyenne de 10 ans	704.2	2,184.5	269.6	323.4	38.9	364.4	60.2	124.6	105.9	60.7	14.0	214.2	208.5	58.9	20.9	37.7	409.2	898.9	748.8	239.2
dont mascul.	390.4	1,250.8	127.7	190.3	19.7	182.1	31.6	66.5	53.6	26.9	7.7	122.3	116.2	27.9	.	.	159.7	485.4	387.9	105.8
fémin.	313.8	933.7	141.9	133.1	19.2	182.3	28.6	58.1	52.3	33.8	6.3	91.9	92.3	31.0	20.9	37.7	249.5	413.5	360.9	133.4

14. Mortalité par quartiers.

(Non compris les mort-nés et les morts des maisons d'accouchement et d'enfants trouvés.)

(1871—1874.)

Quartier	Nombre des décès				Chiffre de mortalité sur 1000 habitants				Moyenne de 1871—1874
	1871	1872	1873	1874	1871	1872	1873	1874	
I. Innere Stadt . .	1,177	1,282	1,249	974	17.7	18.9	18.1	13.8	17.1
II. Leopoldstadt . .	2,902	2,902	2,910	2,381	33.0	32.4	31.8	25.6	30.7
III. Landstrasse . . .	2,961	2,905	3,009	2,245	34.7	33.4	33.9	24.8	31.7
IV. Wieden	1,535	1,831	1,549	1,220	30.7	35.9	29.8	23.0	29.9
V. Margarethen . .	1,799	2,269	2,076	1,516	33.7	41.8	37.5	26.8	34.9
VI. Mariahilf . . .	1,942	2,140	2,042	1,517	28.1	30.4	28.4	20.7	26.9
VII. Neubau	2,102	2,307	2,316	1,642	26.7	28.8	28.3	19.7	25.9
VIII. Josefstadt . . .	1,565	1,624	1,663	1,188	28.8	29.3	29.4	20.6	27.—
IX. Alsergrund . . .	2,718	2,507	2,665	1,915	43.9	39.8	41.6	29.3	38.6
X. Favoriten . . .	699	1,325	1,833	1,641	27.7	51.6	69.9	61.2	52.5
Total	19,390	21,092	21,312	16,239	30.7	32.7	32.4	24.2	30.—

Depuis 1871 les décès qui ont eu lieu dans les hôpitaux publics sont répartis sur les quartiers d'après le logement antérieur, excepté les décès dans la maison d'accouchement et des enfants trouvés, dont la mortalité n'est pas comprise dans le tableau ci-dessus.

15. Climatologie.

Hauteur au-dessus de la mer : 197 mètres.
Vents régnants : Ouest et Ouest septentrional.
Force des vents $= {}^3/_{10}$.

Moyennes des mois.

	Janvier	Février	Mars	Avril	Mai	Juin	Juillet	Août	Septembre	Octobre	Novembre	Décembre
Moyenne normale de la température de 1775—1874. (Celsius)	— 1.6	0.8	4.4	10.3	15.6	18.8	20.6	20.0	15.9	10.4	4.3	0.2
Température moyenne	— 0.8	2.0	4.2	10.9	14.8	17.9	20.9	19.1	16.3	10.1	4.3	— 0.2
Moyenne des maxima de température . .	9.7	11.9	16.4	24.5	29.0	30.2	33.4	32.1	28.2	23.5	14.2	11.1
Moyenne des minima de température . .	—10.9	— 8.6	— 5.4	0.1	3.0	8.8	11.5	9.8	5.0	0.0	— 4.4	—10.3
Pression de l'air	745.2	746.2	742.0	743.2	743.1	744.2	744.0	744.0	745.9	745.0	743.9	744.7
Différence entre les maxima et les minima de la pression de l'air	44.0	38.0	39.3	33.4	27.8	22.5	29.5	20.5	27.7	38.2	39.2	37.8
Humidité moyenne (pour cent du maximum)	84.7	79.3	72.8	63.2	64.5	64.2	62.8	66.8	68.5	76.4	79.1	82.0
Quantité mensuelle de pluie (Mm. sur $^1/_{10}$ mètre carré)	32.4	33.3	47.3	35.8	66.6	58.8	64.9	71.2	39.2	42.3	45.64	50.5
Nombre des jours pluvieux etc.	13.4	12.6	13.0	11.8	11.7	12.7	13.2	12.4	7.4	11.2	12.8	12.7
dont » neigeux	7.4	6.6	6.2	0.5	0.1	0.0	0.0	0.0	0.0	0.5	4.1	7.6
» » à grêle	0.5	0.7	0.5	1.2	0.9	0.4	0.3	0.0	0.1	0.6	0.2	0.5
Jours à orages	0.1	0.0	0.0	0.7	3.2	3.6	4.7	2.9	0.7	0.4	0.0	0.0

The bracket spanning "Différence entre les maxima…" through "Jours à orages" is marked 1865—1874.

Bibliographie.

STATISTIK DER STADT WIEN. Von dem Präsidium des Gemeinderathes und Magistrats. (Vienne 1857.)

DR EDOUARD GLATTER. Mittheilungen des Statistischen Bureaus der Stadt Wien. (1870.)

» » » Die Volksbewegung Wiens in d. J. 1865—1869. (Vienne 1872.)

G. A. SCHIMMER. Die Bevölkerung der Stadt Wien i. J. 1870. (Vienne 1873.)

WIENER COMMUNAL-KALENDER UND STATISTISCHES JAHRBUCH. (Publication annuelle.)

DR FR. INNHAUSER & DR EDOUARD NUSSER. Jahresbericht des Wiener Stadtphysikates über seine Amtsthätigkeit. (Publication annuelle.)

BUREAU COMMUNAL DE STATISTIQUE. Die Sterblichkeit in Wien. (Publication annuelle.)

» » » » Die Bewegung der Bevölkerung in Wien im Jahre 1875. (Vienne 1876.)

Prague (Prag).

Longitude: 12° 5′ 8″ à l'est de Paris. Latitude septentrionale: 50° 5′ 19″.

Se compose des quartiers suivants : I. Altstadt, II. Neustadt, III. Kleinseite, IV. Hradschin, V. Josefstadt, VI. Rayon de fortification.

Surface: 8·05 kilomètres carrés (1875).

1. État de la Population.

Année	Nombre des maisons	Population civile			Source
		masc.	fem.	Total	
1770	3,174 [1]	—	—	77,567 [2]	[1] Königreich Böheims wahre Landesansässigkeit im J. 1771. Manuscript.
1784[8]	3,191 [3]	—	—	76,011 [3]	[2] K. J. Erben: Die Primatoren der k. k. Hauptstadt Prag. 1858 (ci-inclus. Wysehrad avec 800 habitants).
1786	—	31,384 *)	41,490 *)	**)72,874 [4]	[3] J. Schaller: Vollständige Beschreibung d. k. Hpt.- u. Residenzstadt Prag etc. 2 vol. Prag u. Wien 1787 et : Prags Zustand unter Leopold II. etc. Prag 1791 (officiel).
1792	3,220 [5]	—	—	73,780 [5]	[4] Rigger: Materialien zur alten und neuen Statistik von Böhmen. VIII. Heft. Leipzig u. Prag 1788 (probablement seulement les indigènes).
1804	3,155 [6]	—	—	76,037 [7]	[5] Schaller: Beschreibung d. k. Hpt.- u. Residenzstadt Prag 1794 (probablement seulement les indigènes).
1818	3,194 [8]	32,185**)	43,185**)	80,754 [8]	[6] en 1805: »Verzeichniss aller Häuser, Strassen und Plätze etc.« Prag 1805.
1822	3,201 [9]	43,396	49,088	92,484 [9]	[7] Dr. Hain: Medicinische Prager Ephemeriden en 1803 et 1804. Prag 1807.
1826	3,208[10]	47,807	55,531	103,338[11]	[8] Recensement de 1818.
1837	3,239[12]	48,744	56,765	105,509[12]	[9] Recensement de 1822 v. Stelzig: Versuch einer medicinischen Topographie von Prag. Prag 1824.
1843	3,302[13]	52.004	59,702	111,706[13]	[10] Recensement de 1826.
1846	3,333[14]	53,401	62,035	115,436[14]	[11] Idem. (Monatsschrift d. vaterl. Museums in Böhmen. 1807).
1850	3,377[15]	27,175**)	33,295**)	124,131[15]	[12] Recensement de 1837.
1857	3,400[15]	27,832**)	33,526**)	142,588[16]	[13] Recensement de 1843.
1865	—	—	—	152,311[17]	[14] Recensement de 1846.
1866	—	—	—	153,655[18]	[15] Recensement de 1850.
1867	—	—	—	155,010[19]	[16] Recensement de 1857.
1868	—	—	—	156,378[20]	[17] Population calculée d'après une augmentation annuelle de 1857 à 1869 = 0.883%.
1869	3,557[21]	75,029	82,684	157,713[21]	[18] Idem.
1870	3,566[22]	75,455	82,954	158,409[23]	[19] Idem.
1871	3,567[22]	76,020	83,787	159,807[23]	[20] Idem.
1872	3,579[22]	76,691	84,527	161,218[23]	[21] Recensement de 1869.
1873	3,587[22]	77,368	85,273	162,641[23]	[22] Nombre des maisons à la fin de l'année.
1874	3,600[22]	78,051	86,025	164,076[23]	[23] Population calculée d'après l'augmentation annuelle de 1857—69 (0.883%) et la répartition de la population selon les sexes en 1869.
1875	3,609[22]	78,741	86,785	165,526[23]	

*) Population présente et absente.
**) Population indigène.

2. Nombre des mariages conclus et dissous. — Mois des mariages. — Confession des fiancés. — Age et état civil des fiancés (1865—1874).

Années	Mariages conclus	Mariages dissous		Années	Mariages conclus	mariages dissous	
		par la mort	par le divorce			par la mort	par le divorce
1865	1,225	1,206	1	1870	1,886	1,232	3
1866	901	1,474	—	1871	2,025	1,273	3
1867	1,495	1,217	1	1872	1,889	1,430	9
1868	1,512	1,195	3	1873	1,820	1,581	3
1869	1,891	1,107	4	1874	1,524	1,268	2

S u r 1000 h a b i t a n t s 11.5 mariages (en 1869).

M o i s d e s m a r i a g e s: Sur 10,000 mariages il y a eu dans le mois de

Janvier	733	Mai	1,220	Septembre	812
Février	1,804	Juin	734	Octobre	865
Mars	216	Juillet	673	Novembre	1453
Avril	448	Août	939	Décembre	103

C o n f e s s i o n d e s f i a n c é s: Ont été conclus par des prêtres catholiques 14,339, luthériens 322, israélites 1,488 et par l'autorité civile 19.

3. Age et état civil des fiancés (1865—1874).

Age des fiancés	Age des fiancées						Total
	au-dessous de 20 ans	20—24	24—30	30—40	40—50	au-dessus de 50 ans	
au-dessous de 24 ans	347	646	530	119	12	2	1,656
24—30 »	914	2,329	2,819	1,067	89	7	7,225
30—40 »	336	944	1,819	1,573	261	26	4,959
40—50 »	41	115	311	568	294	41	1,370
50—60 »	6	20	97	237	224	93	677
au-dessus de 60 ans	5	12	22	88	79	75	281
	1,649	4,066	5,598	3,652	959	244	16,168

É t a t c i v i l: Sur 10,000 cas il y avait 8,082 garçons et filles, 416 garçons et veuves, 1,219 veufs et filles, 283 veufs et veuves.

4. Nés vivants selon confession et légitimité.

	1865	1866	1867	1868	1869	1870	1871	1872	1873	1874	Total
	a) g a r ç o n s										
Catholiques	3,161	3,154	2,911	3,272	3,121	3,141	3,270	3,200	3,068	3,031	31,329
dont illégitimes	1,542	1,616	1,423	1,739	1,593	1,395	1,422	1,301	1,267	1,306	14,604
Protestants	45	26	29	36	46	45	56	37	48	67	435
dont illégitimes	3	2	2	4	4	8	5	3	.	3	34
Israélites	178	164	164	183	226	199	215	251	244	243	2,067
dont illégitimes	15	5	5	17	25	13	13	19	26	4	150
Total des naissances masculines . .	3,384	3,344	3,104	3,491	3,393	3,385	3,541	3,488	3,360	3,341	33,831
dont illégitimes	1,560	1,631	1,430	1,760	1,622	1,416	1,440	1,323	1,293	1,313	14,788
	b) f i l l e s										
Catholiques	2,912	3,059	2,789	3,048	3,012	3,121	3,043	3,051	2,952	3,004	29,991
dont illégitimes	1,511	1,576	1,458	1,578	1,489	1,379	1,313	1,265	1,214	1,287	14,070
Protestantes	24	45	25	36	47	46	39	56	42	62	422
dont illégitimes	2	1	1	2	8	4	1	3	4	3	29
Israélites	163	170	145	174	167	189	202	195	228	218	1,851
dont illégitimes	4	1	9	17	9	28	18	14	21	10	131
Total des naissances féminines . . .	3,099	3,274	2,959	3,258	3,226	3,356	3,284	3,302	3,222	3,284	32,264
dont illégitimes	1,517	1,578	1,468	1,597	1,506	1,411	1,332	1,282	1,239	1,300	14,230
Total général	6,483	6,618	6,063	6,749	6,619	6,741	6,825	6,790	6,582	6,625	66,095
dont illégitimes	3,077	3,209	2,898	3,357	3,128	2,827	2,772	2,605	2,532	2,613	29,018

Naissances sur 1000 habitants 42.6 (en 1869).
Naissances masculines sur 1000 feminines 1048·6, pour les légitimes 1055·9, pour les illégitimes 1039·2;
naissances illégitimes sur 1000 naissances 439·0.

5. Mort-nés (1865—1874).

	Garçons mort-nés		Filles mort-nées		Total	
		dont illégit.		dont illégit.		dont illégit.
1865	168	92	145	78	313	170
1866	137	87	118	65	255	152
1867	125	68	104	49	229	117
1868	180	95	132	63	312	158
1869	169	89	115	66	284	155
1870	163	69	155	64	318	133
1871	205	131	139	86	344	217
1872	212	100	129	54	341	154
1873	168	65	96	45	264	110
1874	142	58	101	40	243	98
Total	1,699	854	1,234	610	2,903	1,464

Mort-nés sur 1000 vivant-nés 43·9.

D'après les confessions.

Catholiques : 2,688, dont illégitimes 1,432
Protestants : 24 » » 1
Israélites : 191 » » 30

6. Répartition des naissances sur les mois (1865—1874).

	De 10,000 naissances il y eu dans les mois de											
	Janvier	Février	Mars	Avril	Mai	Juin	Juillet	Août	Septembre	Octobre	Novembre	Décembre
a) Nés-vivants.												
Naissances **masculines** légitimes	815	799	909	829	844	844	831	863	853	793	804	816
» » illégitimes	964	930	954	922	899	781	747	699	718	740	814	832
En somme	880	856	929	870	868	817	794	791	794	769	809	823
Naissances **feminines** légitimes	820	804	861	855	885	831	886	863	836	791	783	784
» » illégitimes	939	898	945	934	906	824	747	655	748	759	812	833
En somme	873	846	899	890	894	828	824	771	797	777	796	805
b) Mort-nes.												
Mort-nés **masculins** légitimes	896	749	1080	773	883	785	761	896	822	785	699	871
» » illégitimes	820	984	1159	960	1030	703	878	644	656	679	808	679
En somme	857	869	1120	869	958	743	821	767	737	731	755	773
Mort-nés **feminins** légitimes	849	817	833	946	801	801	625	946	641	689	1026	1026
» » illégitimes	1000	787	902	1115	803	770	787	623	787	672	754	1000
En somme	924	802	867	1029	802	786	705	786	713	681	892	1013

7. Nombre des décès. — Confession des morts. — Répartition des décès sur les mois (1865—1874).

Années	Hommes	Femmes	Total	Dont enfants morts au-dessous d'un an dans les maisons d'accouchement et d'enfants trouvés
1865	3,285	3,150	6,435	900
1866	4,010	3,833	7,843	695
1867	3,121	2,981	6,102	737
1868	3,264	3,226	6,490	654
1869	3,348	3,199	6,547	594
1870	3,276	3,121	6,397	591
1871	3,625	3,181	6,806	663
1872	4,034	3,906	7,940	977
1873	3,943	3,757	7,700	743
1874	3,357	3,096	6,453	672
Total	35,263	33,450	68,713	7,227[1])

Sur 1000 habitants (1869): masculins 44.6, féminins 38.7, des deux sexes 41·5.

Confessions: Catholiques   64,629   Israélites   3,261
            Protestantes   822   Autres conf.   1
                         Total   68,713

Répartition sur les mois (sur 10,000 cas.)

Janvier	840	Mai	985	Septembre	771
Février	800	Juin	868	Octobre	714
Mars	948	Juillet	836	Novembre	682
Avril	916	Août	864	Décembre	776

[1]) Dans la maison d'accouchement sont nés en 1874 2,307 enfants (1,152 g. 1,155 filles, dont nés vivants 2,224, mort-nés 83). Dans la maison des enfants trouvés ont été reçus en 1874 2,103 enfants (1,040 g., 1,063 f.)

8. Age des morts de 1865 à 1874.

	De 10,000 morts		
	masc.	fém.	de deux sexes
	avaient l'âge de		
0— 1 mois	1479	1252	1368
1— 2 »	302	286	294
2— 3 »	208	188	198
3— 6 »	358	320	339
6— 9 »	269	272	271
9—12 »	254	232	244
en somme 0— 1 année	2870	2550	2714
12—18 mois	314	334	323
18—24 »	177	183	180
en somme 1— 2 année	491	517	503
2— 3 »	222	222	222
3— 4 »	145	138	142
4— 5 »	103	107	105
en somme 0— 5 année	3831	3534	3386
5— 6 »	63	58	61
6— 7 »	49	53	51
7— 8 »	32	37	34
8— 9 »	31	28	30
9—10 »	22	25	23
5—10 »	197	201	199
10—11 »	26	21	24
11—12 »	19	23	21
12—13 »	23	21	22
13—14 »	27	23	25
14—15 »	33	36	34
10—15 »	128	124	126
15—16 »	37	42	39
16—17 »	60	53	57
17—18 »	68	73	70
18—19 »	85	90	87

	De 10,000 morts		
	masc.	fém.	de deux sexes
	avaient l'âge de		
19—20 année	97	100	99
15—20 »	347	358	352
20—21 »	113	123	116
21—22 »	99	115	107
22—23 »	100	145	122
23—24 »	111	130	120
24—25 »	102	150	125
25—26 »	99	127	113
26—27 »	98	132	115
27—28 »	93	112	102
28—29 »	106	126	116
29—30 »	89	89	89
20—30 »	1010	1249	1125
30—31 »	104	118	110
31—32 »	81	92	86
32—33 »	91	105	98
33—34 »	97	91	94
34—35 »	89	83	86
35—36 »	90	95	92
36—37 »	102	101	102
37—38 »	84	79	84
38—39 »	103	83	94
39—40 »	88	69	79
30—40 »	929	916	925
40—41 »	121	104	112
41—42 »	78	61	70
42—43 »	100	92	96
43—44 »	90	66	79
44—45 »	97	71	83
45—46 »	111	88	100
46—47 »	95	80	88
47—48 »	91	73	82

	De 10,000 morts		
	masc.	fém.	de deux dexes
	avaient l'âge de		
48—49 année	95	94	95
49—50 »	87	73	80
40—50 »	965	802	885
50—51 »	115	116	115
51—52 »	96	73	84
52—53 »	107	95	102
53—54 »	97	81	90
54—55 »	103	75	89
55—56 »	91	83	86
56—57 »	97	86	92
57—58 »	84	75	80
58—59 »	82	84	83
59—60 »	75	61	68
50—60 »	947	829	889
60—61 »	102	124	113
61—62 »	74	70	72
62—63 »	91	95	93
63—64 »	88	85	86
64—65 »	81	82	82
65—66 »	98	97	98
66—67 »	87	99	93
67—68 »	85	92	88
68—69 »	75	85	80
69—70 »	69	67	68
60—70 »	850	896	873
70—71 »	91	124	107
71—72 »	71	74	72
72—73 »	82	90	86
73—74 »	68	87	77
74—75 »	65	69	67
75—76 »	66	82	74
76—77 »	56	70	63

[1]) De 10,000 morts à l'âge de 0—1 année il y avait : légitim : 5,100   illégitim : 4,901.
[2]) »   »   »   »   »   »   » 1—2 »   »   légitim : 8,691   illégitim : 1,309.
[3]) »   »   »   »   »   »   » 2—3 »   »   légitim : 8,941   illégitim : 1,059.
[4]) »   »   »   »   »   » » 3—4 »   »   légitim : 9,029   illégitim : 971.
[5]) »   »   »   »   »   »   » 4—5 »   »   légitim : 9,283   illégitim : 717.

	De 10,000 morts				De 10,000 morts				De 10,000 morts		
	masc.	fém.	de deux sexes		masc.	fém.	de deux sexes		masc.	fém.	de deux sexes
	avaient l'âge de				avaient l'âge de				avaient l'âge de		
77—78 année	38	60	49	86—87 année	12	22	17	95—96 année	1	2	2
78—79 »	39	58	48	87—88 »	10	16	13	96—97 »	1	1	1
79—80 »	32	42	37	88—89 »	9	20	14	97—98 »	0	1	1
70—80 »	608	756	680	89—90 »	8	11	10	98—99 »	0	2	1
80—81 »	35	66	50	**80—90** »	171	300	234	99—100 »	0	2	1
81—82 »	22	37	29	90—91 »	5	12	8	**90—100**	15	33	24
82—83 »	23	39	31	91—92 »	3	4	3	Au dessus de 100 ans	1	2	1
83—84 »	18	30	24	92—93 »	2	4	3	âge inconnu	1	0	1
84—85 »	15	32	23	93—94 »	2	3	3				
85—86 »	19	27	23	94—95 »	1	2	1				

Récapitulation.

	Sexe masc.	Sexe fém.	Total		Sexe masc.	Sexe fém.	Total
0— 5 ans	3831	3534	3686	60—70 ans	850	896	873
5—10 »	197	201	199	70—80 »	608	756	680
10—15 »	128	124	126	80—90 »	171	300	234
15—20 »	347	358	352	90—100 »	15	33	24
20—30 »	1010	1249	1125	Au dessus de 100 ans	1	2	1
30—40 »	929	916	925	Inconnus	1	0	1
40—50 »	965	802	885				
50—60 »	947	829	889	Total . . .	10,000	10,000	10,000

9. Principales causes de décès (1865—1874).

Chiffres absolus.

Année	Debilitas congenita et atrophia	Tuberculosis pulmonum	Cholera	Typhus	Dysenteria	Variola	Morbilli	Scarlatina	Croup	Diphteritis	Pertussis	Erysipelas	Syphilis	Hydrocephalus acutus et chron.	Meningitis, hyperaemia et paralysis cerebri	Febris puerperalis	Marasmus senilis	Eclampsia infantum	Pneumonia et oedema pulmonum	Enteritis	Paralysis pulmonum	Pyaemia
1865	797	1,308	12	131	53	32	3	15	76	24	30	4	3	93	318	282	477	278	695	323	215	124
1866	820	1,119	1,576	145	16	39	18	107	62	43	21	6	6	101	355	165	477	297	822	175	181	162
1867	663	1,259	11	196	31	130	3	10	54	24	37	7	—	94	232	173	562	249	629	233	227	146
1868	771	1,432	1	261	57	42	5	21	34	24	20	10	1	94	211	343	530	244	714	217	230	176
1869	688	1,348	27	176	51	30	17	54	60	36	52	23	5	84	235	313	510	268	620	212	263	251
1870	634	1,356	51	94	27	42	22	63	73	35	4	10	7	119	271	199	605	269	657	230	252	118
1871	745	1,575	45	116	44	24	7	35	46	21	34	14	1	101	329	160	488	322	716	321	298	199
1872	663	1,386	75	119	41	642	21	89	43	57	46	19	2	86	347	284	505	365	633	355	315	293
1873	572	1,291	677	111	42	460	16	51	44	34	22	17	7	76	284	170	613	301	789	351	253	180
1874	721	1,354	31	118	35	48	2	31	45	24	23	13	12	66	328	171	510	283	595	293	244	219
Totale	7,074	13,428	2,502	1,467	397	1,489	114	480	537	322	289	123	44	914	2,910	2,260	5,277	2,876	6,870	2,710	2,478	1,868
dont mascul.	3,817	7,640	1,192	784	197	678	53	253	282	170	108	57	12	498	1,678	—	2,161	1,615	3,745	1,486	1.293	1,074
femin.	3,257	5,788	1,310	683	200	811	61	227	255	152	181	66	32	416	1,232	2,260	3,116	1,261	3,125	1,224	1,185	794

10. Principales causes de décès (1865—1874).

En pour cent.

Année	Debilitas congenita et atrophia	Tuberculosis pulmonum	Sont morts des causes de décès mentionnées à la 1-re rubrique (sur 10,000 cas)																		
			Cholera	Typhus	Dysenteria	Variola	Morbilli	Scarlatina	Group	Diphteritis	Pertussis	Syphilis	Hydrocephalus acutus et chron.	Meningitis, hyperaemia et paralys. cerebri	Febris puerperalis	Marasmus senilis	Eclampsia infantum	Pneumonia et oedema pulmonum	Enteritis	Paralysis pulmonum	Pyaemia
1865	1,239	2,032	19	204	82	50	5	23	118	37	47	5	145	494	438	741	432	1,079	502	334	193
1866	1,045	1,427	2,009	185	20	50	23	136	79	55	27	8	129	453	210	608	379	1,048	223	231	206
1867	1,086	2,063	18	321	51	213	5	16	89	39	61	—	154	380	284	921	408	1,031	382	372	239
1868	1,188	2,206	2	402	88	65	8	32	52	37	31	2	145	325	529	817	376	1,100	334	354	271
1869	1,051	2,060	41	269	78	46	26	83	92	55	79	8	128	359	478	779	410	947	324	402	383
1870	981	2,120	80	147	42	66	34	98	114	55	6	11	186	424	311	946	421	1,027	360	394	184
1871	1,095	2,314	66	170	66	35	10	51	68	31	50	1	148	483	235	717	473	1,052	472	438	292
1872	835	1,746	94	150	52	809	26	112	54	72	58	3	108	437	358	636	460	797	447	397	369
1873	741	1,677	880	144	54	597	21	66	57	44	29	9	98	369	221	796	391	1,025	456	329	234
1874	1,118	2,098	48	183	54	75	3	48	70	37	36	19	102	508	265	790	439	922	454	378	339
Moyenne de 10 ans	1,038	1,954	364	213	58	217	17	70	78	47	42	7	133	423	329	767	419	1,000	394	360	271
Dont masc.	554	1,112	173	114	29	99	8	37	41	25	16	2	72	244	—	314	235	545	216	188	156
Fém.	484	842	191	99	29	118	9	33	37	22	26	5	61	179	329	453	184	455	178	172	115

11. Climatologie.

Hauteur de l'observatoir au dessus de la mer : 187.4.
Vents regnants (en pour cent de la moyenne de 10 ans) : N. 10.2, NO. 6.7, O. 7.8, SO. 7.7, S. 11.5, SW. 15.6, W. 26.8, NW. 13.7.
Force des vents = 1.93 (moyenne de 1872—1874).

Moyennes de mois.

	Janvier	Février	Mars	Avril	Mai	Juin	Juilet	Août	Septembre	Octobre	Novembre	Décembre
Moyenne normale de la température de 1775—1874 (Celsius)	— 1.96	— 0.01	3.65	9.44	15.09	18.36	20.00	19.91	15.68	10.05	4.15	0.60
Température moyenne	— 0.46	0.56	3.31	9.80	14.20	17.27	20.64	18.91	16.17	9.32	3.90	— 0.04
Moyenne des maxima de température	8.39	9.95	12.92	23.55	28.26	29.57	33.52	32.24	29.17	21.94	12.59	10.36
Moyenne des minima de température	—12.39	— 9.60	— 5.57	0.40	3.11	8.59	11.59	10.27	5.49	0.01	— 4.31	—11.36
Pression de l'air	743.93	745.39	741.51	742.53	742.78	744.02	743.61	743.46	745.07	743.77	742.94	743.66
Différence entre les maxima et les minima de la pression de l'air	27.70	27.95	28.74	23.17	19.00	17.75	15.81	16.58	19.00	26.28	29.08	29.71
Humidité moyenne (pour cent du maximum)	85.19	79.49	77.92	68.70	64.94	66.90	63.63	66.14	66.58	75.73	80.61	83.83
Quantité mensuelle de pluie (Mm. sur $^1/_{10}$ mètre carré)	14.79	22.81	31.65	40.80	33.29	59.08	37.31	44.26	14.68	22.79	28.94	29.01
Nombre des jours à précipitations	5.3	4.5	6.5	11.2	11.9	13.3	10.2	10.6	8.0	9.6	8.8	6.4
dont » neigeux	5.9	4.3	5.0	0.9	0.5	—	—	—	—	0.4	4.1	6.7
» à grêle	0.1	0.1	—	0.1	0.3	0.3	—	—	—	0.1	—	—
Nombre des jours à orages	0.1	—	0.1	1.1	2.9	3.3	3.9	2.5	0.6	0.1	—	—

(Colonne de référence : 1865—1874.)

Supplément.

Manière d'enregistrer les décès.

On fait depuis des années l'annonce de tous les décès (et de tous les mort-nés) au moyen de bulletins de décès, auxquels doit être joint celui du médecin vérificateur de décès du district (pour ceux qui sont morts à domicile). Les bulletins sont d'abord présentés à l'ecclésiastique compétent et par son entremise au bureau de conscription de la ville de Prague.

En conséquence des reglements existants, les teneurs des matricules doivent fournir chaque année, au moins jusqu'à la fin de février, les tableaux statistiques des mariages, naissances et décès. Les tableaux rédigés d'après les rapports mentionnés constituaient jusqu'à présent la principale source d'après laquelle se faisait l'exposé du mouvement de la population de Prague.

Mais comme l'expérience a prouvé que ces tableaux annuels ne méritent pas une entière confiance, et que les décès survenus dans les hôpitaux sont souvent comptés à double (c'est-à-dire par le curé de l'hôpital et par les matricules du rayon où se trouve le domicile du mort), il s'ensuit que les tableaux de mortalité de la ville de Prague, en tant que rédigés d'après ces sources officieuses, produisent pour chaque année un excédant assez considérable de décès. C'est pourquoi le Bureau de statistique de la ville s'est appliqué à trouver une base nouvelle et inattaquable pour cet important objet, en présentant comme telle le protocole des décès de la ville de Prague. C'est d'après cette source qu' a été publiée la mortalité pour les années 1871—72—73 et 1874 telle qu'elle se trouve dans les publications (»Statistisches Handbüchlein«) de la commission de statistique de cette ville.

A l'occasion de ce travail international, il fut procédé dans le courant des trois derniers mois de l'année dernière à un remaniement de toutes les données relatives à la mortalité depuis 1865 à 1870 sur la base de ces protocoles de mortalité.

Les calculs ne se bornent qu'à la population civile, mais ils comprennent tous les décès survenus.

Cependant ce nouveau travail a un côté faible surtout à l'égard des renseignements sur les causes de mortalité.

En conséquence des règlements antérieurs non encore entièrement abolis, il se trouve des milliers de décès dont la cause indiquée ne peut être considérée comme diagnose exacte, pas même de la maladie secondaire et encore moins de la maladie primaire, et dont par conséquent on ne peut se servir, mais que nous avons néanmoins mentionnés, pour caractériser l'état actuel de cette question.

Trieste.

Longitude: 31° 26′ 17″ à l'est de l'île de Fer.
Latitude septentrionale: 45° 38′ 5″.
Se compose de 10 quartiers urbaines et 2 rurales.

1. Population.

	Hommes	Femmes	Total
1857 :	37,618	39,165	76,783.
1870 :	59,401	63,697	123,098.

2. Mariages.

1865	931	1869	1,272	1873	1,276
1866	864	1870	1,261	1874	1,152
1867	1,038	1871	1,187		
1868	1,103	1872	1,240	Total	11,324

Sur 1,000 habitants: (1870) 10·3.

Répartition sur les mois (sur 10,000 cas).

Janvier	511.3	Mai	730.3	Septembre	913.1
Février	2,393.1	Juin	608.4	Octobre	919.3
Mars	279.1	Juillet	528.1	Novembre	1,852.7
Avril	368.2	Août	785.9	Décembre	110.4

État civil des fiancés.

Sur 10,000 cas il y avait:

7,952.1 fois garçon et fille.
480.4 » » » veuve.
1,185.1 » veuf et fille.
382.4 » » » veuve.

Mariages dissous par la mort:

1865	489	1869	615	1873	614
1866	537	1870	585	1874	937
1867	611	1871	603		
1868	517	1872	744	Total	6,252

3. Naissances (1866—1874).

	1866	1867	1868	1869	1870	1871	1872	1873	1874	1875	Total
a) Nés-vivants.											
Garçons	2,678	2,637	2,642	2,420	2,473	2,605	2,534	2,477	2,692	2,510	25,668
dont illégit. . . .	762	753	708	569	462	514	425	389	402	388	5,372
Filles	2,664	2,621	2,274	2,284	2,421	2,400	2,340	2,417	2,553	2,374	24,348
dont illégit. . . .	802	743	600	513	462	422	371	396	412	430	5,151
S o m m e . .	5,342	5,258	4,916	4,704	4,894	5,005	4,874	4,894	5,245	4,884	50,016
b) Mort-nés.											
Garçons	167	170	177	172	187	170	217	204	165	151	1,780
dont illégit. . . .	62	47	53	47	42	37	53	37	40	35	453
Filles	131	126	124	103	120	153	128	122	115	112	1,234
dont illégit. . . .	43	47	36	39	24	52	45	20	25	31	362
S o m m e . .	298	296	301	275	307	323	345	326	280	263	3,014
c) Total											
Total des garçons . . .	2,845	2,807	2,819	2,592	2,660	2,775	2,751	2,681	2,857	2.661	27,448
» des filles	2,795	2,747	2,398	2,387	2,541	2,553	2,468	2,539	2,668	2,486	25,582
» des légitimes . . .	3.771	3,964	3,820	3,840	4,211	4,303	4,345	4,326	4,646	4,263	41,760
» des illégitimes . .	1,569	1,590	1,397	1,168	990	1,025	874	894	879	884	11,270
Total général . .	5,640	5,554	5,217	4,979	5,201	5,328	5,219	5,220	5,525	5,147	53,030

Naissances (vivantes) sur 1,000 habitants (1870) 39.8.

Naissances masculines sur 1,000 féminines : en général 1054·1, pour les naissances légitimes 1040·6, pour les illégitimes 1042·9.

Naissances illégitimes sur 1,000 naissances : 211.3.

Mort-nés sur 1,000 vivant-nés : 60·2.

4. Répartition des naissances sur les mois (1865—1874).

	De 10,000 naissances il y a eu dans le mois de											
	Janvier	Février	Mars	Avril	Mai	Juin	Juillet	Août	Septembre	Octobre	Novembre	Décembre
a) Nés-vivants.												
Naissances **masculines** légitim.	907.6	906.6	882.9	815.4	740.5	750.9	814.4	857.3	801.1	819.3	859.3	844.5
» » illégit.	1057.3	787.4	854.4	835.8	798.6	766.9	813.5	794.9	761.4	815.3	899.1	815.3
Total	938.9	882.4	874.9	819.7	752.7	750.4	814.2	844.2	798.1	818.5	867.6	838.4
Naissances **féminins** légitim.	926.7	838.7	899.6	823	791.8	739.2	779.8	876.7	832.4	826.2	816.3	849.6
» » illégit.	949.3	896.9	962.9	751.3	794.0	796.0	797.9	860.0	766.8	778.5	848.4	797.9
Total	931.5	850.9	913	807.8	792.3	751.2	783.6	873.2	818.5	810.9	412.3	838.6
b) Mort-nés.												
Mort-nés **masculins** légitim.	881.7	753.6	776.2	753.6	783.7	731.0	806.3	1039.9	851.5	844.0	776.2	1012.3
» » » illégit.	838.9	728.5	1214.1	618.1	706.4	728.5	860.9	618.1	949.2	927.2	883.0	927.2
Total	870.5	759.2	887.6	719.1	764	730.2	820.2	932.6	876.4	865.2	800.3	983.1
Mort-nés **féminins** légitim.	711.0	860.1	860.1	837.2	825.7	825.7	917.4	768.3	906	699.5	917.4	871.6
» » » illégit.	884.0	690.6	635.4	1022.1	745.9	718.2	884.0	745.9	801.1	1105.0	773.5	994.5
Total	761.7	810.3	794.1	891.3	802.2	794.1	907.5	761.7	875.2	818.4	875.2	907.6

5. Nombre des décès. — Répartition des décès sur les mois.

(1865—1874, sans les mort-nés).

Année	Hommes	Femmes	Total	Dont enfants mort au dessous d'un an dans les maisons d'accuchement et d'enfants trouvés
1865	1,803	1,789	3,592	278
1866	2,237	2,174	4,411	233
1867	2,241	2,101	4,342	261
1868	2,406	2,189	4,595	137
1869	2,179	2,059	4,238	96
1870	2,552	2,428	4,980	80
1871	2,389	2,151	4,540	64
1872	2,810	2,751	5,561	76
1873	2,606	2,436	5,042	65
1874	2,384	2,144	4,528	62
Total	23,607	22,222	45,829	1,352

Sur 1,000 habitants cas de décès: 42.9 pour les hommes, 38 pour les femmes, pour les deux sexes 40.5 (en 1870).

Répartition sur les mois (sur 10.000 cas).

	hommes	femmes	deux sexes		hommes	femmes	deux sexes
Janvier	880.7	921.5	900.5	Juillet	854.4	867.5	860.8
Février	853.2	865.7	859.3	Août	916.5	951.1	933.9
Mars	864.4	856.4	860.6	Septembre	1,039.4	1,064.4	1,051.6
Avril	795.3	772.8	784.4	Octobre	901.5	847.6	875.1
Mai	697.4	668.—	683.1	Novembre	793.6	752.9	776.5
Juin	641.1	628.6	635.1	Décembre	757.3	803.4	779.8

6. Age des morts de 1865—1874.

	De 10,000 morts				De 10,000 morts				De 10,000 morts		
	masc.	fém.	des deux sexes		masc.	fém.	des deux sexes		masc.	fém.	des deux sexes
avaient l'âge de				avaient l'âge de				avaient l'âge de			
0—1 mois	1014.3	878.6	948.5	16—17 année	40.0	53.5	45.6	42—43 année	77.1	53.5	65.7
1—2 »	290.—	313.7	301.5	17—18 »	45.4	54.0	49.5	43—44 »	68.3	59.7	64.2
2—3 »	237.0	203.1	220.5	18—19 »	46.7	54.4	50.4	44—45 »	83.3	68.1	76.0
3—6 »	459.1	417.6	439.0	19—20 »	48.3	60.6	54.3	45—46 »	74.6	50.4	62.9
6—9 »	420.3	427.3	423.8	**15—20** »	212.1	260.1	235.4	46—47 »	60.4	47.4	54.1
9—12 »	479.5	495.5	487.4	20—21 »	50.8	62.4	56.4	47—48 »	67.5	56.6	62.2
en somme 0—1 année[1])	2900.3	2736.1	2820.7	21—22 »	40.4	65.5	52.6	48—49 »	67.9	42.9	55.8
16—18 mois	725.7	768.4	746.4	22—23 »	57.5	64.6	60.9	49—50 »	85.4	65.5	75.7
19—24 »	465.4	505.7	484.9	23—24 »	55.8	69.9	62.7	**40—50** »	715.7	576.0	648.—
en somme 1—2 année[2])	1191.1	1274.1	1231.3	24—25 »	66.7	84.5	75.3	50—51 »	84.6	60.6	72.9
2—3 » [3])	543.2	572.4	557.4	25—26 »	55.0	72.5	63.5	51—52 »	65.0	48.7	57.—
3—4 » [4])	298.3	321.6	309.6	26—27 »	55.0	72.1	63.8	52—53 »	70.8	58.8	65.—
4—5 » [5])	224.5	220.7	222.7	27—28 »	61.2	74.3	67.6	53—54 »	76.7	60.6	68.8
en somme 0—5 année	5157.5	5125.—	5141.7	28—29 »	73.3	72.1	72.7	54—55 »	66.2	49.1	57.9
5—6 »	132.5	151.3	141.6	29—30 »	61.7	74.8	68.0	55—56 »	79.1	58.8	69.3
6—7 »	124.6	111.9	118.5	**20—30** »	577.4	712.7	643.—	56—57 »	69.6	46.9	58.6
7—8 »	82.1	78.3	80.2	30—31 »	59.6	66.8	63.1	57—58 »	70.4	50.0	60.5
8—9 »	61.6	55.3	58.6	31—32 »	58.7	55.7	57.3	58—59 »	64.1	38.5	51.7
9—10 »	50.0	49.3	49.7	32—33 »	67.9	77.4	72.5	59—60 »	80.0	73.4	76.8
5—10 »	450.8	446.4	448.6	33—34 »	68.3	62.8	65.7	**50—60** »	726.5	545.4	638.5
10—11 »	36.2	43.3	38.8	34—35 »	67.9	75.6	71.7	60—61 »	81.7	72.6	77.2
11—12 »	32.9	34.5	33.7	35—36 »	66.7	66.4	66.5	61—62 »	58.3	51.8	55.2
12—13 »	29.2	37.2	33.1	36—37 »	63.7	70.3	66.9	62—63 »	66.2	56.2	61.4
13—14 »	31.2	39.8	35.4	37—38 »	65.0	68.6	66.7	63—64 »	69.6	51.3	60.7
14—15 »	29.2	33.6	31.3	38—39 »	59.6	71.7	65.4	64—65 »	90.8	74.8	83.—
10—15 »	158.7	188.4	172.3	39—40 »	69.6	67.7	68.7	65—66 »	71.7	75.2	73.4
15—16 »	31.7	37.6	34.5	**30—40** »	647.0	683.0	664.5	66—67 »	67.9	61.0	64.6
				40—41 »	70.8	76.1	73.4	67—68 »	58.7	65.0	61.8
				41—42 »	60.4	55.8	58.0	68—69 »	63.7	59.7	61.8

[1]) De 10,000 morts à l'âge de 0—1 année étaient: légitim: 7,810.9 illégitim: 2,189.1
[2]) » » » » » » 1—2 » » légitim: 9,217.6 illégitim: 782.4
[3]) » » » » » » 2—3 » » légitim: 9,395.7 illégitim: 604.3
[4]) » » » » » » 3—4 » » légitim: 9,528.7 illégitim: 471.3
[5]) » » » » » » 4—5 » » légitim: 9,441.3 illégitim: 558.7

	De 10,000 morts				De 10,000 morts				De 10,000 morts		
	masc.	fém.	des deux sexes		masc.	fém.	des deux sexes		masc.	fém.	des deux sexes
	avaient l'âge de.				avaient l'âge de				avaient l'âge de		
69—70 année	57.5	69.—	63.—	80—81 année	36.3	42.0	39.1	92—93 année	2.9	4.4	3.7
60—70 »	686.1	636.6	662.1	81—82 »	25.8	27.9	26.8	93—94 »	2.1	4.9	3.5
70—71 »	68.7	73.9	71.2	82—83 »	23.3	27.1	25.3	94—95 »	2.5	4.9	3.7
71—72 »	50.4	61.5	55.8	83—84 »	18.3	26.1	22.1	95—96 »	4.6	4.9	4.8
72—73 »	47.9	55.3	51.5	84—85 »	25.0	34.1	29.4	96—97 »	1.3	1.8	1.5
73—74 »	51.2	51.8	51.5	85—86 »	15.8	24.3	20.—	97—98 »	0.8	2.6	1.3
74—75 »	46.6	57.9	52.1	86—87 »	16.3	17.2	16.7	98—99 »	1.2	0.9	1.1
75—76 »	44.6	55.3	49.8	87—88 »	10.4	19.—	14.6	90—100 »	0.4	3.5	2.—
76—77 »	36.7	40.7	38.6	88—89 »	8.3	14.6	11.4	90—100 »	25.8	47.8	36.5
77—78 »	47.5	48.7	48.1	89—90 »	4.6	14.2	9.2	Au-dessus de 100 ans	1.3	5.3	3.2
78—79 »	29.6	34.1	31.8	80—90 »	184.1	246.8	214.5				
79—80 »	29.2	43.3	36.—	90—91 »	5.4	12.4	8.8	âge inconnu	4.6	4.0	4.3
70—80 »	452.4	522.5	486.4	91—92 »	4.6	7.5	6.1				

	Sexe mascul.	Sexe fém.	Totaux		Sexe mascul.	Sexe fém.	Totaux
0—5 ans	5,157.5	5,125.0	5,141.7	60—70 ans	686.1	636.6	662.1
5—10 »	450.8	446.4	448.6	70—80 »	452.4	522.5	486.4
10—15 »	158.7	188.4	172.3	80—90 »	184.1	246.8	214.6
15—20 »	212.1	260.1	235.4	90—100 »	25.8	47.8	36.5
20—30 »	577.4	712.7	643.0	Au-dessus de 100 ans	1.3	5.3	3.2
30—40 »	647.0	683.0	664.5	âge inconnu	4.6	4.0	4.3
40—50 »	715.7	576.0	648.0				
50—60 »	726.5	545.4	638.5	Total	10,000	10,000	10,000

7. Principales causes de décès (1865—1874).

Chiffres absolus.

	Sont morts des causes de décès mentionnées à la 1-re rubrique																					
	Debilitas congenita et deformitas	Tuberculosis pulmonum	Cholera as.	Typhus	Dysenteria	Variola	Morbilli	Scarlatina	Croup	Pertussis	Syphilis	Hydrocephalus acutus	Meningitis	Dyphteritis	Febris puerp.	Alii morbi puerperales	Apoplexia	Marasmus senilis	Convulsiones	Pneumopathiae	Vitia cordis organica	Gastroentero-pathiae
1865	596	472	60	115	6	17	47	22	97	56	9	183	79	24	23	14	69	183	690	273	45	218
1866	503	469	379	99	10	2	42	13	63	73	5	165	96	19	5	7	61	180	631	270	86	192
1867	607	469	204	81	8	40	49	20	61	46	3	202	120	27	14	6	101	178	643	276	104	172
1868	550	505	—	90	12	61	3	14	63	78	9	202	222	60	13	—	134	217	712	316	123	174
1869	460	546	—	72	35	6	76	8	89	114	7	180	146	154	13	1	114	175	610	295	98	183
1870	725	552	1	65	26	5	232	4	56	41	4	194	113	171	19	3	59	243	410	344	123	341
1871	553	606	1	48	23	33	6	2	49	115	1	209	84	181	18	4	53	215	242	478	140	278
1872	644	649	1	54	22	909	28	4	48	174	6	185	83	254	21	4	73	230	392	483	144	354
1873	774	570	345	36	31	53	—	218	159	102	4	127	146	172	—	19	117	307	502	429	114	294
1874	732	612	—	56	19	77	10	116	—	80	3	100	124	276	10	4	63	310	489	703	98	285
Moyenne de 10 ans	6,144	5,450	991	716	192	1,203	493	421	685	879	51	1,747	1,213	1,348	136	62	844	2,238	5,331	3,867	1,075	2,491
dont mascul.	3,140	2,712	472	380	101	594	240	227	380	402	15	949	608	696	—	—	642	928	2,907	2,078	546	1,342
fém.	3,004	2,738	519	336	91	609	253	194	305	477	36	798	605	652	136	62	202	1,310	2,424	1,789	529	1,149

8. Principales causes de décès (1865—1874).

En pour cent.

	Debilitas congenita et deformitas	Tuberculosis pulmonum	Cholera as.	Typhus	Dysenteria	Variola	Morbilli	Scarlatina	Croup	Pertussis	Syphilis	Hydrocephalus acutus	Meningitis	Dyphteritis	Febris puerp.	Alii morbi puerperales	Apoplexia	Marasmus senilis	Convulsiones	Pneumopathiae	Vitia cordis organica	Gastroentero-pathiae
1865	16.59	13.14	1.67	3.20	0.17	0.48	1.31	6.15	2.70	1.56	0.25	5.09	2.20	0.67	0.64	0.39	1.92	5.09	19.21	7.60	1.25	6.07
1866	11.40	10.63	8.59	2.24	0.23	0.04	0.95	0.29	1.43	1.65	0.11	3.74	2.18	0.43	0.11	0.16	1.38	4.08	14.30	6.12	1.95	4.36
1867	13.98	10.79	4.70	1.83	0.18	0.92	1.13	0.46	1.40	1.06	0.07	4.63	2.76	0.62	0.32	0.14	2.32	4.09	14.80	6.36	2.39	3.96
1868	11.97	10.99	—	1.96	0.26	1.33	0.07	0.30	1.37	1.69	0.20	4.39	4.82	1.31	0.28	—	2.33	4.72	15.39	6.88	2.68	3.78
1869	10.85	12.88	—	1.70	0.83	0.14	1.80	0.19	2.10	2.68	0.16	4.25	3.44	3.63	0.31	0.02	2.68	4.13	14.63	6.96	2.31	4.32
1870	14.56	11.08	0.02	1.22	0.52	0.10	4.66	0.08	1.12	0.82	0.08	3.90	2.27	3.44	0.38	0.06	1.18	4.88	8.23	6.90	2.47	6.84
1871	12.18	13.35	0.02	1.06	0.50	0.73	0.13	0.04	1.08	2.43	0.02	4.60	1.85	3.98	0.40	0.09	1.12	4.73	5.32	10.53	3.08	6.12
1872	11.58	11.67	0.02	0.97	0.39	16.34	0.50	0.07	0.86	3.12	0.11	3.32	1.49	4.56	0.38	0.07	1.31	4.14	7.04	8.70	2.58	6.36
1873	15.35	11.31	6.85	0.70	0.61	1.05	—	4.32	3.15	2.00	0.08	2.52	2.91	3.30	—	0.38	2.31	6.09	9.96	8.50	2.26	5.83
1874	16.16	13.51	—	1.23	0.42	1.70	0.22	2.45	—	1.77	0.07	2.21	2.74	6.09	0.22	0.09	1.39	6.81	10.80	15.52	2.16	6.29
Total	13.41	11.89	2.16	1.56	0.42	2.63	1.08	0.92	1.49	1.92	0.11	3.81	2.65	2.94	0.30	0.14	1.84	4.88	11.63	8.44	2.34	5.44
dont mascul.	13.31	11.49	2.00	1.61	0.43	2.52	1.02	0.96	1.61	1.70	0.07	4.02	2.57	2.85	—	—	2.72	3.93	12.31	8.80	2.31	5.69
fémin.	13.52	12.33	2.34	1.51	0.41	2.74	1.14	0.86	1.37	2.15	0.16	3.59	2.72	2.94	0.61	0.28	0.91	5.90	10.91	8.05	2.38	5.17

9. Climatologie.

Hauteur au-dessus de la mer : 24 mètres.

Vents régnants : NE., E., SE.

Moyennes de mois.

	Janvier	Février	Mars	Avril	Mai	Juin	Juillet	Août	Septembre	Octobre	Novembre	Décembre
Moyenne normale de la température de 1841 à 1874 (Celsius)	4.7	5.8	8.5	13.6	18.2	22.4	24.5	23.8	20.0	15.4	9.6	5.9
Température moyenne	5.0	5.9	8.5	13.8	17.8	21.4	24.6	22.1	20.3	14.6	9.4	6.0
Pression de l'air	760.1	761.6	756.4	758.9	758.7	758.6	758.6	758.4	760.8	759.6	759.2	759.6
Humidité moyenne (pour cent du maximum) .	74.5	73.1	65.4	63.9	65.3	63.0	61.3	61.1	65.8	71.7	72.5	73.6
Quantité mensuelle de pluie (Mm. sur 1/10 métre carré)	80	42	62	65	78	99	62	84	105	166	91	83
Nombre de jours pluvieux	8.8	6.5	8.6	7.7	8.9	9.8	7.2	9.2	6.1	10.4	8.5	9.0
dont » neigeux	0.9	0.6	1.0	0.1	0.0	0.0	0.0	0.0	0.0	0.2	1.7	1.9
» jours à orages	0.2	0.0	0.4	0.9	2.0	4.6	3.6	5.2	2.4	2.3	0.2	0.5

(colonne accolade : 1865—1874 / 1841—1874)

Moyennes annuelles

	1841—1874	1865—1874
Moyenne de la température	14.4	14.2
Maximum » » » (moyenne)	32.6	34.4
Minimum » » » »	4.5	4.6
Moyenne » » pression	758.8	759.3
Maximum » » » »	773.2	774.4
Minimum × » » »	736.5	738.5

Munich (München).

Longitude: 29° 14′ à l'est de l'île de Fer. Latitude septentrionale: 48.8.

Se compose de 18 districts, des quatre quartiers dits les vieux: Grappenau, Hacken, Anger et Kreuz, des faubourgs: Isar, Ludwig, Max I., Max II., Schönfeld, Au, Haidhausen, Rammersdorf et Giesing.

Les faubourgs Au, Haidhausen et Giesing y ont été incorporés le 17 Mai 1854, Rammersdorf le 9 Octobre 1863.

1. État de la population.

Année	Hommes	Femmes	Total (avec militaires)	Total (sans militaires)
1818	?	?	53,672	?
1827	?	?	76,117	?
1830	?	?	77,802	?
1834	?	?	88,905	?
1837	?	?	93,435	?
1840	54,139	41,392	95,531	82,736
1843	?	?	90,055	?
1846	51,560	43,270	94,830	?
1849	52,413	43,985	96,398	82,349
1852	58,022	48,693	106,715	87,880
1855	71,831	60,281	132,112	97,556
1858	72,699	64,396	137,095	114,734
1861	78,588	69,613	148,201	124,722
1864	88,586	78,468	167,054	143,316
1867	90,513	80,175	170,688	145,829
1871	81,773	87,920	169,693	163,028
1875	95,752	97,574	193,326	?

2. Mariages.

	1868	1869	1870	1871	1872	1873	1874
Nombre des mariages:	1,555	2,011	1,863	1,836	2,618	2,474	2,204
Mariages dissous par le divorce:	42	23	25	33	34	30	36

Mariages sur 1000 habitants: 11·3 (en 1871).

État civil des fiancés (1868—1874). Sur 10,000 cas il y avait:

9026 garçons et filles, 385 veufs et filles
492   »   » veuves, 97   »   » veuves.

3. Naissances (1868—1874).

	1868	1869	1870	1871	1872	1873	1874	Total
	a) Nés-vivants.							
Garçons	3,292	3,307	3,447	3,078	3,576	4,100	3,860	24,660
dont illégitimes	1,252	1,208	1,120	960	1,015	1,062	980	7597
Filles	3,144	3,156	3,216	2,987	3,365	3,584	3,759	23,211
dont illégitimes	1,208	1,092	1,081	922	936	912	876	7027
S o m m e . . .	6,436	6,463	6,663	6,065	6,941	7,684	7,619	47,871
	b) Mort-nés.							
Garçons	160	152	165	126	127	103	141	974
dont illégitimes	78	57	66	39	42	25	37	344
Filles	111	121	118	108	106	78	108	750
dont illégitimes	48	50	48	35	39	16	38	274
S o m m e . . .	271	273	283	234	233	181	249	1724
	c) Total.							
Total des garçons	3.452	3,459	3,612	3,204	3,703	4,203	4,001	25,634
» » filles	3,255	3,277	3,334	3,095	3,471	3,662	3,867	23,961
» » légitimes	4,121	4,329	4,631	4,343	5,142	5,850	5,937	34,353
» » illégitimes	2,586	2,407	2,315	1,956	2,032	2,015	1,931	25,242
Total général	6,707	6,736	6,946	6,299	7,174	7,865	7,868	49,595

Naisssances vivantes sur 1000 habitants: (en 1871) 37·2.
Naissances masculines sur 1000 féminines: en général 1062·4, pour les naissances légitimes 1054·3, pour les illégitimes 1081·1.
Naissances illégitimes sur 1000 naissances: 439·7.
Mort-nés sur 1000 nés-vivants: 36·0.

4. Répartition des naissances sur les mois (1868—1874).

	De 10,000 naissances il y a eu au mois de											
	Janvier	Février	Mars	Avril	Mai	Juin	Juillet	Août	Septembre	Octobre	Novembre	Décembre
a) Nés-vivants.												
Masculins légitimes	816	811	863	866	865	891	843	823	826	814	792	790
» illégitimes	941	923	837	911	832	808	745	752	771	757	791	832
Total	854	845	886	880	855	865	813	801	809	796	792	803
Féminines légitimes	808	804	892	801	847	839	894	826	848	804	805	834
» illégitimes	878	882	1,012	895	915	763	759	682	770	835	750	860
Total	829	827	929	830	867	816	853	782	824	813	788	842
b) Mort-nés.												
Masculins légitimes	905	619	1,079	762	1,095	762	937	651	667	698	952	873
» illégitimes	959	843	1,105	523	930	669	727	1,250	901	669	581	843
Total	924	698	1,088	678	1,037	729	862	862	748	688	821	862
Féminins légitimes	1,029	756	861	840	819	735	672	735	714	777	1,071	987
» illégitimes	876	839	985	876	949	1,022	511	912	766	657	657	949
Total	973	787	907	853	867	840	613	800	733	733	920	973

5. Nombre des décès (1868—74).

(Sans les mort-nés.)

Années	Hommes	Femmes	Total	Dont enfants au-dessous d'un an morts dans la maison d'accouchement
1868	2,981	2,581	5,562	31
1869	2,884	2,582	5,466	29
1870	3,142	2,845	5,987	40
1871	3,671	3,283	6,954	22
1872	3,766	3,470	7,236	18
1873	4,051	3,748	7,799	44
1874	3,731	3,486	7,217	37
Total	24,226	21,995	46,221	221*)

Sur 1000 habitants masculins 44.9, féminins 37.3, des deux sexes 40.9 en 1871.

Répartition sur les mois (1868—1874):

	hommes	femmes	totaux		hommes	femmes	totaux
Janvier	482	428	910	Juillet	381	339	721
Février	460	415	875	Août	461	413	875
Mars	535	479	1,014	Septembre	376	362	738
Avril	511	440	951	Octobre	353	316	669
Mai	479	435	915	Novembre	364	341	705
Juin	422	366	788	Décembre	415	425	839

Légitimité des enfants morts.

Sur 100 décédés masculins ou féminins il y avait

	légitimes			illégitimes		
	garçons	filles	totaux	garçons	filles	totaux
à l'âge de 0— 1 mois	10.12	8.97	9.58	6.61	5.37	6.02
2— 3 »	6.86	6.42	6.65	3.06	3.04	3.05
4— 6 »	5.76	5.86	5.81	1.99	2.05	2.02
7—12 »	5.61	5.96	5.77	1.37	1.49	1.43
0— 1 ans	28.35	27.21	27.81	13.03	11.95	12.52
1— 2 »	3.54	4.—	3.76	0.57	0.57	0.57
2— 3 »	2.34	2.02	2.18	0.41	0.51	0.46
3— 4 »	0.91	2.19	1.52	0.26	0.30	0.27
4— 5 »	0.79	1.23	1.—	0.19	0.25	0.22
Total 0— 5 ans	55.93	36.65	36.27	14.46	13.58	14.04

*) Nombre des naissances dans cette maison (1874) 875, dont 89 legitimes. — Il n'y a pas une maison d'enfants trouvés.

6. Age des morts de 1868 à 1874.

avaient l'âge de	De 100 morts masc.	fém.	deux sexes
0— 1 mois *)	16.74	14.31	15.60
2— 3 » *)	9.92	9.46	9.70
4— 6 » *)	7.75	7.92	7.83
7—12 » *)	6.97	7.45	7.20
0— 1 année *)	41.38	39.17	40.33
1— 2 » *)	4.12	4.56	4.34
2— 3 » *)	2.75	2.52	2.64
3— 4 » *)	1.17	2.50	1.80
4— 5 » *)	0.97	1.48	1.21
0— 5 » *)	50.39	50.23	50.31
5— 6 »	0.75	0.73	0.74
6— 7 »	0.70	0.54	0.62
7— 8 »	0.41	0.40	0.40
8— 9 »	0.34	0.37	0.35
9—10 »	0.32	0.37	0.35
5—10 »	2.52	2.41	2.46
10—11 »	0.24	0.14	0.19
11—12 »	0.16	0.10	0.13
12—13 »	0.21	0.17	0.19
13—14 »	0.23	0.16	0.20
14—15 »	0.19	0.26	0.22
10—15 »	1.02	0.83	0.93
15—16 »	0.14	0.26	0.20
16—17 »	0.29	0.42	0.35
17—18 »	0.26	0.38	0.31
18—19 »	0.36	0.46	0.41
19—20 »	0.33	0.36	0.35
15—20 »	0.38	1.88	1.62
20—21 »	0.85	0.68	0.77
21—22 »	1.16	0.82	1.00
22—23 »	0.95	0.63	0.80
23—24 »	1.04	0.80	0.92
24—25 »	1.12	0.75	0.94
25—26 »	0.81	0.72	0.77
26—27 »	0.58	0.49	0.54

avaient l'âge de	De 100 morts masc.	fém.	deux sexes
27—28 année	0.55	0.57	0.56
28—29 »	0.63	0.48	0.56
29—30 »	0.71	0.46	0.60
20—30 »	8.42	6.40	7.45
30—31 »	0.68	0.65	0.67
31—32 »	0.86	0.73	0.80
32—33 »	0.69	0.66	0.68
33—34 »	0.72	0.70	0.71
34—35 »	0.69	0.73	0.71
35—36 »	0.71	0.69	0.70
36—37 »	0.57	0.54	0.55
37—38 »	0.56	0.70	0.62
38—39 »	0.66	0.60	0.63
39—40 »	0.66	0.48	0.58
30—40 »	6.80	6.48	6.65
40—41 »	0.78	0.65	0.72
41—42 »	0.67	0.74	0.70
42—43 »	0.96	0.69	0.83
43—44 »	0.91	0.62	0.77
44—45 »	0.74	0.53	0.64
45—46 »	0.65	0.50	0.58
46—47 »	0.82	0.53	0.68
47—48 »	0.63	0.62	0.63
48—49 »	0.65	0.56	0.61
49—50 »	0.49	0.50	0.50
40—50 »	7.30	5.94	6.65
50—51 »	0.54	0.62	0.58
51—52 »	0.77	0.60	0.69
52—53 »	0.84	0.65	0.75
53—54 »	0.86	0.74	0.80
54—55 »	0.89	0.81	0.85
55—56 »	0.92	0.69	0.81
56—57 »	0.70	0.60	0.65
57—58 »	0.59	0.60	0.59
58—59 »	0.57	0.71	0.64

avaient l'âge de	De 100 morts masc.	fém.	deux sexes
59—60 année	0.66	0.76	0.71
50—60 »	7.34	6.78	7.07
60—61 »	0.67	0.69	0.68
61—62 »	0.92	0.91	0.91
62—63 »	0.95	1.00	0.97
63—64 »	0.80	0.81	0.81
64—65 »	0.90	0.82	0.86
65—66 »	0.56	0.69	0.63
66—67 »	0.77	0.92	0.84
67—6S »	0.77	0.94	0.85
68—69 »	0.58	0.98	0.77
69—70 »	0.61	0.77	0.69
60—70 »	7.53	8.53	8.01
70—71 »	0.48	0.82	0.64
71—72 »	0.62	0.75	0.68
72—73 »	0.62	0.82	0.72
73—74 »	0.55	0.81	0.69
74—75 »	0.55	0.86	0.70
75—76 »	0.59	0.87	0.72
76—77 »	0.57	0.87	0.71
77—78 »	0.41	0.59	0.50
78—79 »	0.52	0.55	0.53
79—80 »	0.45	0.49	0.47
70—80 »	5.36	7.46	6.36
80—81 »	0.27	0.37	0.32
81—82 »	0.23	0.34	0.28
82—83 »	0.21	0.45	0.32
83—84 »	0.23	0.32	0.27
84—85 »	0.17	0.29	0.23
85—86 »	0.21	0.36	0.28
86—87 »	0.19	0.24	0.22
87—88 »	0.08	0.23	0.15
88—89 »	0.12	0.16	0.14
89—90 »	0.13	0.15	0.14
80—90 »	1.84	2.91	2.35
Au-dessus de 90 ans	0.10	0.15	0.12

Récapitulation.

	0—5 année	5—10	10—15	15—20	20—30	30—40	40—50	50—60	60—70	70—80	80—90	Au-dessus de 90 ans	En somme
Masculins	50.39	2.52	1.02	1.38	8.42	6.80	7.30	7.34	7.53	5.36	1.84	0.10	100.00
Féminins	50.23	2.41	0.83	1.88	6.40	6.48	5.94	6.68	8.53	7.46	2.91	0.15	100.00
En somme	50.31	2.46	0.93	1.62	7.45	6.65	6.65	7.07	8.01	6.36	2.36	0.12	100.00

*) Pour la légitimité voir tableau 5.

7. Principales causes de décès (1868—1874).

Chiffres absolus.

	Debilitas congenita et deformitas	Tuberculosis pulmonum	Cholera as.	Typhus	Dysenteria	Variola	Morbilli	Scarlatina	Croup	Pertussis	Syphilis	Hydrocephalus acutus	Meningitis	Febris puerp.	Alii morbi puerperales	Marasmus senilis	Cholera infantum	Convulsiones et trismus	Pneumonia, Bronchitis Pleuritis	Vitia cordis	Hydrops universalis	Atrophia infantum	Apoplexia cerebri
1868	387	638	—	130	3	23	17	83	267	68	10	149	24	32	6	272	1283	166	332	122	131	279	186
1869	225	760	—	201	5	2	44	67	289	60	13	117	29	20	10	294	60	180	311	144	107	1522	171
1870	329	852	—	193	4	1	15	37	196	25	16	124	72	12	27	305	395	205	325	226	141	1136	150
1871	387	1015	—	220	12	151	56	152	209	65	14	103	83	8	9	328	508	303	477	249	139	1021	283
1872	476	896	—	407	4	108	14	66	146	89	24	164	8	26	19	367	728	240	361	219	154	1145	215
1873	472	905	954	228	—	5	41	32	184	27	11	110	13	35	13	434	842	209	458	200	103	1210	195
1874	619	692	512	289	5	2	27	80	155	28	13	93	22	28	19	375	832	232	432	245	67	1091	201
Total	2895	5758	1466	1668	33	290	214	517	1446	362	101	860	251	161	103	2375	4648	1535	2696	1405	842	7404	1351
dont mascul.	1602	3197	675	1004	21	150	108	287	744	171	43	483	143	—	—	975	2471	818	1435	726	385	3855	734
fémin.	1293	2561	791	664	12	140	106	230	702	191	58	377	108	161	103	1400	2177	717	1261	679	457	3549	617

8. Principales causes de décès (1868—1874).

En pour cent.

Sont morts des causes de décès mentionnées à la 1-re rubrique

	Debilitas congenita et deformitas	Tuberculosis pulmonum	Cholera as.	Typhus	Dysenteria	Variola	Morbilli	Scarlatina	Croup	Pertussis	Syphilis	Hydrocephalus acutus	Meningitis	Febris puerp.	Alii morbi puerperales	Marasmus senilis	Cholera infantium	Convulsiones et trismus	Pneumonia, Bronchitis, Pleuritis	Vitia cordis	Hydropsuniversalis	Atrophia infantum	Apoplexia cerebri
1868	695.88	1147.07	—	233.73	5.39	41.35	30.56	149.23	480.04	122.26	17.98	267.89	43.15	57.53	10.79	489.03	2306.71	298.45	596.90	219.34	235.52	501.61	334.41
1869	411.63	1390.40	—	367.72	9.14	3.66	80.50	122.57	528.72	109.77	23.84	214.05	53.05	36.59	18.29	537.86	109.77	329.30	568.96	263.41	195.75	2784.45	312.84
1870	549.52	1423.09	—	322.36	6.68	1.67	25.05	61.80	327.38	41.76	26.72	207.11	120.26	20.04	45.10	509.24	659.76	342.41	542.84	377.49	236.51	1897.45	250.54
1871	556.51	1459.59	—	316.36	17.26	217.14	80.23	218.58	300.55	93.47	20.13	148.12	119.35	11.50	12.94	471.67	730.51	435.72	685.98	358.07	199.88	1468.22	335.06
1872	657.82	1238.25	—	563.47	5.53	149.25	19.35	91.21	201.77	123.—	33.17	266.64	11.06	35.93	26.26	507.18	1006.08	331.67	498.89	302.65	212.25	1582.37	297.13
1873	605.21	1160.41	1223.23	292.34	—	6.41	52.57	41.03	235.03	34.62	14.10	141.04	16.67	44.88	16.67	556.48	1079.63	267.98	587.25	256.44	132.07	1551.48	250.03
1874	857.70	958.85	709.44	400.44	6.93	2.77	37.41	110.85	214.77	38.80	18.01	128.86	30.48	38.80	26.32	519.61	1152.83	321.46	598.59	339.48	92.84	1511.71	278.51
Moyenne de 10 ans	626.34	1245.75	317.17	360.87	7.14	62.74	46.30	111.85	312.84	78.32	21.85	186.06	54.29	34.83	22.29	513.84	1005.60	332.10	583.28	303.97	182.17	1601.87	292.29
dont mascul.	661.29	1319.68	277.63	429.30	8.66	61.92	44.58	118.47	306.11	70.59	17.75	199.38	59.03	—	—	402.47	1020.00	337.65	617.94	299.68	158.92	1591.26	302.99
fémin.	587.86	1164.89	359.63	301.90	5.45	63.65	48.19	104.57	319.16	90.93	26.37	171.40	49.10	77.29	46.83	636.51	989.77	326.08	577.41	308.71	207.78	1613.55	280.52

9. Diverses causes de décès par rapport au sexe et à l'âge (1868—1874).

	Sont morts des causes de décès mentionnées à la rubrique 1, sur 10,000 décès						
	0--5 ans	5—10 ans	10—20 ans	20—30 ans	30—50 ans	au dessus de 50 ans	Total
Debilitas congenita deformitas :							
hommes	10,000	...	—	—	—	...	10,000
femmes	10,000	—	—	—	—	--	10,000
deux sexes	10,000	--	—	--	—	--	10,000
Tuberculosis pulmonum : hommes	938	213	425	2,146	3,957	2,321	10,000
femmes	1,390	347	726	2,058	3,597	1,882	10,000
deux sexes	1,139	273	559	2,107	3,796	2,126	10,000
Cholera : hommes	1,496	385	711	1,541	2,226	3,141	10,000
femmes	1,226	379	708	1,542	2,440	3,705	10,000
deux sexes	1,351	382	709	1,542	2,572	3,445	10,000
Typhus : hommes	418	379	1,275	4,960	1,862	1,106	10,000
femmes	919	828	2,289	2,967	1,732	1,265	10,000
deux sexes	617	558	1,679	4,167	1,810	1,169	10,000
Dysenteria : hommes	1,905	476	—	4,762	952	1,905	10,000
femmes	6,667	--	--	—	1,667	1,667	10,000
deux sexes	3,637	303	--	3,030	1,212	1,818	10,000
Variola : hommes	1,467	—	133	1,667	3,333	3,400	10,000
femmes	1,479	--	141	916	3,732	3,732	10,000
deux sexes	1,473	—	137	1,301	3,527	3,562	10,000
Morbilli : hommes	8,981	741	93	93	92	—	10,000
femmes	9,528	472	--	—	--	—	10,000
deux sexes	9,252	607	47	47	47	—	10,000
Scarlatina : hommes	5,679	3,136	558	418	104	105	10,000
femmes	6,087	2,435	739	609	87	43	10,000
deux sexes	5,861	2,824	638	503	96	78	10,000
Croup (dyphtheritica) **:** hommes	7,218	7,707	323	282	282	188	10,000
femmes	7,721	1,567	143	256	114	199	10,000
deux sexes	7,462	1,639	235	270	201	193	10,000
Pertussis : hommes	9,708	292	—	--	—	--	10,000
femmes	9,738	262	—	—	—	--	10,000
deux sexes	9,724	276	--	—	—	—	10,000
Syphilis : hommes	8,372	—	--	—	930	698	10,000
femmes	7,586	--	172	--	1,379	862	10,000
deux sexes	7,921	—	99	—	1,188	792	10,000
Hydrocephalus acutus : hommes	9,109	828	21	21	21	—	10,000
femmes	9,045	902	53	--	—	—	10,000
deux sexes	9,081	860	35	12	12	--	10,000
Meningitis : hommes	3,916	1,469	1,818	909	1,399	489	10,000
femmes	5,185	1,019	1,481	463	833	1,019	10,000
deux sexes	4,462	1,275	1,673	717	1,155	717	10,000

		Sont morts des causes de décès mentionnées à la rubrique 1, sur 10,000 décès						
		0—5 ans	5—10 ans	10—20 ans	20—30 ans	30—50 ans	au dessus de 50 ans	Total
Febris puerperalis :	femmes		...	186	4,348	5,466	—	10,000
Alii morbi puerperales :	femmes	..	—	485	3,204	6,214	97	10,000
Marasmus senilis :	hommes	--	--	...	—	21	9,979	10,000
	femmes	—.	...	—	-	21	9,979	10,000
	deux sexes	—	..	—	..	21	9,979	10,000
Cholera infantum :	hommes	10,000	--	...	...	—	—	10,000
	femmes	9,995	5	—	--	---	—	10,000
	deux sexes	9,998	2	...	—	...	—	10.000
Convulsiones et trismus :	hommes	9,854	122	12	12	--	—	10,000
	femmes	9,860	98	—	--	28	14	10,000
	deux sexes	9,857	110	6	6	14	--	10,000
Pneumonia, Bronchitis, Pleuritis :	hommes	4,711	153	153	976	1,366	26,41	10,000
	femmes	5,099	143	111	373	864	3,410	10,000
	deux sexes	4,892	148	134	694	1,131	3,001	10,000
Vitia cordis :	hommes	179	124	165	455	2,521	6,556	10,000
	femmes	191	103	265	457	1,944	7,040	10,000
	deux sexes	185	114	214	455	2,242	6,790	10,000
Hydrops universalis :	hommes	935	467	208	390	1,740	6,260	10,000
	femmes	416	350	109	197	919	8.009	10,000
	deux sexes	653	404	154	285	1,295	7,209	10,000
Atrophia infantum :	hommes	9,990	10	—	—	—	...	10,000
	femmes	10,000	—	—	—	—	—	10,000
	deux sexes	9,995	5	...	--	—	—	10,000
Apoplexia cerebri :	hommes	54	11	82	381	2,466	7,003	10,000
	femmes	162	49	113	259	1,297	8,120	10,000
	deux sexes	104	29	96	326	1,932	7,513	10,000

10. Climatologie.

Hauteur au-dessus de la méditerranée : 664.8 mètres.

Vents régnants : Ouest.

Force des vents = ¹/₈ d'après l'échelle de la société de Mannheim (voir le Supplément des annales de l'Observatoire de Munich, p. XI).

Moyennes des mois.

	Janvier	Février	Mars	Avril	Mai	Juin	Juillet	Août	Septembre	Octobre	Novembre	Décembre
Température moyenne (Celsius)	— 1.65	2.44	4.20	13.12	18.62	22.90	27.47	23.34	20.49	11.44	6.40	0.98
Moyenne des maxima de température	11.25	14.38	19.12	28.55	33.59	34.69	38.61	36.39	32.19	26.30	18.57	2.43
Moyenne des minima de température	—19.33	—14.30	—10.25	2.85	2.41	8.86	14.65	9.09	3.17	—1.67	—8.13	—14.21
Pression atmosphérique (" de Paris)	321.71	322.40	321.26	320.86	320.26	320.71	320.58	320.50	321.41	321.69	321.79	321.93
Différence entre les maxima et les minima de la pression atmosphérique	12.61	10.64	11.63	9.27	7.33	6.84	6.28	6.19	7.22	10.37	10.38	11.12
Quantité mensuelle de pluie (lignes de Paris sur un pied carré bavarois)	15.70	13.36	23.11	25.73	38.19	45.44	41.36	50.98	19.10	21.86	21.16	19.19
Nombre des jours pluvieux	5.2	5.1	5.6	10.14	14.2	13	12.3	13.4	7.4	8.1	6.3	5.10
dont » neigeux	7.16	5.6	9.1	1.9	0.5	—	—	—	—	1.1	4.9	8.6
» » à grêle	0	0.3	0.4	0.7	0.4	0.2	2.2	0.3	0.1	0.1	0	0.13
» » à orages	0	0.1	0.11	1.0	3.8	3.07	7.2	3.9	1.4	0.4	0	0.1

(Les six premières lignes se rapportent à la période 1865—1874.)

Bibliographie.

PUBLICATIONS DU BUREAU STATISTIQUE DE LA VILLE DE MUNICH.

FR. H. PROEBST. Die Bevölkerung Münchens. (Supplément de la »Gemeinde-Ztg.« Munich 1875.)

J. REIN. Die Kindersterblichkeit in München im ersten Halbjahr 1875. (Munich 1875.)

DR L. GRAF. Die Geburten in München im ersten Halbjahre 1875. (Supplément du »Aerztliches Intelligenzblatt«. Munich 1875.)

Supplément.

Manière d'enregistrer les décès.

L'enregistration des décès se fait par des bulletins, que la famille est tenue de prévenir de tous les décès (en mentionnant la nom, le profession, l'âge, le jour et l'heure du décès, et le logement).

Le vérificateur des décès, après avoir constaté le décès, inscrit sur un autre bulletin la cause de décès et l'envoie au médecin officiel, pour qu'il en puisse faire la révision. Les données provenant de ces deux côtés sont ensuite réunies à la préfecture de police dans le registre des décès, où chaque mort se trouve inscrit avec son numéro d'ordre. Le médecin officiel rédige chaque mois sur la base des bulletins qu'il a reçus la statistique des causes de décès et de l'âge des morts. Le tableau annuel s'obtient en faisant la somme des tableaux mensuels.

On compte tous les cas de décès survenus dans la population indigène, étrangère ou militaire, on n'en excepte que les militaires morts à l'hôpital militaire s'ils y sont arrivés malades d'ailleurs.

Cette statistique rédigée à la préfecture de police contenait aussi les mort-nés. Dans la statistique de la mortalité, publiée d'après les mêmes sources par le bureau communal de statistique (créé au commencement de 1875) les mort-nés ne sont plus compris dans le nombre des décès.

A partir de 1876, les registres de décès sont tenus par le Bureau d'État civil.

Francfort sur le Mein.

(Frankfurt am Main.)

Longitude: 26° 20′ 22″ à l'est de l'île de fer. — Latitude septentrionale: 50° 8′ 18″.

Se compose de Francfort (rive droite) et Sachsenhausen (rive gauche).

1. État de la Population.

Année	Hommes	Femmes	Total	Année	Hommes	Femmes	Total
1817	20,020	21,438	41,458	1855	31,388	31,871	63,259
1823	20,121	23,251	43,918	1858	34,369	33,598	67,967
1837	26,568	26,486	53.054	1861	35,774	34,739	70,513
1840	27,082	28,187	55,269	1864	39,638	37,734	77,372
1843	26,912	28,455	55,367	1867	36,266	39,652	75,918
1846	28,550	29 000	57,550	1871	42,710	46,584	89,294
1849	28,526	29,900	58,426	1875	49,699	52,263	101,962
1852	30,143	31,539	61.682				

2. Nombre des mariages conclus et dissous (1866—1875). Mois des mariages (1851—1875). État civil des fiancés (1860—75). Degré d'instruction (1856—1864).

	Mariages conclus	Dissous par la mort	Dissous par le divorce		Mariages conclus	Dissous par la mort	Dissous par le divorce
1866	402	?	10	1871	748	599	14
1867	479	?	8	1872	951	497	10
1868	732	375	9	1873	1,091	526	23
1869	765	406	14	1874	1,230	523	19
1870	670	483	15	1875	1,358	534	22
Total					8,426		144

Sur mille habitants: 6.3 mariages en 1867.
      8.4 » » 1871.
     13.3 » » 1875.

Mois de mariage: Sur 10,000 mariages (de 1851—1875) il y en a eu dans les mois de

Janvier	525	Mai	1,091	Septembre	883
Février	639	Juin	878	Octobre	1,020
Mars	789	Juillet	880	Novembre	849
Avril	800	Août	861	Décembre	785

État civil des fiancés (1860—75):

Garçon et fille 8,360, et veuve 395, et divorcée 58.
    83.7 %   3.9 %   0.6 %
Veuf » 988 » 101 » 11
    9.9 %   1.1 %   0.1 %
Divorcé » 79 » 5 » 2
    0.7 %   0.1 % » —

Savaient écrire sur 10,000 fiancées (1856—64) 9,986.
    » » fiancées » 9,897.

3. Naissances (1867—1875).

	1867	1868	1869	1870	1871	1872	1873	1874	1875	Total
a) Nés-vivants.										
Garçons	931	1,121	1,165	1,324	1,251	1,480	1,402	1,425	1,547	11,646
dont illégitimes	165	146	170	187	168	184	181	185	177	1,563
Filles	966	1,001	1,167	1,243	1,178	1,315	1,273	1,480	1,571	11,194
dont illégitimes . . .	159	136	172	162	168	164	143	176	169	1,449
Totale	1,897	2,122	2,343	2,567	2,418	2,795	2,675	2,905	3,118	22,840
b) Mort-nés.										
Garçons	41	46	54	47	49	53	53	59	54	456
dont illégitimes . . .	14	14	18	15	14	17	12	9	4	117
Filles	39	50	32	45	40	46	41	44	54	391
dont illégitimes . .	13	10	6	16	9	8	8	9	10	89
Total	80	96	86	92	89	99	94	103	108	847
Total des garçons	972	1.167	1,219	1,371	1,300	1,533	1,455	1,484	1,601	12,102
» » filles	1,005	1,051	1,210	1,288	1,207	1,361	1,314	1,524	1,625	11,585
» » légitimes. . . .	1,626	1,912	2,063	2,279	2,148	2,521	2,425	2,629	2,866	20,469
» » illégitimes . . .	351	306	366	380	359	373	344	379	360	3,218
» général	1,977	2,218	2,429	2,659	2,507	2,894	2,769	3,008	3,226	23,687

Naissances (vivantes) sur 1000 habitants (en 1867): 25; (en 1871) 27.1, (en 1875) 30.9.
Naissances masculines (1867—75) sur 1000 féminines: en général 1040.4, pour les naissances légitimes 1034.7, pour les illég. 1078.7.
Naissances illégitimes sur 1000 naissances (1867—1875): 131.8.
Mort-nés (en 1867—75) sur 1000 naissances vivantes 37.1.

4. Répartition des naissances d'après les mois (1867—1875).

	Sur 10,000 naissances se passaient au mois de											
	Janvier	Février	Mars	Avril	Mai	Juin	Juillet	Août	Septembre	Octobre	Novembre	Décembre
a) Nés-vivants.												
Naissances **masculines** légitimes	841	801	939	853	847	834	835	788	883	820	746	813
» » illégit.	786	940	934	888	908	792	959	625	779	818	695	876
En somme	841	818	937	856	854	827	850	765	868	818	737	829
Naissances **féminines** légitim.	847	796	863	887	845	861	873	872	812	748	751	834
» » illégit.	1014	1001	849	814	766	856	738	649	849	904	752	807
En somme	868	823	861	877	843	860	855	842	816	768	754	831
b) Mort-nés.												
Garçons légitimes	796	855	1032	944	973	767	649	738	855	914	708	766
» illégitimes	940	1282	1197	769	1197	1197	427	855	598	427	598	513
» en somme	833	965	1074	899	1031	877	592	768	789	789	680	702
Filles légitimes	629	960	1093	960	761	927	695	1093	728	695	629	828
» illégitimes	1236	1012	449	674	1012	562	1123	899	562	899	786	786
» en somme	767	972	946	895	818	844	793	1048	690	742	665	818

5. Décès (Sans les mort-nés).

Années	Hommes	Femmes	Total	Sur 1000 habitants		
				hommes	femmes	deux sexes
1866	869	746	1,615	—	—	—
1867	748	727	1,475	20.6	18.3	19.3
1868	877	774	1,651	—	...	—
1869	907	815	1,722	—	—	—
1870	1,133	894	2,027	—	—	—
1871	1,245	1,067	2,312	29.1	22.9	25.9
1872	992	864	1,856	—	—	—
1873	1,068	940	2,008	—	—	—
1874	1,134	928	2,062	—	—	—
1875	1,153	913	2,066	23.2	17.5	20.2
Total	16,126	8,668	18,794	—	—	—

Répartition sur les mois (sur 10,000 cas):

	hommes	femmes	deux sexes		hommes	femmes	deux sexes
Janvier	896	848	874	Juillet	872	835	855
Février	776	846	808	Août	864	836	852
Mars	949	934	942	Septembre	729	763	750
Avril	891	882	887	Octobre	781	790	785
Mai	907	889	899	Novembre	689	732	709
Juin	811	856	832	Décembre	824	785	807

6. Age des morts de 1851—1875.

(En pour cents pour chaque sexe).

	0—1 année	0—5	5—10	10—15	15—20	20—30	30—40	40—50	50—60	60—70	70—80	80—90	90—100	Au-dessus de 100 ans	En somme
Masculins	22.52	31.92	2.36	0.93	2.83	11.46	9.50	9.37	10.51	10.08	8.10	2.47	0.18	—	100
Féminins	20.86	31.28	2.24	1.28	2.86	8.91	8.74	7.30	9.36	12.60	11.12	3.97	0.35	0.01	100
Deux sexes	21.73	31.61	2.30	1.09	2.84	10.25	9.13	8.39	10.12	11.28	9.53	3.19	0.26	0.01	100

7. Principales causes des décès (1866—1875).

Chiffres absolus.

	Debilitas congenita et deformitas	Tuberculosis pulmonum	Cholera asiatica	Typhus	Dysenteria	Variola	Morbilli	Scarlatina	Croup	Pertussis	Syphilis	Hydrocephalus acutus	Meningitis	Dyphteritis	Febris puerperalis	Alli morbi puerperales	Marasmus senilis	Pneumonia	Catarrhus gastrointestinalis et diarrhoea	Vitia cordis organica	Atrophia	Apoplexia cerebri sanguin.	Bronchitis	Suicidium
1866	25	261	20	56	1	3	17	28	9	18	2	34	22	17	14	4	87	113	43	85	82	60	52	35
1867	34	284	—	34	—	1	33	21	12	9	—	34	24	20	11	1	70	72	66	62	78	53	32	35
1868	37	283	—	58	6	1	7	56	13	39	—	31	21	20	8	2	90	98	95	65	86	64	37	32
1869	59	315	—	36	6	1	17	45	6	22	4	49	25	12	5	2	90	120	78	75	88	70	32	28
1870	55	366	—	89	17	23	10	27	6	2	5	50	34	9	10	2	77	152	124	73	128	61	57	43
1871	44	449	—	76	15	125	38	19	7	61	10	57	42	11	9	4	79	115	127	88	109	68	85	28
1872	69	332	—	61	3	19	5	4	3	25	5	42	33	18	12	1	84	112	169	79	96	84	42	25
1873	65	389	1	63	1	—	—	9	19	42	5	51	35	20	13	4	98	145	153	83	114	65	37	25
1874	53	370	—	112	11	—	66	15	6	5	8	42	33	13	10	5	110	115	163	106	86	74	42	32
1875	67	371	—	43	6	2	2	36	7	38	4	57	44	21	13	3	77	174	193	106	83	78	65	22
Total	508	3,420	21	628	66	175	195	260	88	261	43	447	313	161	105	28	862	1,216	1,211	822	950	677	482	305
dont mascul.	294	1,899	16	359	44	94	82	145	56	108	18	231	176	74	—	—	374	632	643	404	515	360	243	250
femin.	214	1.521	5	269	22	81	113	115	32	153	25	216	137	87	105	28	488	584	568	418	435	317	239	55

8. Principales causes des décès (1866—1875).

En pour cent.

	Debilitas congenita et deformitas	Tuberculosis pulmonum	Cholera asiatica	Typhus	Dysenteria	Variola	Morbilli	Scarlatina	Group	Pertussis	Syphilis	Hydrocephalus acutus	Meningitis	Dyphteritis	Febris puerperalis	Alii morbi puerperales	Marasmus senilis	Pneumonia	Catarrhus gastrointestinalis et diarrhoea	Vitium cordis organicum	Atrophia	Apoplexia cerebri sanguin.	Bronchitis	Suicidium
1866	155	1,616	124	347	6	18	105	173	56	112	12	211	136	105	87	25	538	700	266	526	508	371	322	217
1867	231	1,925	—	231	—	7	225	142	81	61	—	231	163	136	75	7	475	488	448	420	529	359	217	237
1868	224	1,714	—	351	36	6	42	339	79	242	—	188	127	121	48	12	545	593	575	394	520	388	224	194
1869	343	1,829	—	209	35	6	99	261	35	128	23	283	145	70	29	12	522	569	447	435	511	406	186	163
1870	271	1,806	—	439	84	113	49	133	30	10	25	247	168	44	49	10	380	750	612	360	631	301	281	212
1871	190	1,985	—	329	65	541	121	83	30	264	43	246	182	48	39	17	342	497	549	381	470	294	368	121
1872	372	1,789	—	329	16	102	27	21	16	135	27	226	178	97	65	54	453	603	911	426	517	614	226	135
1873	324	1,937	5	314	5	—	—	45	95	209	25	254	174	100	65	20	488	722	762	413	563	324	184	124
1874	258	1,804	—	543	53	—	320	73	29	24	39	204	160	63	49	24	533	558	790	514	417	359	204	155
1875	325	1,796	—	208	29	10	10	174	34	184	19	276	213	100	63	15	373	842	934	510	402	377	319	106
Moyenne de 10 ans	270	1,819	11	334	35	93	104	138	47	139	23	238	167	85	56	15	459	647	644	437	505	360	257	162
dont masculins	291	1,876	16	354	43	93	81	143	55	107	17	229	174	73	—	—	369	623	636	399	509	355	241	248
féminins	247	1,755	6	310	25	93	130	132	37	176	29	249	158	100	121	32	562	674	655	481	501	366	276	63

9. Diverses causes de décès relatives au sexe et à l'âge.

| | Sont morts des causes de décès mentionnées à la rubrique 1, sur 10,000 décès | | | | | | |
	0—5 ans	5—15 ans	15—20 ans	20—30 ans	30—50 ans	au dessus de 50 ans	Total
Debilitas congenita et deformitas: hommes	10,000	—	—	—	—	—	10,000
femmes	10,000	—	—	—	—	—	10,000
deux sexes	10,000	—	—	—	—	—	10,000
Tuberculosis pulmonum: hommes	800	132	440	2,405	3,858	2,365	10,000
femmes	916	276	699	2,493	3,474	2,139	10,000
deux sexes	855	197	558	2,445	3,683	2,262	10,000
Cholera: hommes	2,105	—	—	526	4,211	3,158	10,000
femmes	1,250	1,875	1,250	—	2,500	3,125	10,000
deux sexes	1,714	857	571	286	3,429	3,143	10,000
Typhus: hommes	447	825	1,245	3,830	2,273	1,380	10,000
femmes	649	967	1,688	3,131	2,179	1,385	10,000
deux sexes	545	893	1,459	3,492	2,227	1,383	10,000
Dysenteria: hommes	3,235	146	146	3,677	882	1,912	10,000
femmes	5,349	930	—	698	232	2,790	10,000
deux sexes	4,054	451	90	2,522	631	2,252	10,000
Variola: hommes	1,415	94	472	1,887	3,019	3,113	10,000
femmes	1,556	—	333	1,333	3,667	3,111	10,000
deux sexes	1,479	51	408	1,633	3,316	3,112	10,000
Morbilli: hommes	9,425	517	57	—	—	—	10,000
femmes	9,158	644	—	49	149	—	10,000
deux sexes	9,282	585	26	26	80	—	10,000
Scarlatina: hommes	5,424	4,169	136	169	68	34	10,000
femmes	4,877	3,975	410	574	164	—	10,000
deux sexes	5,176	4,082	260	352	111	19	10,000
Croup: hommes	8,025	1,847	—	127	—	—	10,000
femmes	7,910	2,015	75	—	—	—	10,000
deux sexes	7,973	1,924	34	69	—	—	10,000
Pertussis: hommes	9,948	52	—	—	—	—	10,000
femmes	9,675	325	—	—	—	—	10,000
deux sexes	9,728	272	—	—	—	—	10,000
Syphilis: hommes	9,545	—	—	—	455	—	10,000
femmes	9,375	—	—	312	—	312	10,000
deux sexes	9,444	—	—	185	185	185	10,000
Hydrocephalus acutus: hommes	9,002	736	—	143	95	24	10,000
femmes	9,272	566	81	—	81	—	10,000
deux sexes	9,129	657	38	76	88	12	10,000
Meningitis: hommes	4,486	794	514	1,215	1,308	1,682	10,000
femmes	5,229	1,372	327	1,046	980	1,046	10,000
deux sexes	4,796	1,035	436	1,144	1,172	1,417	10,000

		Sont morts des causes de décès mentionnées à la rubrique 1, sur 10,000 décès						
		0--5 ans	5—15 ans	15—20 ans	20—30 ans	30—50 ans	au dessus de 50 ans	Total
Dyphteritis :	hommes	6,346	2,404	—	96	769	385	10,000
	femmes	6,106	3,009	177	88	531	88	10,000
	deux sexes	6,221	2,719	92	92	645	230	10,000
Febris puerperalis :	femmes	—	—	318	4,955	4,727	—	10,000
Alii morbi puerperales:	femmes	—	—	—	3,333	6,667	—	10,000
Marasmus senilis :	hommes	—	—	—	—	13	9,987	10,000
	femmes	—	—	—	—	9	9,991	10,000
	deux sexes	—	—	—	—	10	9,990	10,000
Pneumonia :	hommes	3,924	45	82	539	1,338	4,073	10,000
	femmes	3,693	126	22	171	1,031	4,956	10,000
	deux sexes	3,809	86	52	354	1,184	4,512	10,000
Catarrhus gastrointest. et Diarrhoea :	hommes	9,474	26	13	26	38	423	10,000
	femmes	9,275	99	14	28	57	526	10,000
	deux sexes	9,379	61	13	27	47	472	10,000
Vitium cordis organ. :	hommes	421	340	258	679	1,875	6,427	10,000
	femmes	276	289	224	539	1,974	6,697	10,000
	deux sexes	348	314	241	608	1,925	6,564	10,000
Atrophia :	hommes	9,976	24	—	—	—	—	10,000
	femmes	9,972	28	—	—	—	—	10,000
	deux sexes	9.974	26	—	—	—	—	10,000
Apoplexia cerebr. sang.	hommes	706	73	24	268	1,693	7,235	10,000
	femmes	503	40	68	259	1,060	8,070	10,000
	deux sexes	610	58	45	263	1,394	7,630	10,000
Bronchitis :	hommes	3,948	64	21	172	558	5,236	10,000
	femmes	3,798	42	21	63	316	5,760	10,000
	deux sexes	3,872	53	21	117	436	5,500	10,000
Suicidium :	hommes	—	17	614	2,842	4,140	2,386	10,000
	femmes	—	—	1,091	2,273	3,363	3,273	10,000
	deux sexes	—	15	691	2,750	4,015	2,529	10,000

10. Climatologie.

Hauteur au-dessus de la mer : 197 mètres.
Vents régnants : Ouest et Nord-ouest
Force des vents = 3/10.

Moyennes des mois.

	Janvier	Février	Mars	Avril	Mai	Juin	Juillet	Août	Septembre	Octobre	Novembre	Décembre
Moyenne normale de la température de 1837—1856 (Celsius)	— 0.26	1.17	4.27	8.98	14.14	17.84	18.99	18.48	14.55	9.96	4.69	0.94
Température moyenne	1.07	2.50	4.89	10.30	13.94	17.70	20.01	18.35	15.61	8.99	4.38	0.74
Moyenne des maxima de température	3.25	5.35	8.86	15.32	19.25	22.97	25.50	23.67	20.91	12.85	6.79	2.72
Moyenne des minima de température	1.63	0.50	1.15	5.41	8.60	12.38	14.74	13.42	10.62	5.16	1.71	1.82
Pression atmosphérique (" de Paris)	334.39	334.86	333.45	333.57	333.80	334.25	334.5	334.16	334.24	334.—	333.77	334.6
Différence entre les maxima et les minim. de la pression atmosphérique	13.41	12.16	11.52	10.69	8.21	6.89	7.59	7.25	8.51	11.98	12.65	12.96
Quantite mensuelle de pluie (" de Paris)	21.70	14.40	16.31	19.54	21.71	28.51	39.29	24.72	18.24	26.53	26.99	22.59
Nombre de jours à précipilation	10.4	9.4	10.4	12.9	15.3	14.5	14.—	12.4	11.2	13.7	13.2	11.1
dont » neigeux	5.2	3.4	3.4	1.8	0	0	0	0	0	0.3	3.9	6.2
» » à grêle	0	0.2	0.5	1.4	0.8	0.2	0.7	0.	0.3	0.2	0.2	0.2
» » à orages	0.2	0.2	0.2	1.3	3.9	3.6	6.4	3.7	0.9	0.1	0.1	0.1

(1865—1875.)

Leipsic (Leipzig).[1]

Longitude: 30° 1′ à l'est de l'île de Fer. — Latitude septentrionale 51° 20′.
Hauteur au-dessus de la mer 118 mètres.

1. État de la Population (civile).*)

Année	Hommes	Femmes	Total	Année	Hommes	Femmes	Total
1792	13,767	14,654	28,421	1821	17,789	18,686	36,475
1793	14,560	15,280	29,840	1822	18.729	19,188	37,917
1794	14,540	15,366	29,906	1823	19,207	19,732	38,939
1795	14,802	15,331	30,133	1824	19,305	19,661	38,966
1796	15,072	15,629	30,701	1825	20,405	21,101	41,506
1797	15,199	15,762	30,961	1826	19,215	20,280	39,495
1798	15,259	15,837	31,096	1827	19,093	20,694	39,787
1799	15,219	15,888	31,107	1828	19,765	20,914	40,679
1800	15,218	15,957	31,175	1829	19,372	21,085	40,457
1801	15,215	15,956	31,171	1830	19,470	20,794	40,264
1802	15,506	16,284	31,790	1832	21.023	22,166	43,189
1803	15,657	16,339	31,996	1834	21,860	22,942	44.802
1804	15,588	16,233	31,821	1837	23,411	24,103	47,514
1805	15,580	16,164	31,744	1840	24.600	25,643	50,243
1806	15,546	16,282	31,828	1843	27,043	27,476	54,519
1807	15,373	16,394	31,767	1846**)	30,217	29,988	60,205
1808	15,723	16,803	32,526	1849**)	30,970	31,400	62,370
1809	15,527	16,799	32,326	1852**)	—	—	66,837
1810	16,040	17,292	33,332	1855**)	—	—	69,746
1811	16,657	17,471	34,128	1858**)	37,042	37,167	74,209
1812	16,797	17,989	34,786	1861**)	38,997	39,498	78,495
1816	16,697	18,142	34,839	1864	41,925	42,737	84,662
1817	17,193	18,200	35,393	1867	44,082	45,325	89,407
1818	17,114	18,232	35,346	1871	53,135	52,780	105,915
1819	17,373	18,261	35,634	1875	62,597	62,200	124,797
1820	17,845	18,833	36,678				

*) Les données de 1792 à 1871 sont pris du sixième cahier des publications du Bureau de Statistique de la ville de Leipsic, ou Mr. Knapp, ancien chef dudit bureau, a publié le mouvement de la population de Leipsic de 1595 à 1849. Mais ces données, selon sa opinion ne méritent pleine confiance qu'à partir de 1832.
**) y compris environ 900 militaires.

2. Mariages.

Année		Année		Année	
1866	710	1870	909	1874	1,416
1867	920	1871	944	1875	1,444
1868	980	1872	1,280	Total	10,957
1869	993	1873	1,361		

Sur mille habitants: 10.4 mariages en 1867.
                 8.9 » » 1871.
                11.6 » » 1875.

Mois des mariages. Sur 10,000 mariages, il y en a eu dans le mois de:

Janvier	792	Avril	1,041	Juillet	1.143	Octobre	1,060
Février	999	Mai	1,267	Août	806	Novembre	1,146
Mars	168	Juin	849	Septembre	709	Décembre	28

[1] Bibliographie. Mittheilungen des statistischen Bureaus der Stadt Leipzig. Cah. 5, 6, 7, 8 (publiés par Dr. F. G. Knapp), 9 (publié par Dr. H. Sonnenkalb).

3. Naissances (1866—1875).

	1866	1867	1868	1869	1870	1871	1872	1873	1874	1875	Total
					a) Nés-vivants.						
Garçons	1,385	1,400	1,531	1,550	1,730	1,614	1,934	1,995	2,197	2,242	17,578
dont illégitimes .	321	308	307	271	325	302	314	316	310	321	3,095
Filles	1,405	1,343	1,545	1,508	1,624	1,542	1,875	1,882	2,171	2,075	16,970
dont illégitimes .	265	278	282	286	297	303	298	286	332	302	2,929
Somme . .	2,790	2.743	3,076	3,058	3.354	3.156	3,809	3,877	4,368	4,317	34,548
					b) Mort-nés.						
Garçons	69	75	85	85	88	105	95	123	135	136	996
dont illégitimes .	26	25	21	23	33	27	34	31	38	34	292
Filles	59	50	75	69	85	99	94	82	95	98	806
dont illégitimes .	16	12	20	22	26	30	27	28	30	24	235
Somme . .	128	125	160	154	173	204	189	205	230	234	1802
Total des garçons .	1,454	1,475	1,616	1,635	1,818	1,719	2,029	2,118	2,332	2,378	18,574
» » filles . .	1,464	1,393	1,620	1,577	1,709	1,698	1,969	1,964	2,266	2,173	17,776
» » légitimes .	2,190	2,245	2,606	2,610	2,846	2,698	3,325	3,421	3,888	3,870	29,699
» » illégitimes	628	623	630	602	681	662	673	661	710	681	6,651
Total général . .	2,918	2,868	3,236	3,212	3,527	3.360	3,998	4,082	4,598	4.551	36,350

Naissances vivantes sur 1000 habitants: 328.
Naissances masculines sur 1000 féminines (1866—75): en général 1035·8, pour les naissances légitimes 1031·3, pour les illégitimes 1057·8.
Naissances illégitimes sur 1000 naissances: 211·1.
Mort-nés sur 1000 vivantnés: 52·2.

4. Répartition des naissances sur les mois (1866—1875).

	De 10,000 naissances il y a eu au mois de											
	Janvier	Février	Mars	Avril	Mai	Juin	Juillet	Août	Septembre	Octobre	Novembre	Décembre
a) Nés-vivants.												
Naissances **masculines** légitimes	802	795	864	785	880	827	852	868	798	865	816	846
» » illégitimes	927	915	913	804	828	865	727	774	731	830	824	862
Total	825	817	873	788	871	834	829	851	786	859	818	849
Naissances **féminines** légitimes	805	782	858	823	899	876	869	827	793	855	807	806
» » illégitimes	900	914	880	847	839	802	805	724	769	842	802	876
Total	822	805	862	827	888	863	858	808	789	853	807	818
b) Mort-nés.												
Mort-nés **masculins** légitimes	1009	822	848	842	908	802	721	882	782	808	715	869
» » illégitimes	1220	923	923	505	889	941	697	679	801	801	679	942
Total	1067	850	869	748	903	840	715	826	787	806	705	884
Mort-nés **féminins** légitimes	830	769	1084	918	1023	769	839	752	909	743	647	717
» » illégitimes	971	847	847	868	744	640	640	702	785	971	930	1055
Total	872	792	1014	903	940	731	780	737	872	811	731	817

5. Nombre des décès (sans les mort-nés). — **Répartition des décès sur les mois,
Nombre des mariages dissous par la mort (1866—1875).**

Années	Hommes	Femmes	Total	Sur 1000		
				hommes	femmes	Total
1866	1,959	1,980	3,939			
1867	1,059	912	1,971	24.0	20.1	22.0
1868	1,185	1,060	2,245			
1869	1,165	1,009	2,174			
1870	1,359	1,080	2,439	37.6	32.0	34.8
1871	1,996	1,689	3,685			
1872	1,345	1,208	2,553			
1873	1,437	1,227	2,664			
1874	1,524	1,272	2,796			
1875	1,689	1,447	3,136	26.9	23.2	25.1
Total	14,718	12,904	27,602			

Répartition sur les mois:

	hommes	femmes	Total		hommes	femmes	Total
Janvier	779	779	779	Juillet	922	899	911
Février	710	725	717	Août	968	1,011	988
Mars	856	806	833	Septembre	953	1,018	984
Avril	846	803	826	Octobre	801	817	809
Mai	870	866	867	Novembre	717	709	713
Juin	834	787	812	Décembre	743	778	759

Nombre des mariages dissous par la mort:

1866 : 999	1870 : 548	1874 : 685
1867 : 457	1871 : 759	1875 : 728
1868 : 491	1872 : 613	
1869 : 532	1873 : 646	

6. Age des morts de 1850—1875.

De 100 morts (masc. / fém. / des deux sexes) — avaient l'âge de

avaient l'âge de	masc.	fém.	des deux sexes
0—6 mois	19.38	18.16	18.81
6—12 mois	7.26	7.32	7.29
en somme 0—1 année[1])	26.64	25.48	26.10
1—2 année[2])	5.79	6.53	6.14
2—3 année[3])	3.00	3.22	3.11
3—4 » [4])	1.92	2.04	1.96
4—5 » [5])	1.40	1.49	1.44
en somme 0—5 année	38.75	38.76	38.75
5—6 »	0.91	1.06	0.98
6—7 »	0.68	0.81	0.74
7—8 »	0.56	0.57	0.57
8—9 »	0.35	0.39	0.37
9—10 »	0.32	0.29	0.31
5—10 »	2.82	3.12	2.97
10—11 »	0.24	0.25	0.25
11—12 »	0.22	0.27	0.24
12—13 »	0.20	0.21	0.21
13—14 »	0.23	0.20	0.21
14—15 »	0.20	0.30	0.25
10—15 »	1.09	1.23	1.16
15—16 »	0.30	0.32	0.31
16—17 »	0.37	0.38	0.38
17—18 »	0.44	0.39	0.41
18—19 »	0.56	0.53	0.54
19—20 »	0.65	0.58	0.62
15—20 »	2.32	2.20	2.26
20—21 »	0.71	0.52	0.62
21—22 »	0.87	0.72	0.81
22—23 »	0.98	0.78	0.86
23—24 »	1.00	0.85	0.93
24—25 »	0.96	0.77	0.87
25—26 »	0.85	0.77	0.81
26—27 »	0.86	0.87	0.87
27—28 »	0.84	0.86	0.85
28—29 »	0.84	0.86	0.85

avaient l'âge de	masc.	fém.	des deux sexes
29—30 année	0.85	0.75	0.80
20—30 »	8.76	7.75	8.29
30—31 »	0.83	0.82	0.83
31—32 »	0.72	0.61	0.67
32—33 »	0.91	0.81	0.86
33—34 »	0.85	0.84	0.84
34—35 »	0.74	0.82	0.78
35—36 »	0.73	0.74	0.73
36—37 »	0.85	0.82	0.84
37—38 »	0.81	0.69	0.76
38—39 »	0.94	0.77	0.86
39—40 »	0.79	0.69	0.74
30—40 »	8.17	7.61	7.91
40—41 »	1.08	0.73	0.91
41—42 »	0.72	0.66	0.69
42—43 »	0.85	0.71	0.79
43—44 »	0.96	0.56	0.77
44—45 »	0.84	0.82	0.83
45—46 »	0.89	0.73	81
46—47 »	1.01	0.56	80
47—48 »	0.85	0.58	72
48—49 »	0.96	0.69	84
49—50 »	0.87	0.73	80
40—50 »	9.01	6.77	7.96
50—51 »	0.93	0.74	0.84
51—52 »	0.73	0.57	0.66
52—53 »	0.87	0.64	0.76
53—54 »	0.90	0.69	0.81
54—55 »	0.97	0.70	0.84
55—56 »	0.73	0.72	0.72
56—57 »	0.84	0.72	0.78
57—58 »	0.88	0.72	0.81
58—59 »	0.84	0.86	0.85
59—60 »	0.80	0.82	0.81
50—60 »	8.49	7.18	7.88
60—61 »	0.73	0.78	0.75
61—62 »	0.78	0.75	0.76

avaient l'âge de	masc.	fém.	des deux sexes
62—63 année	0.79	0.86	0.83
63—64	0.76	0.92	0.83
64—65 »	0.81	0.97	0.68
65—66	0.70	0.86	0.78
66—67	0.72	0.93	0.82
67—68 »	0.64	0.91	0.77
68—69	0.72	0.89	0.80
69—70	0.60	0.96	0.77
60—70	7.25	8.83	7.99
70—71 »	0.62	0.79	0.70
71—72 »	0.53	0.73	0.63
72—73 »	0.68	0.97	0.82
73—74 »	0.58	0.93	0.74
74—75 »	0.57	0.85	0.70
75—76 »	0.56	0.76	0.65
76—77 »	0.44	0.86	0.64
77—78 »	0.39	0.66	0.52
78—79 »	0.40	0.57	0.48
79—80 »	0.34	0.57	0.45
70—80	5.11	7.70	6.33
80—81 »	0.23	0.43	0.32
81—82 »	0.23	0.44	0.33
82—83 »	0.21	0.37	0.29
83—84 »	0.15	0.36	0.25
84—85 »	0.15	0.31	0.23
85—86 »	0.12	0.26	0.18
86—87 »	0.12	0.13	0.17
87—88 »	0.09	0.12	0.10
88—89 »	0.04	0.11	0.07
89—90 »	0.03	0.07	0.05
80—90 »	1.37	2.70	1.99
90—100 »	0.06	0.21	0.12
Au-dessus de 100 ans	—	—	—
âge inconnus	0.26	0.08	0.18

Récapitulation.

	Mort nés	0—5 année	5—10	10—15	15—20	20—30	30—40	40—50	50—60	60—70	70—80	80—90	90—100	Inconus	En somme
Masculins	6.54	38.75	2.82	1.09	2.32	8.76	8.17	9.01	8.49	7.25	5.11	1.37	0.06	0.26	100
Féminins	5.86	38.76	3.12	1.23	2.20	7.75	7.61	6.77	7.18	8.83	7.70	2.70	0.21	0.08	100
En somme	6.21	38.75	2.97	1.16	2.26	8.29	7.91	7.96	7.88	7.99	6.33	1.99	0.12	0.18	100

[1]) Dont légit. : 19.66, illég. : 6.44. — [2]) Dont légit. : 5.56, illeg. : 0.58. — [3]) Dont légit. : 2.88, illégit. : 0.23. — [4]) Dont légit. : 1.85, illég. : 0.13. — [5]) Dont légit. : 1.36, illég. : 0.8.

7. Principales causes de décès (1872—1875).

Chiffres absolus.

	Debilitas congenita et deformitas	Tuberculosis pulmonum	Cholera asiat.	Typhus	Dysenteria	Variola	Morbilli	Scarlatina	Croup	Pertussis	Syphilis	Hydrocephalus acutus	Meningitis	Dyphteritis	Morbi puerperales	Marasmus senilis	Catarrhus intestin.	Cholera nostras	Pneumonia	Apoplexia	Bronchitis	Pneumonia
1872	215	384	—	28	39	21	23	39	46	15	6	—	84	101	57	88	157	56	119	90	64	131
1873	238	390	6	22	9	9	5	11	38	27	6	—	76	143	42	109	185	99	130	98	49	187
1874	234	456	—	29	17	29	21	30	23	38	14	—	87	107	16	126	194	86	126	107	60	166
1875	309	421	—	33	11	9	106	43	28	19	8	24	95	147	22	104	227	156	137	97	92	196
Total	996	1651	6	112	76	68	155	123	135	99	34	24	342	498	137	427	763	397	512	392	265	680
dont mascul.	537	1002	1	60	34	43	86	63	72	45	17	11	175	246	—	164	408	202	220	222	135	346
fémin.	459	649	5	52	42	25	69	60	63	54	17	13	167	252	137	263	355	195	292	170	130	334

8. Principales causes de décès (1865—1874).

En pour cent.

	Debilitas congenita et deformitas	Tuberculosis pulmonum	Cholera asiat.	Typhus	Dysenteria	Variola	Morbilli	Scarlatina	Croup	Pertussis	Syphilis	Hydrocephalus acutus	Meningitis	Dyphteritis	Morbi puerperales	Marasmus senilis	Catarrhus intestin.	Cholera nostras	Cancer	Apoplexia	Bronchitis	Pneumonia
								Sont morts des causes de décès mentionnées à la 1e rubrique														
1872	784.09	1400.43	—	102.11	142.23	76.58	83.88	142.23	167.76	54.70	21.88	—	306.34	368.34	207.87	320.93	572.57	204.23	432.53	328.22	233.40	774.75
1873	829.55	1359.35	20.91	76.68	31.36	31.36	17.42	38.34	132.41	94.11	20.91	—	264.90	498.43	146.39	379.92	644.82	345.06	453.11	341.58	170.79	651.79
1874	773.29	1506.93	—	95.83	56.17	95.83	69.39	99.14	76.07	125.57	46.26	—	287.50	353.60	52.87	416.39	641.11	284.23	416.39	353.60	198.28	548.57
1875	922.02	1248.20	—	97.83	32.61	26.68	314.26	127.48	83.01	56.32	23.71	71.15	281.64	435.81	65.22	308.62	672.99	462.49	406.16	287.57	272.75	581.08
Moyenne de 10 ans	829.30	1374.68	4.99	93.25	63.28	56.62	129.06	102.41	112.40	82.43	28.31	19.98	284.76	414.65	114.07	355.53	635.30	330.55	426.31	326.31	220.64	566.19
dont mascul.	828.19	1545.34	1.54	92.53	52.43	66.31	132.63	97.16	111.04	69.40	26.21	16.99	269.89	379.38	—	252.93	629.24	311.53	339.29	342.38	208.20	533.62
fémin.	830.61	1174.44	9.04	94.10	76.00	45.24	124.86	108.57	114.00	97.71	30.76	23.52	302.20	456.02	247.91	475.93	642.11	352.87	528.42	307.63	235.25	604.43

9. Diverses causes de décès par rapport au sexe et à l'âge (1872—1875).

| | Sont morts des causes de décès mentionnées à la rubrique 1, sur 10,000 décès | | | | | | |
	0—5 ans	5—15 ans	15—20 ans	20—30 ans	30—50 ans	au dessus de 50 ans	Total
Debilitas congenita et deformitas :							
hommes	10,000	—	—	—	—	—	10,000
femmes	10,000	—	—	—	—	—	10,000
deux sexes	10,000	—	—	—	—	—	10,000
Tuberculosis pulmonum : hommes	399	60	539	2,964	4,371	1,667	10,000
femmes	586	169	601	2,573	3,945	2,126	10,000
deux sexes	473	103	563	2,810	4,204	1,847	10,000
Cholera : hommes	—	—	—	—	10,000	—	10,000
femmes	—	—	—	2,000	4,000	4,000	10,000
deux sexes	—	—	—	1,667	5,000	3,333	10,000
Typhus : hommes	666	666	1,667	3,167	2,667	1,167	10,000
femmes	1,346	1,154	2,308	2,115	2,115	962	10,000
deux sexes	982	893	1,964	2,679	2,411	1,071	10,000
Dysenteria : hommes	7,648	588	294	588	588	294	10,000
femmes	6,191	476	238	238	714	2,143	10,000
deux sexes	6,842	526	263	395	658	1,316	10,000
Variola : hommes	4,884	1,395	232	698	1,628	1.163	10,000
femmes	4,800	1,200	—	2,000	2,000	—	10,000
deux sexes	4,853	1,324	147	1,176	1,765	735	10,000
Morbilli : hommes	9,186	582	116	—	—	116	10,000
femmes	9,130	725	—	—	145	—	10,000
deux sexes	9,162	646	64	—	64	64	10,000
Scarlatina : hommes	5,238	3,968	794	—	—	—	10,000
femmes	5.833	3,500	333	167	—	167	10,000
deux sexes	5,529	3,740	569	81	—	81	10,000
Croup : hommes	7,500	1,944	278	139	139	—	10,000
femmes	7,937	1,746	317	—	—	—	10,000
deux sexes	7,704	1,852	296	74	74	—	10,000
Pertussis : hommes	9,556	444	—	—	—	—	10,000
femmes	9,815	185	—	—	—	—	10,000
deux sexes	9,697	303	—	—	—	—	10,000
Syphilis : hommes	7,647	—	—	1,177	588	588	10,000
femmes	7,647	—	—	1,765	588	—	10,000
deux sexes	7,647	—	—	1,471	588	294	10,000
Hydrocephalus acutus : hommes	10,000	—	—	—	—	—	10,000
femmes	9,231	769	—	—	—	—	10,000
deux sexes	9,538	417	—	—	—	—	10,000
Meningitis : hommes	8,514	457	286	171	286	286	10,000
femmes	8,084	718	240	299	479	240	10,000
deux sexes	8,304	584	263	234	352	263	10,000

11

		Sont morts des causes de décès mentionnées à la rubrique 1, sur 10,000 décès						
		0—5 ans	1—15 ans	15—20 ans	20—30 ans	30—50 ans	au dessus de 50 ans	Total
Dyphtheritis:	hommes	7,033	2,520	325	81	41	.	10,000
	femmes	5,992	3,334	595	79	- -		10,000
•	deux sexes	6,506	2,932	462	80	20	..	10,000
Morbi puerperales:	femmes	—	- -	292	5,109	4.599	.	10.000
Marasmus senilis:	hommes	—	. .		. -	.	10,000	10,000
	femmes	. -	—	. .	-	—	10,000	10,000
	deux sexes	—	—	..		—	10,000	10,000
Catarrhus intestini	hommes	9,583	—	24	. .	74	319	10,000
(Diarrhoea)	femmes	9,465	. .	56	28	113	338	10,000
	deux sexes	9,528	—	39	13	92	328	10,000
Cholera nostras	hommes	9,900	—	—	50	—	50	10,000
	femmes	9,744	—	---	...	51	205	10,000
	deux sexes	9,824	...	—	15	25	126	10,000
Cancer	hommes	45	- -	136	182	2,864	6,773	10,000
	femmes	103	—	68	514	2,705	6,610	10,000
	deux sexes	78	-	98	371	2,773	6,680	10,000
Apoplexia	hommes	450	90	45	360	1,577	7.478	10,000
	femmes	588	59	59	59	1,294	7,941	10,000
	deux sexes	510	76	51	230	1,454	7,679	10,000
Bronchitis	hommes	7,037	148	—	370	518	1,927	10,000
	femmes	5,384	77	77	154	385	3,923	10,000
	deux sexes	6,226	113	38	264	453	2,906	10,000
Pneumonia	hommes	4,711	289	145	491	1,734	2,630	10,000
	femmes	4,940	210	60	449	1,048	3,293	10,000
	deux sexes	4,823	250	103	471	1,397	2,956	10,000

10. Climatologie.

Hauteur au-dessus de la mer: 118 mètres.
Vents régnants: Sud-ouest, Ouest, Nord-ouest et Sud.

Moyennes des mois.

	Janvier	Février	Mars	Avril	Mai	Juin	Juillet	Août	Septembre	Octobre	Novembre	Décembre
Moyenne normale de 1830—1875 (Celsius)	−1.5	0.5	3.3	7.9	13.3	16.7	17.9	17.6	13.9	9.1	3.8	0.5
Température moyenne	0.1	0.8	2.8	8.4	12.4	16.3	18.8	18.0	14.7	7.9	3.2	−0.3
Moyenne des maxima de température	2.6	4.0	6.8	12.6	17.9	22.0	24.7	22.5	20.6	12.6	5.9	2.1
Moyenne des minima de température	−2.6	−2.0	0.7	4.1	7.1	11.2	13.0	11.2	8.6	3.5	0.3	−3.1
Pression atmosphérique (Mm.)	751.7	753.2	750.3	750.2	750.9	751.8	751.4	751.5	751.9	751.2	749.8	750.4
Différence entre les maxima et les minima de la pression atmosphérique _(des dix dernières années)_	30.5	28.3	31.1	24.8	20.9	16.8	17.4	16.5	19.7	27.6	30.6	30.9
Humidité moyenne (Mm.)	4.1	4.1	4.5	6.1	7.4	9.8	11.0	10.5	8.7	6.5	4.9	4.0
Quantité mensuelle de pluie (Mm. sur $^1/_{10}$ mètre carré)	32.5	32.4	41.8	48.5	52.7	64.6	68.6	52.8	32.0	47.2	50.8	47.7
Nombre de jours pluvieux	16	16	17	18	17	17	15	16	13	14	17	19
dont » neigeux	6	6	6	2	1	0	0	0	0	1	6	10
» » à grêle	0.0	0.0	0.0	0.1	0.0	0.0	0.0	0.2	0.0	0.0	0.0	0.0
» » à orages	0.1	0.1	0.1	1.0	4.0	4.0	6.0	4.0	1.2	0.2	0.2	0.2

Stuttgard (Stuttgart).

Longitude: 34° 2′ à l'est de l'île de Fer 26.50.5. — Latitude septentrionale 48° 46′ 6″.

Se compose de 4 arrondissements et des faubourgs: Berg, Gablenberg et Haslach.

1. État de la Population. [1]

Année	Hommes	Femmes	Total	Année	Hommes	Femmes	Total
a) Population de droit. [2]				*b*) Population de fait.			
1801	10,045	12,220	20,265	1834	18,400	19,665	38,065
1802	10,125	11,420	21,545	1837	19,611	19,913	39,524
1806	10,856	12,286	23,142	1840	20,935	21,283	42,217
1807	11,071	12,312	23,383	1843	21,934	21,943	43,877
1808	10,032	11,092	21,124 [3]	1846	24,650	23,985	48,635
1811	10,248	11,396	21,644 [4]	1849	23,367	24,470	47,837
1814	10,218	11,470	21,688 [5]	1852	24,390	25,613	50,003
1817	10,460	11,711	22,171 [6]	1855	24,793	26,011	50,804
1820	10,315	12,188	22,503 [7]	1858	28,324	28,159	56,483
1823	11,027	12,827	23,854	1861	30,988	30,326	61,314
1826	11,274	13,099	24,373	1864	34,843	34,241	69,084
1829	11,683	13,557	25,240	1867	37,632	38,149	75,781
1832	13,369	14,605	27,974 [8]	1871	45,955	45,668	91,623

[1] Y compris les militaires.

[2] Ces chiffres résultent des calculs obtenus par l'addition des naissances et des immigrants et par la déduction des émigrés. — Le relevé direct de l'état de la population par recensement ne se faisait qu'une fois tous les dix ans, comme p. e. en 1832.

[3] 1808 population de fait 24,367.

[4] 1811 » » 22,447.

[5] 1814 » » 25,639.

[6] 1817 » » 26,016.

[7] 1820 » » 27,214.

[8] 1832 » » 35,021.

2. Mariages (1871—1874).

1871 : 1,169   1873 : 1,104
1872 : 1,121   1874 : 1,069
                   ─────────────
                   Total   4,463

Sur mille habitants: 12·7.

Avant 1871 le nombre des mariages n'était pas régulièrement constaté.

Mois de mariage: Sur 10,000 mariages (de 1871—74) il y en a eu dans les mois de

Janvier	397	Mai	1,380	Septembre	921
Février	968	Juin	712	Octobre	777
Mars	249	Juillet	860	Novembre	1,533
Avril	804	Août	1,171	Décembre	238

3. État civil des fiancés (1838—1857).

État civil du fiancé	Chiffres absolus			Total	En pour cent		
	fille	veuve	divorcée		fille	veuve	divorcée
garçon	4,088	213	27	4,328	77.4	4.—	0.5
veuf	753	116	20	889	14.3	2.2	0.4
divorcé	61	4	2	67	1.1	0.1	0.0
Total . .	4,902	333	49	5,284	92.8	6.3	0.9

4. Naissances (1871—1874).

	1871			1872			1873			1874			Total		
	mort-nés	nés-vivants	en somme	mort-nés	nés-vivants	en somme	mort-nés	nés-vivants	en somme	mort-nés	nés-vivants	en somme	mort-nés	nés-vivants	en somme
Garçons . .	1,654	88	1,742	1,960	96	2,056	2,095	110	2,205	2,198	138	2,336	7,907	432	8,339
dont illégit.	324	21	345	307	11	318	329	24	353	303	26	329	1,263	82	1,345
Filles. . . .	1,504	92	1,596	1,804	104	1,908	2,030	96	2,126	2,157	107	2,264	7,495	399	7,894
dont illégit.	309	18	327	393	23	316	329	21	350	279	22	301	1,210	84	1,294
Total. . .	3,158	180	3,338	3,764	200	3,964	4,125	206	4,331	4,355	245	4,600	15,402	831	16,233
dont illégit.	633	39	672	600	34	634	658	45	703	582	48	630	2,473	166	2,639

Naissances (en vie) sur 1,000 habitants 34.4 (1871).

Naissances masculines sur 1,000 féminines (1871—74): en général 1,054.9 pour les naissances légitimes 1,057.1, pour les illégitimes 1,043.8.

Naissances illégitimes sur 1,000 naissances (1871—74): 160.5.

Mort-nés sur 1,000 vivant-nés: 54.0.

5. Décès (1871—1874).

	Hommes	Femmes	Total		Hommes	Femmes	Total
1871	1,319	1,125	2,444	1873	1,345	1,151	2,496
1872	1,163	1,091	2,254	1874	1,366	1,190	2,556

Sur mille habitants (1871): masculins 28.8, féminins 24.7, deux sexes 26.7.

Répartition sur les mois (1871—1874) sur 10,000 cas:

	Hommes	Femmes	Deux sexes		Hommes	Femmes	Deus sexes
Janvier	803	792	798	Juillet	847	915	879
Février	897	889	893	Août	1,021	970	997
Mars	928	876	904	Septembre	795	829	811
Avril	922	922	922	Octobre	657	682	669
Mai	919	744	837	Novembre	668	702	684
Juin	763	757	760	Décembre	780	922	846

L'âge des morts n'est dépouillé qu'à partir de l'année 1871, mais ce travail n'est pas encore achevé au bureau de statistique et de topographie de Wurtemberg. — Les causes de décès ne sont pas encore relevées. (Les recherches faites sur cette matière de la part de la société des médecins ne s'étend pas aux faubourgs.)

6. Répartition des naissances sur les mois (1871—1874).

	De 10,000 naissances il y en a eu dans les mois de											
	Janvier	Février	Mars	Avril	Mai	Juin	Juillet	Août	Septembre	Octobre	Novembre	Décembre
a) Nés-vivants.												
Naissances **masculines** légitimes	799	820	897	808	849	757	926	849	844	771	835	845
» » illégitimes	1013	934	1069	879	784	863	982	681	681	689	641	784
En somme	833	838	925	820	838	774	935	822	818	758	804	835
Naissances **féminines** légitimes	824	806	881	825	863	803	793	822	835	773	878	897
» » illégitimes	959	942	1108	975	794	760	802	636	727	727	785	785
En somme	845	828	918	850	852	796	795	792	817	765	863	879
b) Mort-nés.												
Mort-nés **masculins** légitimes	857	486	1114	800	686	1000	857	829	857	714	743	1057
» » illégitimes	732	854	1585	488	732	366	1097	488	1097	488	976	1097
En somme	833	555	1204	741	694	880	903	764	903	671	787	1065
Mort-nés **feminins** légitimes	730	667	889	889	667	730	730	762	857	1097	921	1079
» » illégitimes	476	1072	476	1310	595	1072	1429	595	357	952	952	714
En somme	677	752	802	977	652	802	877	727	752	1053	927	1002

7. Climatologie.

Hauteur au-dessus de la mer: 268.4 mètres.

Vents régnants: Nord et sud-ouest.

Moyennes des mois.

	Janvier	Février	Mars	Avril	Mai	Juin	Juillet	Août	Septembre	Octobre	Novembre	Décembre
Moyenne normale de 1848—1867 (Celsius)	0.43	2.03	5.06	9.34	13.95	17.41	18.79	14.99	14.93	9.89	4.48	1.—
Température moyenne	1.70	3.40	5.22	11.10	14.36	17.19	20.33	18.9	15.99	9.88	4.80	1.07
Pression atmosphérique	738.6	740.8	736.6	738.4	738.4	740.2	739.6	739.6	740.5	738.9	738.7	739.1
Différence entre les maxima et les minima de la pression atmosphérique	27.7	27.4	26.8	21.5	17.5	15.6	14.1	14.4	16.8	24.4	25.2	26.3
Humidité moyenne (pour cent du maximum)	83	83	77	69	67	68	67	70	72	78	81	85
Quantité mensuelle de pluie (Mm. sur $^1/_{10}$ mètre carré)	31.5	25.6	34.3	41.1	66.8	75.7	68.5	73.5	31.8	47.4	48.7	42.3
Nombre des jours pluvieux, etc.	11.0	10.5	15.4	13.2	16.1	12.9	13.8	13.9	9.9	11.5	12.0	11.7
dont » neigeux	5.8	4.7	7.5	1.1	0.3	—	—	—	—	0.3	4.6	6.1
» » à grêle	—	—	—	0.2	1.1	0.7	0.4	0.1	—	—	—	—
» » à orages	—	0.1	0.1	1.1	3.1	3.7	5.6	2.9	0.9	0.4	—	0.2

(1865—1874)

Sources.

BUREAU ROYAL DE STATISTIQUE ET DE TOPOGRAPHIE. Beschreibung des Königr. Würtemberg. Cahier 36: Der Stadtdirections-bezirk Stuttgart. (Stuttgard 1866).

SOCIÉTÉ DES MÉDECINS DE STUTTGARD. Medicinisch-statistischer Jahresbericht über die Stadt Stuttgart für 1873. — Le même pour 1874. (Publication annuelle. Stuttgard 1874—1875.)

DR. BURKART. Die Sterblichkeitsverhältnisse Stuttgarts im 19. Jahrhundert. (Stuttgard 1875.)

DR. CLESS. Die Mortalität der Stadt Stuttgart von 1852—1872. (Publié par le »Correspondenzblatt des Stuttgarter ärztlichen Vereins« 1875 Nr. 4.)

Hambourg (Hamburg).

Longitude: 27° 38′ 9″ à l'est de l'île de Fer.

Latitude septentrionale: 53° 33′ 5″.

Se compose des quartiers suivants : Innere Stadt, St. Georg, St. Pauli.

1. État de la Population.

1866	214,174	1870	228,928	1874	253,300
1867	221,160	1871	236,279*)	1875	260,105
1868	225,220	1872	241,319		
1869	230,177	1873	246,351		

*) Dont 115,035 hommes, 121,244 femmes.

2. Mariages.

1865 :	2,247	1869 :	2,812	1873 :	3,115
1866 :	2,222	1870 :	2,413	1874 :	3,123
1867 :	2,393	1871 :	2,429	Total	26,713
1868 :	3,096	1872 :	2,863		

Sur 1000 habitants 10.s (en 1871).

Répartition sur les mois (sur 10,000 cas) de 1870—1874 :

Janvier	556	Mai	1481	Septembre	606
Février	549	Juin	1212	Octobre	682
Mars	638	Juillet	825	Novembre	1194
Avril	639	Août	660	Décembre	958

3. Naissances (1865—1874).

	1865	1866	1867	1868	1869	1870	1871	1872	1873	1874	Total
a) Nés-vivants.											
Garçons	3,365	3,467	3,600	3,986	4,208	4,481	4,237	4,802	4,826	5,150	42,122
dont illégitimes	494	499	540	522	427	483	447	528	554	602	5,096
Filles	2,730	3,361	3,486	3,715	3,899	4,049	3,929	4,505	4,555	4,913	39,142
dont illégitimes	464	502	512	465	401	447	472	488	514	524	4,789
Somme	6,095	6,828	7.086	7,701	8,107	8,530	8,166	9,307	9,381	10,063	81,264
b) Mort-nés.											
Garçons	307	223	186	220	224	213	192	259	232	237	2,293
dont illégitimes	66	45	41	59	38	43	43	45	43	42	465
Filles	195	148	162	174	155	178	194	206	212	218	1,842
dont illégitimes	44	3	30	38	27	41	29	35	35	51	333
Somme	502	371	348	394	379	391	386	465	444	455	4,135
c) Total.											
Total des fils	3,672	3,697	3,786	4,206	4,432	4,694	4,429	5,061	5,058	5,387	44,415
» » filles	2,925	3,509	3.648	3,889	4,054	4,227	4,123	4,711	4,767	5,131	40,984
» » légitimes	5,529	6,150	6,311	7,011	7,593	7,907	7,561	8,676	8,679	9,299	74,716
» » illégitimes	1.068	1,049	1,123	1,084	893	1,014	991	1,096	1,146	1,219	10,683
Total général	6,597	7,199	7,434	8,095	8.486	8,921	8,552	9,772	9,825	10,518	85,399

Naissances sur 1000 habitants (en 1871) 34.6.
Naissances masculines sur 1000 féminines en 1865—1874 1076.2. pour les légitimes 1077.8, pour les illégitimes 1064.1.
Naissances illégitimes sur 1000 naissances 138.5.
Mort-nés sur 1000 naissances-vivantes 50.9.

4. Répartition des naissances sur les mois (1870—1874).

	De 10,000 naissances il y a eu dans le mois de											
	Janvier	Février	Mars	Avril	Mai	Juin	Juillet	Août	Septembre	Octobre	Novembre	Décembre
a) Nés-vivants.												
Naissances **masculines** légitimes	816	802	876	841	809	785	833	871	874	843	807	843
» » illégitimes	795	762	819	857	881	762	857	819	876	800	857	915
Total	825	797	870	842	806	783	836	866	874	838	812	851
Naissances **féminines** légitimes	795	771	792	831	831	802	846	884	877	848	782	841
» » illégitimes	881	737	922	840	943	738	820	717	840	717	861	984
Total	802	777	894	833	842	794	842	865	870	834	789	858
b) Mort-nés.												
Mort-nés **masculins** légitimes	817	984	875	874	711	874	711	820	820	820	820	874
» » » illégitimes	952	715	476	952	1191	952	714	714	714	714	715	1191
Total	845	933	800	889	800	889	711	800	800	800	800	933
Mort-nés **féminins** légitimes	834	793	1036	793	793	671	793	975	793	915	853	731
» » » illégitimes	1316	526	526	526	790	790	790	526	790	1052	1052	1316
Total	941	743	941	743	792	693	792	891	792	940	891	841

5. **Nombre des décès** (1865—74).

(Sans les mort-nés.)

Années	Hommes	Femmes	Total	Dont morts dans les hôpitaux *)
1865	3,273	3,053	6,326	?
1866	3,208	2,827	6,035	?
1867	2,603	2,322	4,925	806
1868	2,979	2,655	5,634	?
1869	3,246	2,915	6,161	?
1870	3,206	2,716	5,922	880
1871	5,156	4,691	9,847	1,752
1872	3,501	3,064	6,565	1,084
1873	4,060	3,516	7,576	1,307
1874	3,734	3,262	6,996	1,125
Total	34,966	31,021	65,987	—

Sur 1000 habitants: hommes 44.$_2$, femmes 38·$_7$, des deux sexes 41.$_7$ (en 1871).

*) Dans cette rubrique se trouvent aussi des morts étrangers.

Répartition sur les mois (sur 10,000 cas):

	hommes	femmes	deux sexes		hommes	femmes	deux sexes
Janvier	842	806	825	Juillet	859	828	845
Février	758	719	740	Août	1073	1131	1100
Mars	837	843	841	Septembre	862	910	885
Avril	844	803	825	Octobre	717	748	731
Mai	867	844	856	Novembre	737	745	741
Juin	806	785	796	Décembre	798	838	815

6. Principales causes de décès en rapport à l'âge des morts (1871—1874).*)

	Total des décès	Sont morts des causes de décès mentionnées à la 1-re rubrique (sur 10,000 cas)																
		Debilitas congenita et atrophia	Tuberculosis pulmonum	Cholera asiatica	Typhus	Dysenteria	Variola	Morbilli	Scarlatina	Pertussis	Syphilis	Hydrocephalus acutus	Dyphteritis	Febris puerperalis	Alii morbi puerperales	Marasmus senilis	Catarrhus intestin.	Convulsiones
a) Chiffres absolus																		
1871	12,591	954	1,310	141	178	9	3,647	29	217	87	38	193	296	82	20	524	575	443
1872	9,044	1,058	1,179	—	229	7	323	140	215	227	24	192	294	72	35	457	588	519
1873	10,563	1,228	1,207	1,001	189	8	3	137	165	86	38	255	341	80	36	528	875	530
1874	9,661	1,531	1,208	—	193	9	2	131	68	178	34	?	?	61	32	490	735	531
1871—1874	41,859	4,771	4,904	1.142	789	33	3,975	437	665	578	134	640	931	295	123	1,999	2,783	2,023
b) En pour cent																		
1871	100.00	7.57	10.40	1.12	1.41	0.07	28.96	0.23	1.72	0.69	0.30	1.53	2.35	0.65	0.16	4.16	4.56	3.52
1872	100.00	11.69	13.03	—	2.53	0.08	3.57	1.55	2.38	2.51	0.26	2.12	3.25	0.79	0.39	5.05	6.50	5.74
1873	100.00	11.62	11.43	9.48	1.79	0.08	0.03	1.30	1.56	0.81	0.36	2.41	3.23	0.76	0.31	5.00	8.38	5.02
1874	100.00	15.85	12.50	—	2.90	0.09	0.02	1.36	0.70	1.84	0.35	?	?	0.63	0.33	5.07	7.61	5.50
Moyenne de 4 ans		11.68	11.84	5.30	1.93	0.08	1.65	1.11	1.57	1.46	0.32	2.02	2.94	0.71	0.31	4.82	6.76	4.95
c) Age des morts																		
0—1 ans	12,352	9,034	104	534	51	1,212	2,146	2,585	572	4,983	8,508	3,469	1,192	—	—	—	8,545	7,613
1—5 »	6,467	924	451	1,270	1,242	3,030	2,757	6,546	5,474	4,810	597	5,141	5,478	—	—	—	1,258	2,254
5—15 »	2,261	42	510	885	1,888	909	1,215	732	3,308	207	—	1,125	2,664	—	—	—	39	133
15—50 »	10,021	—	7,004	5,131	5,374	1,212	2,611	137	616	—	672	219	591	10,000	10,000	50	61	—
50—70 »	6,508	—	1,737	1,830	1,166	1,818	1,168	—	30	—	223	31	64	—	—	1610	54	—
au-dessus de 70 ans	4.250	—	194	350	279	1,819	103	—	—	—	—	15	11	—	—	8340	43	—
Total	41,859	10,000	10,000	10,000	10,000	10,000	10,000	10,000	10,000	10,000	10,000	10,000	10,000	10,000	10,000	10,000	10,000	10,000

*) Ces données regardent le territoire entier de la ville libre de Hambourg (population en 1871 : 334,810, dont pour la ville proprement dit, ci-inclus le Faubourg St. Pauli. 236,279) et sont prises des Rapports annuels de l'inspecteur de santé de l'État de Hambourg.

7. Climatologie.

Vents regnants : Ouest et Sudouest.

Moyennes de mois.

	Janvier	Février	Mars	Avril	Mai	Juin	Juillet	Août	Septembre	Octobre	Novembre	Décembre
Température moyenne (Celsius)	0.16	1.80	4.35	8.35	12.43	14.60	18.0	17.55	13.90	8.32	3.84	1.—
Moyenne des maxima de température . .	8.75	12.87	15.8	21.5	27	29.8	30	30.9	27.1	17.6	10.6	10.—
Moyenne des minima de température . . .	−11.—	−9.4	−4.4	−0.5	1.4	5.5	9.3	8.6	4.9	0.2	− 4.1	−9.8
Pression de l'air (" de Paris)	336.99	336.26	336.08	336.38	336.42	336.40	336.23	335.97	335.66	335.71	335.48	335.30
Différence entre les maxima et les minima de la pression de l'air	15.87	14.18	15.91	11.26	9.23	8.07	8.23	9.44	12.51	15.88	15.6	17.58
Humidité moyenne (Pour cents cent du maximum)	84.39	80.17	77.01	73.23	68.41	74.65	72.21	75.77	77.12	83.17	84.27	85.67
Quantité mensuelle de pluie (" de Paris) . .	15.09	16.84	17.13	27.69	19.22	34.00	18.26	38.29	34.02	32.67	29.18	36.14

(1868—1871)

Bibliographie.

J. C. F. Nessmann. Statistik des Hamburgischen Staates. Cah. III. Pag. 1— 92 (Hambourg 1871).

»   »   »   »   »   VI.   »   133—158 (»   1873).

»   »   »   »   »   VII. »   166—175 (»   1875).

Bericht des Medicinal-Inspectorats über die medicinische Statistik des Hamburgischen Staates (publication annuelle, depuis 1871).

Rome (Roma).

Longitude: 30° 8′ à l'est de l'île de Fer.
Latitude septentrionale: 41° 53′ 54″.
Se compose de la ville et de l'agro romano.

1. État de la Population.

Années	Hommes	Femmes	Total	Années	Hommes	Femmes	Total
1852	92,286	83,552	175,838	1864	103,341	95,823	199,164
1853	92,077	84,937	177,014	1865	104,165	98,292	202,457
1854	93,459	84,573	178,032	1866	105,714	99,721	205,435
1855	93,263	84,198	177,461	1867	107,399	100,814	208,213
1856	94,370	84,428	178,798	1868	106,680	99,960	206,640
1857	94,226	85,726	179,952	1869	108,666	101,659	210,325
1858	94,996	85,363	180,359	1870	112,159	104,465	216,624
1859	96,976	85,619	182,595	1871	133,580	105,217	238,797
1860	96,293	87,756	184,049	1872	133,251	105,622	238,873
1861	97,209	91,632	188,841	1873	135,070	107,550	242,620
1862	99,038	93,147	192,185	1874	139,200	111,266	250,466
1863	100,984	95,002	195,986				

2. Mariages.

Nombre des mariages: 1871: 712, 1872: 1,200, 1873: 1,498, 1874: 1,495.

Sur 1,000 habitants (1871) 3.0, (1872) 5.0, (1873) 6.2, (1874) 6.0.

État civil des fiancées: Sur 1,000 cas (de 1871—1874) il y avait: 847 garçons et filles, 46 garçons et veuves, 91 veufs et filles, 16 veufs et veuves.

Degré d'instruction: Savaient écrire de 10,000 fiancés . . . . . 8185.
» » » » fiancées . . . . 5824.

Mariages dissous par la mort: 1871: 1,632, 1872: 1,957, 1873: 1,909, 1874: 1,993.

Répartition des mariages sur les mois (1871—74):

Janvier	73	Avril	69	Juillet	73	Octobre	113
Février	83	Mai	91	Août	79	Novembre	103
Mars	69	Juin	89	Septembre	78	Décembre	80
						Total . .	1,000

3. Naissauces (1871—1874).

	1871	1872	1873	1874	Total
***a*) Nés-vivants.**					
Garçons	3,262	3,604	3,712	3,954	14,632
dont illégit.	472	551	571	769	2,363
Filles	3,240	3,336	3,489	3,580	13,595
dont illégit.	465	486	600	675	2,226
Total . .	6,602	6,940	7,201	7,484	28,227
***b*) Mort-nés.**					
Garçons	372	459	376	226	1,433
dont illégit.	45	80	78	66	269
Filles	193	256	231	172	852
dont illégit.	26	47	56	50	179
Total . .	565	715	607	398	2,285
***c*) Total**					
Total des garçons	3,734	4,063	4,088	4,180	16,065
» » filles	3,433	3,592	3,720	3,702	14,447
» » légitimes	6,159	6,491	6,503	6,322	25,475
» » illégitimes	1,008	1,164	1,305	1,560	5,037
Total général . .	7,167	7,655	7,808	7,882	30,512

Naissances sur 1000 habitants : (en 1871) 27.7.

Naissances masculines sur 1000 féminines : en général (1871—74) 1076.4, pour les légitimes 1078.3, pour les illégitimes 1061.5.

Naissances illégitimes sur 1000 légitimes : 194.1.

Mort-nés sur 1000 nés-vivants : 80.9.

4. Répartition des naissances sur les mois (1871—1874).

	De 10,000 naissances il y a eu au mois de											
	Janvier	Février	Mars	Avril	Mai	Juin	Juillet	Août	Septembre	Octobre	Novembre	Décembre
a) Nés-vivants.												
Masculins légitimes	973	842	900	750	700	686	805	856	847	819	881	941
» illégitimes	790	887	899	709	851	802	696	839	696	866	912	1055
Total	944	850	900	743	724	704	789	853	822	826	886	989
Féminines légitimes	978	866	869	779	692	672	774	834	861	839	873	963
» illégitimes	1063	785	962	798	848	670	760	835	710	810	823	936
Total	990	853	884	782	718	672	772	835	836	835	865	658
b) Mort-nés.												
Masculins légitimes	832	754	832	754	841	866	823	884	891	841	935	747
» illégitimes	892	782	782	672	629	1003	748	595	748	1002	926	1222
Total	843	760	823	739	801	901	809	830	864	871	933	836
Féminins légitimes	937	788	876	608	726	608	832	951	927	1083	788	876
» illégitimes	503	852	735	684	452	787	852	903	955	1523	735	1019
Total	847	801	847	624	660	645	837	941	931	1175	777	906

5. D é c è s (1871 — 74).

(Sans les mort-nés.)

Années	Hommes	Femmes	Total	Remarques
1871	4,322	3,290	7,612	On compte tous les cas survenus, ausssi les étrangers. La registration des décès se fait d'après la vérification. Doit être présenté au vérificateur un certificat du médecin, déclarent la cause du décès.
1872	5,652	4,272	9,924	
1873	4,814	3,665	8,479	
1874	5,033	3,660	8,693	Dans la ville existent deux maisons d'accouchement et une maison d'enfant trouvés.
Total	19,831	14,887	34,708	Les enfants admis dans cette dernière ont été 1,146 en 1873 et 1,324 en 1874.

Sur 1,000 habitants:

	hommes	femmes	deux sexes
en 1871:	32.3	31.3	31.9
» 1874:	36.2	32.9	34.6

Répartition sur les mois (1871—1874).

Janvier	971		Juillet	843
Février	827		Août	854
Mars	866		Septembre	767
Avril	771		Octobre	832
Mai	729		Novembre	832
Juin	738		Décembre	970
			Total	10,000

6. Age des morts de 1871 à 1874.

avaient l'âge de	masc.	fém.	des deux sexes	avaient l'âge de	masc.	fém.	des deux sexes	avaient l'âge de	masc.	fém.	des deux sexes
	De 10,000 morts				De 10,000 morts				De 10,000 morts		
0— 1 mois	751	790	771	10—15 année	145	175	160	65—70 année	366	402	384
1— 3 »	575	616	595	15—20 »	317	254	286	70—75 »	375	472	424
3— 6 »	268	303	285	20—25 »	584	406	495	75—80 »	199	272	235
6— 9 »	257	279	268	25—30 »	445	407	426	80—85 »	131	232	182
9—12 »	253	282	268	30—35 »	462	344	403	85—90 »	66	107	86
0—1 année	2104	2270	2187	35—40 »	476	363	419	90—95 »	17	48	32
1—2 »	810	977	893	40—45 »	483	329	406	95—99 »	6	15	11
2—3 »	395	525	460	45—50 »	541	342	442	100 et au dessus	2	6	4
3—4 »	269	307	288	50—55 »	478	327	402				
4—5 »	170	202	186	55—60 »	412	355	384	Total	10,000	10,000	10,000
5—10 »	323	454	389	60—65 »	424	409	416				

7. Principales causes de décès (1872—1874).

	Debilitas congenita et atrophia	Tuberculosis pulmonum	Cholera as.	Typhus	Variola	Morbilli	Scarlatina	Croup et diphteritis	Syphilis	Hydrocephalus acutus	Meningitis	Febris puerperalis	Marasmus senilis
a) Chiffres absolus :													
1872	426	1,172	—	354	737	166	23	572	107	34	186	50	168
1873	488	1,033	22	324	52	44	23	362	84	39	123	39	153
1874	363	994	—	246	8	28	21	187	217	62	144	30	140
Total . . .	1,277	3,199	22	924	797	238	67	1,121	408	135	453	119	461
D'aprés les sexes pour 1873/4 :													
Masculins	465	1,032	18	369	41	49	29	279	158	57	158	—	113
Féminins	386	995	4	201	19	23	15	270	143	44	109	69	181
b) En pour cent :													
1872	429	1,181	—	357	743	167	23	576	108	34	187	50	169
1873	575	1,220	26	382	61	52	26	427	99	46	145	46	181
1874	417	1,143	—	283	9	32	24	215	252	71	166	35	161
Total . . .	474	1,146	8	361	316	88	25	414	171	50	187	44	190
D'aprés les sexes pour 1873/4 :													
Masculins	300	666	12	238	26	32	19	180	102	37	102	—	73
Féminins	333	858	4	173	16	20	13	233	123	38	94	59	157

13*

8. Climatologie.

Hautéur au dessus de la mer: 49.65 mètres.
Vents régnauts: En hiver le nord, én été le S. O.

Moyennes des mois.

	Janvier	Février	Mars	Avril	Mai	Juin	Juillet	Août	Septembre	Octobre	Novembre	Décembre
Moyenne normale la température (1829—1867)	9.72	11.21	13.45	17.29	21.58	25.68	28.52	28.24	24.38	19.98	14.27	10.32
Moyenne des maxima de température (1782—1861)	14.95	16.03	18.92	22.69	27.18	30.82	33.14	33.15	30.35	26.21	19.47	15.59
Moyenne des minima de température (1782—1861)	—1.44	—0.15	1.56	4.72	8.58	12.40	15.62	15.54	11.68	8.23	2.21	—1.07
Pression atmosphérique (1852—1861)	758.16	756.85	757.58	755.89	755.90	757.36	757.22	756.78	758.18	758.04	756.04	756.65
Différence entre les maxima et les minima de la pression atmosphérique (1782—1861)	43.8	44.0	42.6	36.2	36.9	40.4	31.1	36.3	36.5	38.1	35.6	40.8
Humidité moyenne (Pourcents du maximum)	69	63	54	57	57	52	44	45	54	61	68	57
Quantité mensuelle de pluie (Mr. sur $^1/_{10}$ mètre carré) (1825—1874)	74.65	58.08	61.62	55.95	55.55	36.45	16.78	29.21	68.41	100.56	110.44	80.79
Nombre de jours à précipilations (1825—1874)	11.45	10.18	11.18	10.08	9.64	6.92	3.42	5.02	8.40	11.00	12.62	11.22

Il y a deux ou trois jours neigeux, quatre ou cinq par an à grêle et le grésil, e buit à dix à orages.

Bibliographie.

Comte de Tournon. Etudes historiques sur Rome.

Angelo Galli. Recensement de 1827 et 1829.

Grifi. Recensement de 1853 (Rome 1857).

David Silvagni. Rapports annuels sur le mouvement de la population (Rome, 1871—72—73—74).

Turin (Torino).

Longitude: 25° 21' 25" à l'est de l'île de fer. — Latitude septentrionale: 45° 4' 8"

1. État de la Population.

1862:   106,638 hommes,   98,077 femmes,   total 204,715
1872:   107,073 »   105,571 »   » 212,644
Pour 1873 calculé à 212,253, pour 1874 à 217,806 habitants.

2. Mariages (1865—1874).

Année	Mariages conclus	Mariages dissous par la mort	Année	Mariages conclus	Mariages dissous par la mort	Année	Mariages conclus	Mariages dissous par la mort
1865	2,160	1,405	1869	1,535	1,297	1873	1,653	1,450
1866	1,172	1,432	1870	1,497	1,427	1874	1,663	1,387
1867	1,342	1,633	1871	1,615	1,519	Total	15,733	14,462
1868	1,439	1,441	1872	1,657	1,471			

Sur 1000 habitants (en 1872) 7.8.

Répartition sur les mois (1865—1874) sur 10,000 cas il y avait au:

Janvier	830	Mai	992	Septembre	705
Février	1,215	Juin	785	Octobre	853
Mars	613	Juillet	646	Novembre	771
Avril	1,149	Août	687	Décembre	754

Confession des fiancés: (Constaté seulement pour 1865): catholiques 2,104, israélites 21, vaudois 35.

État civil des fiancés (1866—74):

Sur cent cas il y avait 78 fois garçon et fille, 6.4 garçon et veuve, 12.2 veufs et filles 3.4 veufs et veuves.

Degré d'instruction:

Sur 1000 fiancés savaient écri-e 978
» fiancés » » 806

3. Naissances (1865—1874).

	1865	1866	1867	1868	1869	1870	1871	1872	1873	1874	Total
a) Nés-vivants.											
Garçons	3,371	3,237	3,071	2,852	3,000	3,077	2,941	2,895	2,772	2,873	30,089
dont illégitimes .	283	301	297	262	256	274	487	365	514	516	3,555
Filles	3,247	3,091	2,973	2,767	2,861	2,823	2,774	2,830	2,679	2,785	28,830
dont illégitimes .	272	289	266	273	248	279	476	368	416	458	3,345
Somme. .	6,618	6.328	6,044	5,619	5,861	5,900	5,715	5,725	5,451	5,658	58,919
b) Mort-nés.											
Garçons	170	249	202	196	221	225	272	316	314	313	2,478
dont illégitimes .	36	40	32	34	26	47	63	70	74	50	472
Filles	147	149	187	161	157	191	170	252	226	203	1,843
dont illégitimes .	21	23	25	23	26	22	36	55	26	42	299
Somme. .	317	398	389	357	378	416	442	568	540	516	4,321
Total des garçons .	3,541	3,486	3,273	3,048	3,221	3,302	3,213	3,211	3,086	3,186	32.567
» » filles . .	3,394	3,240	3,160	2,928	3,018	3,014	2,944	3,082	2,905	2,988	30,673
» » légitimes .	6,323	6,073	5,813	5,384	5,683	5,694	5,095	5,435	4.961	5,108	55,569
» » illégitimes	612	653	620	592	556	622	1,062	858	1,030	1,066	7,671
Total général . .	6,935	6,726	6,433	5,976	6,239	6,316	6,157	6,293	5,991	6,174	63,240

Naissances sur 1000 habitants: (en 1872) 26.9. — Naissances masculines sur 1000 féminines: en général 1,043.7. pour les naissances légitimes 1,041.2, pour les illégitimes 1,062.8 (1865—74). — Naissances illégitimes sur 1000 naissances: 132.5. Mort-nés sur 1000 vivant-nés: 37.4.

Confession (seulement pour 1865): Catholiques: 3317 g., 3185 f. = 6502 légitimes. 282 g.. 272 f. = 454 illégitimes.
Israélites: 40 »   36 » =   76 »   — » — » = — »
Vaudois: 14 »   26 » =   40 »   1 » — = 1 »

4. Décès (1865—1873).

Années	Hommes	Femmes	Total	Dont enfants morts au-dessous d'un audans les maison d'accouchement et enfant honnés
1865	3,215	2,943	6,158	958
1866	3,422	3,069	6,313	989
1867	3,354	3,240	6,594	836
1868	2,988	2.925	5,913	1,053
1869	2,922	3,002	5,924	1,029
1870	3,056	3.090	6,146	1,163
1871	2,956	2,954	5,910	421
1872	2,904	2,840	5,744	371
1873	2,923	2,868	5,791	326

Dans ces chiffres ne sont pas compris les morts non appartenants à la population de Turin.

Sur 1000 habitants (en 1872) hommes 27·1, femmes 26·3, deux sexes 27·0.

Répartition sur les mois (1870—1873). Sur 10,000 cas ils y avait au:

Janvier	1029	Mai	850	Septembre	604
Février	938	Juin	804	Octobre	695
Mars	958	Juillet	829	Novembre	747
Avril	895	Août	732	Décembre	919

Confession des morts: (constaté seulement pour 1864 et 1865).

Catholiques en 1864: 1872, en 1865: 6107 (3191 hommes, 2916 femmes).
Israelits   »   50, » »   29 (15   »   14   »).
Vandois   »   14, » »   22 (9   »   13   »).

5. Age des morts (1865—1874).

De 10,000 morts	masculins	féminins	des deux sexes	De 10,000 morts	masculins	féminins	des deux sexes
avaient l'âge de				avaient l'âge de			
0—1 mois	1,380	1,097	1,239	30 – 40 année	644	884	764
0—1 année	661	614	638	40—50 »	815	766	791
1—2 »	586	601	594	50—60 »	982	804	893
3—5 »	793	848	822	60—70 »	1,183	958	1,072
5—10 »	489	527	509	70—80 »	888	866	877
10—15 »	202	315	258	80—90 »	238	274	256
15—20 »	284	432	368	90—100 »	18	21	20
20—20 »	837	971	899	Total	10,000	10,000	10,000

6. Principales causes des décès des dix dernières années.

Chriffres absolus.

	Debilitas congenita et deformitas	Tuberculosis pulmonum	Cholera	Typhus	Dysenteria	Variola	Morbilli	Scarlatina	Croup	Pertussis	Syphilis	Hydroceph. acutus	Meningitis	Dyphteritis	Febris puerperalis	Alii morbi puerper.	Marasmus senilis	Stomatitis	Gastro-enteritis acuta	Gastro-enteritis chronica	Apoplexia cerebralis	Bronchitis acuta	Convulsiones infantium	Pulmonitis acuta	Enteritis chronica	Bronchitis chronica	Cardiopathia organ.	Tabes mesenterica	Enteritis acuta	Brocco-pulmonitis chronica
1865	86	577	86	193	30	43	19	—	71	45	5	13	92	—	21	5	120	449	271	368	202	190	184	115	63	160	98	76	99	119
1866	221	533	222	202	23	16	211	1	94	65	12	13	36	—	15	34	202	355	244	242	358	192	152	59	264	174	151	145	114	56
1867	288	546	606	253	24	13	314	12	104	55	17	2	47	—	31	53	77	211	176	293	341	185	114	116	303	221	223	166	85	90
1868	256	564	3	301	29	2	10	9	100	92	18	2	45	—	38	35	63	187	217	228	351	337	84	184	290	210	289	191	121	99
1869	224	539	2	274	43	1	255	19	101	104	11	1	67	—	43	20	110	188	221	246	362	225	75	145	177	179	224	173	128	114
1870	277	510	1	216	37	54	336	5	232	67	10	1	63	—	45	54	60	175	196	270	341	193	106	204	246	236	215	116	154	165
1871	322	487	3	237	21	361	56	—	177	94	16	6	56	—	42	54	55	38	227	306	393	202	98	187	227	205	279	84	73	156
1872	221	573	—	198	13	115	68	4	151	93	5	1	49	—	28	42	70	32	179	221	369	272	139	133	390	267	314	119	144	150
1873	229	525	5	274	12	22	255	3	154	48	1	1	47	—	21	52	52	51	165	292	352	236	155	130	397	269	368	101	168	106
1874	275	422	—	292	—	4	13	1	164	168	12	1	38	—	26	44	62	105	131	198	338	340	214	218	302	233	321	105	210	107
Somme	2,399	5,276	928	2,440	232	631	1,537	54	1,348	831	107	41	539	—	310	393	871	1,791	2,027	2,661	3,382	2,370	1,321	1,491	2,659	2,154	2,482	1,276	1,296	1,162
dont mascul.	1,323	2,318	499	1,157	113	332	804	27	720	364	56	24	276	—	—	—	480	955	996	1,232	1,940	1,181	756	873	1,388	1,054	1,221	626	688	626
femin.	1,076	2,958	429	1,283	119	299	733	27	628	467	51	17	263	—	310	393	391	836	1,031	1,429	1,467	1,189	565	618	1,271	1,100	1,261	650	608	536

7. Principales causes des décès (1865—1874).

En pour cent.

	Debilitas congenita et deformitas	Tuberculosis pulmonum	Cholera	Typhus	Dysenteria	Variola	Morbilli	Scarlatina	Croup	Pertussis	Syphilis	Hydrocephalus acutus	Meningitis	Febris puerperalis	Alii morbi puerperales
1865	1.4	9.4	1.4	3.2	0.5	0.7	0.3	0.0	1.2	0.7	0.1	0.2	1.5	0.3	0.0
1866	3.5	8.5	3.5	3.2	0.4	0.3	3.4	0.0	1.5	1.0	0.2	0.3	0.6	0.2	0.5
1867	4.4	8.3	9.2	3.9	0.4	0.2	4.8	0.2	1.6	0.8	0.3	0.0	0.7	0.5	0.8
1868	4.3	9.6	0.1	5.1	0.5	0.0	0.2	0.2	1.7	1.5	0.3	0.0	0.7	0.6	0.6
1869	3.7	9.1	0.1	4.6	0.7	0.0	4.3	0.3	1.7	1.8	0.1	0.0	1.1	0.7	0.3
1870	4.5	8.3	0.0	3.5	0.6	0.8	5.5	0.1	3.8	1.1	0.2	0.0	1.0	0.7	0.9
1871	5.4	8.2	0.1	4.0	0.3	6.1	0.9	0.0	2.9	1.5	0.2	0.1	0.9	0.7	0.9
1872	3.8	9.9	0.0	3.4	0.2	2.0	1.2	0.0	2.6	1.6	0.1	0.0	0.8	0.5	0.7
1873	3.9	9.0	0.1	4.7	0.2	0.3	4.4	0.0	2.6	0.8	0.0	0.0	0.8	0.4	0.9
1874	4.8	7.5	0.0	5.2	0.0	0.0	0.2	0.0	2.9	3.0	0.2	0.0	0.7	0.5	0.8
Moyenne de 10 ans	3.9	8.7	1.5	4.0	0.4	1.0	2.5	0.1	2.2	1.4	0.2	0.0	0.9	0.5	0.6
dont masculins	4.3	7.6	1.6	4.3	0.4	1.1	2.6	0.1	2.4	1.2	0.2	0.0	0.9	0.0	0.0
féminins	3.6	9.9	1.4	3.7	0.4	0.9	2.4	0.1	2.0	1.6	0.2	0.0	0.9	1.0	0.6

	Marasmus senilis	Stomatitis	Gastro-enteritis acuta	Gastro-enteritis chronica	Apoplexia cerebralis	Bronchitis acuta	Convulsiones infantium	Pulmonitis acuta	Enteristis chronica	Bronchitis chronica	Cardiopathia organica	Tabes mesenterica	Enteritis acuta	Broncho-pulmonitis chronica
1865	2.0	7.4	4.4	6.0	3.3	3.1	2.9	1.8	1.0	2.6	1.6	1.2	1.6	1.9
1866	3.2	5.7	3.9	3.9	5.7	3.1	2.4	0.9	4.2	2.8	2.4	2.3	1.8	1.9
1867	1.2	3.2	2.7	4.5	5.2	2.8	1.7	1.8	4.6	3.4	3.4	2.5	1.3	1.4
1868	1.1	3.2	3.7	3.9	5.9	5.7	1.4	3.1	4.9	3.6	4.9	3.2	2.1	1.7
1869	1.8	3.2	3.7	4.1	6.1	3.8	1.3	2.5	2.9	3.0	3.8	2.9	2.2	1.9
1870	1.0	2.8	3.2	4.4	5.5	3.1	1.7	3.3	4.0	3.8	3.5	1.9	2.5	2.7
1871	0.9	0.6	3.3	5.1	6.6	3.4	1.6	3.1	3.8	3.4	4.7	1.4	1.2	2.6
1872	1.2	0.5	3.1	3.8	6.4	4.7	2.4	2.3	6.7	4.6	5.4	2.1	2.5	2.6
1873	0.8	0.8	2.8	5.0	6.1	4.0	2.6	2.2	6.8	4.7	6.3	1.7	2.9	1.8
1874	1.1	1.9	2.3	3.5	6.0	6.0	3.8	3.9	5.4	4.1	5.7	1.8	3.7	1.9
Moyenne de 10 ans	1.3	2.9	3.1	4.1	5.6	3.9	2.2	2.5	4.4	3.5	4.1	2.1	2.2	2.0
dont masculins	1.2	3.1	3.3	4.0	6.3	3.9	2.5	2.9	4.5	3.6	4.0	2.0	2.2	2.0
féminins	1.3	2.8	3.5	4.8	4.9	3.9	1.0	2.1	4.3	4.2	4.2	2.2	2.2	2.0

8. Diverses causes des décès par rapport au sexe et à l'âge.

	Sont morts des causes de décès mentionnées à la rubrique 1, sur 10,000 décès						Total
	0—5 ans	5—10 ans	10—20 ans	20—30 ans	30—50 ans	au dessus de 50 ans	
Debilitas congenita deformitas :							
hommes	10,000	—	—	—	—	—	10,000
femmes	10,000	—	—	—	—	—	10,000
deux sexes	10,000	—	—	—	—	—	10,000
Tuberculosis pulmonum : hommes	—	526	1,117	4,155	3,473	729	10,000
femmes	—	918	1,788	4,012	2,982	300	10,000
deux sexes	—	745	1,494	4,075	3,198	488	10,000
Cholera : hommes	580	520	240	1,160	3,060	4,440	10,000
femmes	629	909	396	1,003	3,404	3,659	10,000
deux sexes	603	701	312	1,089	3,222	4,073	10,000
Dermo- et ileotyphus : hommes	1,798	2,023	959	1,503	1,564	2,153	10,000
femmes	1,769	2,705	1,349	1,481	1,418	1,278	10,000
deux sexes	1,790	2,380	1,164	1,487	1,488	1,691	10,000
Dysenteria sporadica : hommes	3,982	3,097	1,239	443	885	354	10,000
femmes	4,285	1,345	1,260	1,177	756	1,177	10,000
deux sexes	4,137	2,199	1,250	819	819	776	10,000
Variola : hommes	3,584	783	633	2,711	2,108	181	10,000
femmes	4,549	869	936	2,375	1,070	201	10,000
deux sexes	4,041	824	777	2,552	1,616	190	10,000
Morbilli : hommes	7,674	1,792	12	498	12	12	10,000
femmes	8,390	1,323	205	68	—	14	10,000
deux sexes	8,015	1,567	107	292	6	13	10,000
Scarlatina : hommes	5,926	3,703	—	371	—	—	10,000
femmes	6,296	3,704	—	—	—	—	10,000
deux sexes	6,111	3,703	—	186	—	—	10,000
Croup et Dyphteritis : hommes	7,694	2,097	42	125	42	—	10,000
femmes	7,850	2,023	80	47	—	—	10,000
deux sexes	7,762	2,069	59	89	21	—	10,000
Pertussis : hommes	9,286	714	—	—	—	—	10,000
femmes	9,101	899	—	—	—	—	10,000
deux sexes	9,182	818	—	—	—	—	10,000
Syphilis congenita : hommes	10,000	—	—	—	—	—	10,000
femmes	10,000	—	—	—	—	—	10,000
deux sexes	10,000	—	—	—	—	—	10,000
Hydrocephalus acutus : hommes	2,500	7,500	—	—	—	—	10,000
femmes	2,353	7,647	—	—	—	—	10,000
deux sexes	2,439	7,561	—	—	—	—	10,000
Meningitis acut. : hommes	5,000	1,956	326	942	1,015	761	10,000
femmes	5,361	1,939	532	304	989	875	10,000
deux sexes	5,176	1,947	427	631	1,002	817	10,000
Febris puerperalis : femmes	—	—	613	6,549	2,806	32	10,000
Alii morbi puerperales : femmes	—	—	1,247	8,193	560	—	10,000

		Sont morts des causes de décès mentionnées à la rubrique 1, sur 10,000 décès						
		0—5 ans	5—10 ans	10—20 ans	20—30 ans	30—50 ans	au dessus de 50 ans	Total
Marasmus senilis :	hommes				—	—	10,000	10,000
	femmes			—	—	—	10,000	10,000
	deux sexes					—	10,000	10,000
Stomatitis infantium :	hommes	10,000					—	10,000
	femmes	10,000					—	10,000
	deux sexes	10,000				—	—	10,000
Gastro enteritis acuta :	hommes	6,335	522	81	301	753	2,008	10,000
	femmes	7,013	582	233	213	524	1,435	10,000
	deux sexes	6,679	553	158	257	636	1,717	10,000
. » » chronica :	hommes	3,596	957	300	236	1,226	3,685	10,000
	femmes	2,813	1,330	364	860	1,533	3,100	10,000
	deux sexes	3,175	1,157	335	571	1,391	3,371	10,000
Apoplexia cerebralis :	hommes	1,505	258	118	155	109	6,876	10,000
	femmes	1,792	505	267	599	920	5,917	10,000
	deux sexes	1,629	363	181	347	1,016	6,464	10,000
Broncho-pulmonitis chr. :	hommes	512	1,997	2,253	1,549	687	3,002	10,000
	femmes	765	1,828	2,872	1,902	970	1,663	10,000
	deux sexes	628	1,919	2,538	1,712	827	2,376	10,000
Bronchitis acuta :	hommes	3,752	254	59	270	424	5,241	10,000
	femmes	3,356	446	101	185	664	5,248	10,000
	deux sexes	3,552	350	81	227	545	5,245	10,000
Convulsiones infantium :	hommes	9,841	159	—	—	—	—	10,000
	femmes	9,663	337			—	—	10,000
	deux sexes	9,766	234		—			10,000
Pulmonitis acuta :	hommes	240	194	217	1,684	2,154	5.520	10,000
	femmes	307	291	421	793	1,731	6,457	10,000
	deux sexes	269	235	303	1,314	1,976	5,903	10,000
Enteritis chronica :	hommes	3,782	1,196	519	425	1,088	2,990	10,000
	femmes	3,815	1,135	464	597	1,385	2,604	10,000
	deux sexes	3,749	1,215	494	508	1,229	2,805	10,000
Bronchitis chronica :	hommes	1,005	361	199	389	703	7.343	10,000
	femmes	900	719	291	373	1,190	6,527	10,000
	deux sexes	952	544	246	380	951	6,927	10,000
Cardiopathia organica :	hommes	106	262	409	402	1,974	6,847	10,000
	femmes	143	317	436	539	2,221	6,344	10,000
	deux sexes	125	291	424	472	2,100	6,588	10,000
Tabes mesenterica :	hommes	6,263	3,562	80	64	31	—	10,000
	femmes	6,985	3,831	107	77	—	—	10,000
	deux sexes	6,121	3,699	93	71	16	—	10,000
Enteritis acuta :	hommes	6,875	509	145	291	291	1,889	10,000
	femmes	6,715	395	179	179	444	2,088	10,000
	deux sexes	6,797	455	163	239	363	1,983	10,000

9. Climatologie.

Hauteur au-dessus de la mer: 230 mètres.
Vents régnants: NE., NO., NNE., N.
Force des vents = $^3/_{10}$—$^4/_{10}$.

Moyennes des mois.

1865—1874	Janvier	Février	Mars	Avril	Mai	Juin	Juillet	Août	Septembre	Octobre	Novembre	Décembre
Température moyenne (Celsius)	0.5	3.9	7.3	13.2	17	20.7	23.9	21.9	19.2	12.5	6.1	2.0
Moyenne des maxima de température . . .	8.3	13.2	17	24.5	27.7	30.7	33.1	30.5	28	21.4	15.1	12.4
Moyenne des minima de température . . .	— 8.8	— 4.4	— 0.6	3.3	7.9	10.5	14.9	13.7	10	2.5	—2.1	—6.5
Pression atmosphérique.	737.77	739.21	733.99	736.29	736.06	737.15	737.19	737.7	739.12	737.77	737.35	737.7
Différence entre les maxima et les minima de la pression atmosphérique.	24.5	23.5	23.7	20.5	15.	15.4	12.5	13.9	15.6	21.7	23.3	26.1
Humidité moyenne (Pour cents du maximum) .	84	78	66	59	60	59	57	61	67	73	77	83
Quantité mensuelle de pluie (lignes de Paris sur un pied carré bavarois)	24.77	38.74	60.96	74.21	71.75	81.64	59.18	79.79	55.62	101.40	85.82	50.40
Nombre des jours pluvieux	2	3	7	7	8	10	7	8	9	10	8	5
dont » neigeux	3	2	2	—	—	—	—	—	—	—	1	2

Bibliographie.

Dᴿ Joseph Rizetti. Statistica medica di Torino per l'anno 1865 (Turin 1866). per 1866 (Turin 1867).
  » »   Rendiconto statistica dell' ufficio d'igiene per l'anno 1867 (Turin 1868).
 » » » » » » » » 1868 (» 1869).
 » » » » » » » » 1869 (» 1870).
 » » » » » » » » 1870 (» 1871).
 » » » » » » » » 1871 (» 1872).
 » » » » » » » » 1872 (» 1873).
 » » » » » » » » 1873 (» 1874).
 » » » » » » » » 1874 (» 1875).
 » »   Resumé del' histoire des epidemies de choléra à Turin dans les années 1865 et 1866. (Publié dans les actes de l'académie de médecins Tome V. 1869.)

Palerme (Palermo).

Longitude: 31° 1' à l'est de l'île de Fer. — Latitude septentrionale: 38° 6' 44".

Se compose des quartiers suivants: Tribunali, Palazzo reale, Monte Pieta, Castellamare, Molo, Oreto et la campagna.

1. État de la Population.

Année	Hommes	Femmes	Total	Année	Hommes	Femmes	Total
1836	87,623	89,029	176,752	1856	90,158	94,816	184,974
1837	77,048	77,668	154,716	1857	90,034	95,019	185,053
1838	77,621	78,409	156,030	1858	91,202	95,980	187,182
1839	78,336	79,218	157,554	1859	92,475	97,168	189,643
1840	79,152	80.120	159,272	1860	92,716	97,437	190,153
1841	80.238	81,313	161,551	1861	97,234	97,229	194,463
1842	81,338	82,563	163,901	1862	97,982	98,235	196,217
1843	82,663	83,977	166,640	1863	98,440	99.060	197,500
1844	83,481	84,970	168,451	1864	99,314	99,941	199,255
1845	84,744	86,007	170,746	1865	100,299	101,083	201,382
1846	86,238	87,705	173,943	1866	99,387	100,625	200,012
1847	87,130	88,630	175,760	1867	97,977	99,566	197,543
1848	87,524	89,541	177,065	1868	98,386	100,159	198,545
1849	88,021	90,334	178,355	1869	98,883	100,456	198,839
1850	88,065	90,842	178,907	1870	99,669	101,666	201,335
1851	89,334	92,406	181,740	1871	109,474	109,924	219,398
1852	90,439	93,902	184,341	1872	110,723	111,324	222,047
1853	91,057	94,757	185,814	1873	111,510	111,914	223,424
1854	88,847	93,373	182,220	1874	111,992	112,426	224,418
1855	88,882	93,529	182,411				

Pour les temps antérieurs on trouve indiqué les chiffres suivants:

Pour le X-me siècle 353,425 (169,211 hommes, 184,214 femmes; — pour le XI-me siècle 100,000; — pour le XII-me siècle 120,000; — pour le XIII-me siècle 100,000; — pour le XIV-me siècle 100,000; — pour le XV-me siècle 105,000; — pour le XVI-me siècle: 1501: 49,000, 1548: 73,000, 1570: 79,000, 1591: 114,131, 1595: 114,131; — pour le XVII-me siècle: 1607: 104,989, 1613: 111,818, 1615: 111,818, 1653: 118,818; — pour le XVIII-me siècle: 1714: 100,000, 1737: 102,106, 1750: 120,106, 1770: 117,600, 1798: 140,599; — pour le XIX-me siècle: 1805: 130,990, 1806: 131,157, 1807: 133,046, 1808: 134,504, 1809: 136,394, 1810: 140,015, 1811: 142,009, 1812: 145,033, 1813: 147,452, 1814: 150,313, 1815: 151,294, 1816: 151,801, 1817: 153,577, 1818: 153,836, 1819: 156,050, 1820: 158.419, 1821: 160,051, 1822: 161,735, 1823: 163,266, 1824: 164,793, 1825: 167,505, 1826: 168,356, 1827: 169,240, 1828: 170,973, 1829: 171,747, 1830: 173,015, 1831: 173,478, 1832: 172,835, 1833: 172,125, 1834: 173,661, 1835: 175,197.

*) Les données antérieures à l'année 1849 sont prises de l'ouvrage: Notizie statistiche della città di Palermo. (Palerme 1800.)

2. Mariages.

(1865—1874.)

Années	Mariages conclus	Mariages dissous par la mort	Années	Mariages conclus	Mariages dissous par la mort
1865	1,234	1,135	1870	1,329	1,097
1866	586	1,857	1871	1,354	1,189
1867	943	2,195	1872	1.529	1,091
1868	1,113	1,279	1873	2,007	1,226
1869	1,444	1,078	1874	1,618	1.175
			Total	13,157	13,322

Sur mille habitants: (1871) 6·3 mariages.

Mois des mariages. Sur 10,000 mariages (1865—1874) il y a eu dans le mois de :

Janvier	797	Mai	629	Septembre	956
Février	828	Juin	757	Octobre	1,037
Mars	734	Juillet	929	Novembre	893
Avril	878	Août	529	Décembre	1,034

État civil des fiancés: Sur 10,000 cas (de 1865 74) il y avait 8373 garçons et filles, 435 garçons et veuves, 891 veufs et filles, 301 veufs et veuves.

Degré d'instruction (1866 –1874): Savaient écrire de 10,000 fiancés 5333.

     »   » » » fiancées 3160.

3. Naissances (1865—1874).

	1865	1866	1867	1868	1869	1870	1871	1872	1873	1874	Total
a) Nés-vivants.											
Garçons	3,576	3,417	3,195	3,201	3,524	3,780	3,573	3,831	3,631	3,470	35,198
dont illégitimes	328	285	302	325	300	308	277	336	330	312	3,103
Filles	3,359	3,176	2,979	2,907	3,310	3,433	3,418	3,638	3,413	3,207	32,840
dont illégitimes	299	312	310	361	310	298	312	337	262	322	3,123
Somme	6,935	6,593	6,174	6,108	6,834	7,213	6,991	7,469	7,044	6,677	68,038
b) Mort-nés.											
Garçons	11	70	46	44	71	80	85	130	157	120	814
											90
dont illégitimes	10	12	3	7	12	8	10	10	6	12	
Filles	10	28	13	16	31	65	65	96	101	91	516
dont illégitimes	4	4	2	1	2	11	8	6	4	3	45
Somme	21	98	59	60	102	145	150	226	258	211	1,330
c) Total.											
Total des garçons	3,587	3,487	3,241	3,245	3,595	3,860	3,658	3,961	3,788	3,590	36,012
» » filles	3,369	3,204	2,992	2,923	3,341	3,498	3,483	3,734	3,514	3,298	33,356
» » légitimes	6,315	6,078	5,616	4,474	7,312	6,733	6,534	7,006	6,700	6,239	63,007
» » illégitimes	641	613	617	694	624	625	607	689	602	649	6,361
Total général	6,956	6,691	6,233	6,168	7,936	7,358	7,141	7,695	7,302	6,888	69,368

Naissances vivantes sur 1000 habitants: (en 1871) 31·9.
Naissances masculines sur 1000 féminines: en général 1071·8, pour les naissances légitimes 1080·0, pour les illégitimes 993·6.
Naissances illégitimes sur 1000 naissances: 100·7.
Mort-nés sur 1000 naissances vivantes: 19·6.

4. Répartition des naissances sur les mois (1865—1874).

	Sur 10,000 naissances il y a eu au mois de											
	Janvier	Février	Mars	Avril	Mai	Juin	Juillet	Août	Septembre	Octobre	Novembre	Décembre
a) Nés-vivants.												
Naissances **masculines** légitimes	988	909	901	799	709	723	748	779	794	859	879	912
» » illégit.	972	937	879	839	709	709	780	780	742	839	879	935
En somme	983	909	901	795	707	723	750	778	794	862	882	914
Naissances **féminines** légitimes	977	910	901	791	706	724	752	778	794	867	885	915
» » illégit.	1020	860	960	774	740	740	703	774	806	903	860	860
En somme	996	898	919	806	724	724	743	777	775	872	869	897
b) Mort-nés.												
Garçons légitimes	749	725	786	860	934	737	725	934	885	712	811	1142
» illégitimes	556	666	889	444	556	556	1000	1000	1667	1333	444	889
» en somme	756	764	805	724	997	800	735	849	864	748	867	1091
Filles légitimes	764	804	824	588	1059	863	745	764	843	784	923	1039
» illégitimes	227	1136	1136	455	455	227	909	682	1364	227	682	2500
» en somme	396	901	1013	449	506	396	955	841	1515	1780	563	1695

5. Décès (1865—74).
(Sans les mort-nés.)

Année	Hommes	Femmes	Total	Dans les maisons d'accouchement et d'enfants trouvés*)
1865	2,919	2,516	5,435	145
1866	4,614	3,946	8,560	110
1867	4,907	4,356	9,263	69
1868	3,107	2,675	5,782	72
1869	3,827	3,323	7,150	83
1870	2,802	2,521	5.323	68
1871	3,022	2,626	5,648	90
1872	2,918	2,575	5,493	75
1873	3,174	3,085	6,259	64
1874	3,300	3,017	6,317	81
Total	34,590	30,640	65,230	857

On compte tous les cas survenus, aussi les étrangers.

Sur mille habitants: (en 1871) hommes 27.6, femmes 23.9, des deux sexes: 25.7.

Répartition sur les mois (1865—1874).

	hommes	femmes	deux sexes		hommes	femmes	deux sexes
Janvier	829	834	831	Juillet	800	814	807
Février	691	703	697	Août	1259	1166	1212
Mars	717	726	721	Septembre	743	746	744
Avril	688	692	690	Octobre	1038	1042	1040
Mai	682	692	687	Novembre	987	999	993
Juin	734	739	736	Décembre	832	845	838
				Total	10,000	10,000	10,000

*) Dans la maison d'accouchement en 1874, avaient lieu 244 naissances. — Dans la maison des enfants-trouvés ont été reçus, en 1874, 593 enfants.

6. Age des morts.

	De 10,000 morts				De 10,000 morts				De 10,000 morts		
	masc.	fem.	des deux sexes		masc.	fem.	des deux sexes		masc.	fem.	des deux sexes
	avaient l'âge de				avaient l'âge de				avaient l'âge de		
0— 1 mois	634	638	636	10—15 année	215	208	212	70—80 année	517	640	578
0— 1 année	2079	2095	2086	15—20 »	261	267	264	80—90 »	329	453	390
1— 2 »	1116	1238	1182	20—30 »	1033	645	839	90—100 »	57	91	73
2— 3 »	620	674	646	30—40 »	626	554	591	au dessus de 100 ans	6	13	9
3— 4 »	359	401	378	40—50 »	671	584	628	Age inconnue	117	45	81
4— 5 »	238	274	255	50—60 »	699	626	663	Total	10,000	10,000	10,000
5—10 »	433	480	461	60—70 »	624	704	664				

Remarque: Il n'y a pas table de mortalité pour la ville de Palerme.

7. Principales causes de décès (1873—1874).

	Sont morts des causes de décès mentionnées à la 1-re rubrique													
	Debilitas congenita et deformitas	Tuberculosis pulmonum	Cholera asiatica	Typhus	Dysenteria	Morbilli et Scarlatina	Croup et Dyphteritis	Syphilis	Meningitis	Morbi puerperales	Marasmus senilis	Gastro-enteritis	Tabes diversi	Pneumonia et Bronchitis
a) Chiffres absolus.														
1873	230	627	—	310	224	287	164	8	261	32	155	784	573	434
1874	259	659	—	458	297	30	546	2	208	32	191	555	636	412
Total	489	1.286	—	768	521	317	710	10	469	64	346	1.339	1.209	846
dont masculins	273	618	—	422	251	154	419	2	252	—	129	663	563	458
féminins	216	668	—	346	270	163	291	8	217	64	217	676	646	388
b) En pour-cent.														
1873	368	1,002	—	495	358	458	255	13	417	51	248	1.252	979	699
1784	410	1,043	—	783	470	47	864	3	329	51	302	878	1,007	652
Moyenne des deux ans	389	1,022	—	639	414	252	559	8	373	51	275	1,065	993	675
dont masculins	422	955	—	652	388	238	647	3	389	—	199	1,024	870	707
féminins	354	1.094	—	567	442	267	477	13	355	105	355	1,108	1,058	636

8. Climatologie.

Hauteur au dessus de la mer : 72.73 mètres.
Vents régnants : du Octobre à Mars OSO., Avril et Septembre OSO. NE. Mai à Août NE et OSO.

Moyennes des mois.

	Janvier	Février	Mars	Avril	Mai	Juin	Juillet	Août	Septembre	Octobre	Novembre	Décembre
Moyenne normale de 1791 -1868 (Celsius)*)	10.91	11.15	12.46	14.88	18.64	22.32	24.95	25.27	22.98	19.30	15.55	12.34
Pression atmosphérique	754.8	754.9	753.4	753.4	754.2	755.1	754.8	754.8	755.1	755.1	754.7	754.5
Humidité moyenne (Pourcents du maximum) 1854—69	77	76	75	74	71	70	69	68	72	74	74	78
Quantité mensuelle de pluie (Mm. sur $^1/_{10}$ mètre carré) (1806—67)	70.2	65.7	71.1	42.7	27.4	16.5	4.9	9.4	47.8	74.8	77.4	83.6
Nombre de jours à précipitations (1865 -74) . . .	13.2	12.2	11.6	7.7	5.0	2.9	1.0	2.2	6.4	9.6	11.0	14.2
dont » neigeux	1.2	1.1	0.8	0	0	0	0	0	0	0	0.1	0.7
» à grêle	1.2	0.9	1.9	0.6	0.4	0.3	0	0.1	0.2	0.4	0.7	1.1
» à orages (1854—73)	3.0	2.2	3.4	1.8	0.8	1.1	0.8	1.5	1.9	3.1	2.6	2.3

*) Moyenne des maxima de température 30,908. Moyenne des minima de température 8,825. Différence entre les maxima et les minima de la pression atmosphérique 45.1 mm.

Bibliographie.

DIREZIONE DI STATISTICA. Notizie statistiche della Citta di Palermo. (Palerme 1873 et 1875.)

FRANCESCO MAGGIORE-PERNI. Censimento della popolazione 1861. (Palerme 1865.)

»　　　　»　　　　» Movimento della popolazione 1862—1864. (Palerme 1873.)

»　　　　»　　　　» Relazione del Censimento della citta 1871. (Palerme 1872.)

»　　　　»　　　　» Movimento della popolazione 1872—73. (Palerme 1874.)

»　　　　»　　　　» 　　　　»　　　　» 1874. (Palerme 1875.)

»　　　　»　　　　» Notizie statistiche sulla città di Palerme. (Palerme 1875.)

Venise (Venezia).

Longitude: 30° 3″ à l'est de l'île de Fer.
Latitude septentrionale: 44° 25′ 44″.

Se compose des quartiers: S.-Marco, Castello, Cannaregio, S.-Paolo, S.-Croce, Dorsoduro, Guidecca.

1. État de la Population.

Année	Population civile			Année	Population civile		
	Hommes	Femmes	Total		Hommes	Femmes	Total
1844	—	—	106,353	1862	57,362	62,629	119.991
1851	51,046	56,185	107,231	1863	58,108	62,487	120,595
1852	52,141	57,014	109,155	1864	58,147	62.361	120,508
1853	53,544	58,079	111,623	1865	58,127	62,263	120,390
1854	54,235	58,745	112,980	1869	59,668	65,473	125,141
1855	54,936	58,968	113,904	1870	60,989	66,336	127,325
1856	55,424	59,474	114,898	1871	61,171	66,149	127,320
1857	56,996	61,176	118,172	1872	61,587	66,340	127,927
1858	57,110	62,048	119,158	1873	61,693	66,055	127,748
1859	57,446	62,442	119,888	1874	62,111	66,409	128,520
1860	57,803	62,908	120,711	1875	62.724	66,952	129,676
1861	57,505	62,667	120,172				

Bibliographie.

Les publications suivantes de la commission de statistique (Giunta communale di statistica):
Riglieva degli abitanti (Venise 1869).
Statistica et professioni (Venise 1870).
Bollettino statistico (Venise 1870, 1871, 1872, 1873).
Rassegna statistica (Venise 1872, 1873, 1874, 1875).

2. Mariages.

Année	Mariages		Année	Mariages	
	conclus	dissous par la mort		conclus	dissous par la mort
1866	640	671	1871	788	791
1867	1,156	679	1872	762	684
1868	1,015	692	1873	813	815
1869	949	619	1874	747	821
1870	942	653	1875	801	701
			Total	8,623	7,126

Sur mille habitants: 1869: 7.7, 1870: 7.4, 1871: 6.2, 1872: 6.0, 1873: 6.4, 1874: 5.8, 1875: 6.2.

État civil des fiancés (1866—1875). Sur 10,000 cas il y avait
8,248 garçons et filles, 1,010 veufs et filles,
429 » » veuves, 313 » » veuves.

Degré d'instruction (1866 1875).
Sur 10,000 fiancés savaient écrire 7,552.
» » fiancées » » 5,197.

Répartition d'après les mois (1866—1875).

Janvier	741	Mai	870	Septembre	799
Février	1,357	Juin	811	Octobre	927
Mars	614	Juillet	647	Novembre	985
Avril	904	Août	754	Décembre	591
				Total	10,000

Age des fiancés. La plupart des fiancés (87%) était à l'âge de 21 à 45 ans, la plupart des fiancées (79%) de 20 à 35. Pour les combinaisons des mariés le plus grande nombre (77%) tombe sur l'âge de 21 à 30 ans du fiancé et de 20 à 35 ans de la fiancée.

3. Naissances (1866—1875).

	1866	1867	1868	1869	1870	1871	1872	1873	1874	1875	Total
	a) Nés-vivants.										
Garçons	1,976	1.909	2,053	2,096	2,026	1,978	1,955	1,882	1,857	1,919	19,651
dont illégitimes	362	308	317	358	285	289	279	249	301	324	3.072
Filles	1,958	1,867	1,976	1,918	1,975	1,903	1,863	1,766	1,779	1,906	18.911
dont illégitimes	357	279	323	292	311	298	285	281	298	336	3.050
Somme	3.934	3.776	4.029	4.014	4,001	3,881	3,818	3,648	3,636	3,825	38,562
	b) Mort-nés.										
Garçons	108	57	44	59	59	72	76	86	79	80	720
dont illégitimes	16	3	6	9	15	15	11	14	20	22	131
Filles	134	30	39	35	53	82	75	78	70	72	668
dont illégitimes	16	6	4	6	15	17	18	15	22	21	140
Somme	242	87	83	94	112	154	151	164	149	152	1,388
	c) Total.										
Total des garçons	2,084	1,966	2,097	2,115	2,085	2,050	2,031	1,968	1,936	1,999	20.371
» » filles	2,092	1,897	2,015	1,953	2,028	1,985	1,938	1,844	1,849	1,978	19.579
» légitimes	3,425	2,267	3,462	3,443	3,487	3,416	3,386	3,253	3,144	3.274	33,557
» illégitimes	751	596	650	665	626	619	583	559	641	703	6.393
Total général	4.176	3,863	4,112	4.108	4.113	4,035	3,969	3,812	3,685	3,977	39 950

Naissances sur 1000 habitants (en 1871): 30.5; (en 1875) 29.5.
Naissances masculines sur 1000 féminines: en général 1089·2, pour les naissances légitimes 1045·3, pour les illég. 1007·2.
Naissances illégitimes sur 1000 naissances 188·7.
Mort-nés sur 1000 naissances vivantes: 36·0.

4. Répartition des naissances sur les mois. (1866—1875).

	De 10,000 naissances il y en a eu dans les mois de											
	Janvier	Février	Mars	Avril	Mai	Juin	Juillet	Août	Septembre	Octobre	Novembre	Décembre
a) Nés-vivants.												
Naissances **masculines** légitimes	894	813	862	826	801	881	873	790	765	873	759	863
» » illégitimes	978	812	791	812	716	844	844	685	749	844	947	978
Total	906	813	849	824	788	875	869	774	763	869	789	881
Naissances **féminines** légitimes	918	813	851	776	824	851	906	883	817	768	776	817
» » illégitimes	962	849	793	825	695	688	886	886	880	793	825	918
Total	926	819	841	783	804	824	903	883	828	772	783	834
b) Mort-nés.												
Mort-nés **masculines** légitimes	847	679	849	1017	680	847	1017	681	847	847	680	1017
» » illégitimes	1074	465	1903	537	1307	387	1074	693	1074	1003	847	537
Total	888	640	876	930	793	764	1027	681	888	875	708	903
Mort-nés **féminines** légitimes	757	682	607	946	853	1193	647	872	984	963	719	777
» » illégitimes	503	641	1003	897	1271	849	707	854	854	854	641	926
Total	704	673	688	936	942	1120	659	868	957	942	703	808

5. Vitalité des nouveau-nés, d'aprés l'âge des parents.

(1872—1873.)

Age du père (en ans)	Age de la mère (en ans)																		
	15—20		21—25		26—30		31—35		36—40		41—45		46—48		49—50		Inconnu		Total	
	nés-vivant	mort-nés	nés-vivant	mort-nés	nés-vivant	mort-nés	nés-vivant	mort-nés	nés-vivant	mort-nés	nés-vivant	mort-nés	nés-vivant	mort-nés	nés-vivant	mort-nés	nés-vivant	mort-nés	nés-vivant	mort-nés
16—17	—	—	—	1	—	—	—	—	—	—	—	—	—	—	—	—	—	—	—	1
18—20	1	6	1	5	—	1	—	—	—	—	—	—	—	—	—	—	—	5	2	17
21—25	6	64	8	241	5	55	4	14	—	—	—	1	—	—	—	—	2	75	25	450
26—35	—	99	28	813	52	1374	24	642	11	104	—	3	—	—	—	—	5	112	120	3147
36—45	—	8	9	107	17	573	31	810	27	711	9	114	—	—	—	—	2	49	95	2382
46—50	—	1	1	12	—	48	5	87	10	166	3	92	2	5	—	1	—	9	21	421
51—55	—	—	—	3	1	11	—	43	3	67	1	25	—	2	—	—	2	4	7	155
56—60	—	—	1	—	—	5	—	10	—	10	—	12	—	—	—	1	—	4	1	42
61—65	—	—	—	—	—	3	—	3	—	8	—	5	—	—	—	—	—	—	—	19
66—70	—	—	—	—	—	—	—	—	—	1	—	—	—	—	—	—	—	—	—	1
Inconnu	—	1	—	2	2	1	1	1	—	—	—	—	—	—	—	—	41	256	44	261
Total	7	179	48	1194	77	2071	65	1610	51	1067	13	252	2	7	—	2	52	514	315	6896

6. Décès.

(1865—1874, sans les mort-nés.)

Année	Hommes	Femmes	Total	Dont enfants morts au dessous d'un an dans les maisons d'accouchement et d'enfants trouvés
1865	1,971	1,958	3,929	135
1866	2,109	2,099	4,208	117
1867	1,843	1,875	3,718	103
1868	1,862	1,783	3,645	113
1869	2,122	2,061	4,103	81
1870	2,155	2,292	4,547	100
1871	1,457	1,958	3,915	80
1872	2,464	2,455	4,919	37
1873	2,099	2,159	4,258	78
1874	2,091	2,124	4,215	89
Total	20,773	20,764	41,537	963

	hommes	femmes	des deux sexes
Sur 1000 habitants en 1871	32.0	29.6	30.8
en 1874	33.7	32.0	32.8

Répartition sur les mois (sur 10,000 cas):

	hommes	femmes	deux sexes		hommes	femmes	deux sexes
Janvier	982	925	953	Juillet	828	862	845
Février	963	1,099	1,031	Août	799	853	826
Mars	1,050	993	1,024	Septembre	621	607	614
Avril	900	857	878	Octobre	684	645	664
Mai	698	814	756	Novembre	915	804	859
Juin	669	708	688	Décembre	891	833	862
				Total	10,000	10,000	10,000

16

7. Age des morts de 1865—1874.

avaient l'âge de	De 10,000 morts masc.	fém.	des deux sexes[*]	avaient l'âge de	De 10,000 morts masc.	fém.	des deux sexes	avaient l'âge de	De 10,000 morts masc.	fém.	des deux sexes
1 semaine	611	473.8	542.3	5—6 année	92	89	90.5	34—35 année	57.8	73.2	65.5
2 »	232.6	199.8	216.2	6—7 »	83.2	84.2	83.7	35—36 »	55.8	81.8	68.8
3 »	151	115.6	133.3	7—8 »	55.8	61.2	58.5	36—37	59.2	68.4	63.8
4 »	71.8	55.8	63.8	8—9 »	47.6	49.6	48.6	37—38	53.—	74.—	63.5
0—1 mois[1])	1056.4	845	955.7	9—10	37.2	53.4	45.3	38—39	54.8	60.2	57.5
1—2 »	182	173.8	177.9	10—11 »	34.2	42.8	38.5	39—40	92.4	75.2	83.8
2—3 »	132.6	114.2	133.4	11—12 »	30.4	43.8	37.1	40—41	56.8	55.4	56.1
3—4 »	96.8	76.6	86.7	12—13 »	33.2	34.2	33.7	41—42	67.4	68.8	68.1
4—5 »	81.8	67.—	74.4	13—14 »	37.2	38.—	37.6	42—43	74.—	74.6	74.3
5—6 »	63.6	52.—	57.8	14—15 »	22.6	31.8	27.2	43—44	81.8	66.—	73.9
6—7 »	69.8	61.2	65.5	15—16 »	24.6	36.2	30.4	44—45	90.—	89.—	89.5
7—8 »	80.—	72.8	76.4	16—17 »	29.4	49.6	39.5	45—46	72.2	67.8	70.
8—9 »	72.80	67.8	70.3	17—18 »	42.8	54.4	48.6	46—47	75.2	68.8	72.
9—10 »	69.4	63.6	66.5	18—19 »	42.8	56.4	49.6	47—48	93.4	72.8	83.1
10—11 »	91.—	70.8	80.9	19—20 »	59.2	41.8	50.5	48—49	72.2	56.4	64.3
11—12 »	116	114.2	115.1	20—21 »	63.8	47.6	55.7	49—50	106.4	87.6	97.
0—1 année[2])	2122.2	1779	1950.6	21—22 »	98.8	58.4	78.6	50—51	69.8	55.4	62.6
13—15 mois	287.4	283.6	285.—	22—23 »	110.4	59.2	84.8	51—52	102.6	67.8	85.2
16—18 »	285.6	289.4	287.5	23—24 »	76.6	68.8	72.7	52—53	94	62.2	78.1
19—21 »	189.2	166.2	177.7	24—25 »	69.8	74.6	72.2	53—54	86.6	90.6	88.6
22—24 »	235.4	208.4	221.9	25—26 »	74.6	67.—	70.8	54—55	102.—	79.8	90.9
1—2 année[3])	997.6	946.6	972.1	26—27 »	65.—	63.8	64.4	55—56	109.8	90.6	100.2
25—27 »	109.2	114.2	111.7	27—28 »	57.2	87.2	72.2	56—57	81.8	89.4	85.6
28·30 »	152.9	149.8	151.2	28—29 »	52.2	55.4	53.8	57—58	112.6	92.4	102.5
31—33 »	63.8	47.6	55.7	29—30 »	63.—	85.8	74.4	58—59	96.2	59.8	78
34—36 »	128.6	140.2	134.4	30—31 »	46.2	54.8	50.5	59—60	143.4	115.2	129.3
2—3 année[4])	454.2	451.8	443	31—32 »	63.6	81.8	72.7	60—61	79	54.8	66.9
3·4 » [5])	221	194	207.5	32—33 »	57.8	83.8	70.8	61—62	115.6	101.2	108.4
4—5 » [6])	131.4	119.8	125.6	33—34 »	53.—	68.4	60.7	62—63 »	105.8	102	103.9

[*]) Le pourcent est calculé de la moyenne aritméthique entre le pourcent des morts masculins et celui des féminins.

[1]) De 10,000 morts à l'âge de 0—1 mois il y avait légitimes: 7,498, illégitimes: 2,502.
[2]) » » » » » 0—1 année : légitimes: 8,098, illégitimes: 1,902.
[3]) » » » » » 1—2 » légitimes: 8,799, illégitimes: 1,201.
[4]) » » » » » 2—3 » légitimes: 9,251, illégitimes: 749.
[5]) » » » » » 3—4 » légitimes: 9,686, illégitimes: 314.
[6]) » » » » » 4—5 » légitimes: 9,693, illégitimes: 307.

avaient l'âge de	De 10,000 morts masc.	fém.	des deux sexes	avaient l'âge de	De 10,000 morts masc.	fém.	des deux sexes	avaient l'âge de	De 10,000 morts masc.	fém.	des deux sexes
63—64 année	122.4	112.6	117.5	77—78 année	83.8	112.6	98.2	91—92 année	7.8	11.—	9.4
64—65 »	123.8	101.8	112.8	78—79 »	71.2	88.4	79.8	92—93 »	4.2	4.2	4.2
65—66 »	114.2	120.4	117.3	79—80 »	93.—	148.2	120.6	93—94 »	1.4	6.4	4.4
66—67 »	121.2	119.6	120.4	80—81 »	58.8	82.2	70.5	94—95 »	1.4	1.4	1.4
67—68 »	109.8	112.6	111.2	81—82 »	68.4	92.4	80.4	95—96 »	1.8	2.4	2.1
68—69 »	92.6	119.4	106.—	82—83 »	32.2	64.6	48.4	96—97 »	0.4	0.4	0.4
69—70 »	108.8	170.4	139.6	83—84 »	48.6	76.—	62.3	97—98 »	1.—	2.4	1.7
70—71 »	82.4	76.6	79.5	84—85 »	23.6	64.6	44.1	98—99 »	1.	1.—	1.—
71—72 »	90.6	133.2	111.9	85—86 »	37.8	42.8	40.3	90 100 »			—
72—73 »	93.8	115.—	104.4	86—87 »	24.6	32.2	28.4	Au-dessus de 100 ans	—	1.—	0.5
73—74 »	71.2	116.6	93.9	87—88 »	18.8	34.2	26.5				
74—75 »	90.—	113.2	101.6	88—89 »	19.4	26.—	22.7				
75—76 »	81.4	137.2	109.3	89—90 »	4.2	21.6	12.9				
76—77 »	76.—	110.8	93.4	90—91 »	5.2	9.2	7.2				

Récapitulation.

	Sexe mascul.	Sexe fém.	Total		Sexe mascul.	Sexe fém.	Total
0—5 ans	3,926.4	3,491.2	3,708.8	60—70 ans	1,093.2	1.114.8	1,004.—
5—10 »	315.8	337.4	326.6	70—80 »	833.4	1,151.8	992.6
10—15 »	157.6	190.6	174.1	80—90 »	336.4	536.6	436.5
15—20 »	198.8	238.4	218.6	90—100 »	25.2	38.4	31.8
20—30 »	731.4	667.8	699.6	Au-dessus de 100 ans	—	1.—	0.5
30—40 »	593.6	721.6	658.6				
40—50 »	789.4	707.2	748.3				
50—60 »	998.8	803.2	901.—	Total générale	10,000	10,000	10,000

Remarque: Il n'y a pas une table de mortalité dressée pour la ville de Venise.

8. Principales causes de décès (1866—1875).
Chiffres absolus.

	Debilitas congenita et deformitas	Tuberculosis pulmonum	Cholera asiat.	Typhus	Dysenteria	Variola	Morbilli	Scarlatina	Croup	Pertussis	Syphilis	Hydrocephalus acutus	Meningitis	Dyphteritis	Febris puerperalis	Alii morbi puer-perales	Marasmus senilis	Apoplexia et pa-ralysis	Morbi acuti pul-monum	Convulsiones
						Sont morts des causes de décès mentionnées à la 1-re rubrique														
1866	539	386	125	43	47	15	28	6	10	36	2	11	34	--	1	10	198	93	472	661
1867	525	205	333	62	111	34	1	1	6	3	1	14	50	—	2	14	201	109	420	737
1868	558	295	—	54	73	19	2	—	20	6	3	17	28	—	4	5	192	129	288	710
1869	580	313	—	42	57	10	84	—	10	1	1	10	16	—	3	17	311	96	342	639
1870	621	267	—	43	46	8	43	14	16	13	2	11	25	—	7	32	372	174	489	775
1871	628	206	—	39	23	493	28	2	9	10	2	9	18	—	4	24	399	155	533	796
1872	538	369	—	30	79	184	7	1	22	16	7	15	32	· ·	9	37	307	108	396	628
1873	536	289	459	77	76	18	128	4	20	16	1	16	61	3	10	52	403	254	411	719
1874	623	316	—	65	157	1	4	15	8	14	8	29	41 ʼ	36	3	18	384	233	386	646
1875	522	328	—	68	150	1	1	12	26	28	3	20	108	101	2	15	393	295	285	626
Somme	5,670	3,004	917	523	819	783	326	55	147	143	30	152	413	140	45	224	3,160	1,646	4,022	6,937
dont: masculins	3,069	1,420	468	214	332	381	186	26	67	57	16	81	209	67	—	—	1531	927	1791	3652
féminins	2,601	1,584	449	279	487	402	140	29	80	86	14	71	204	73	45	224	1629	719	2231	3285

9. Principales causes des décès (1866—1875).
En pour cent.

	Sont morts des causes de décès mentionnées à la 1-re rubrique sur 10,000 morts																			
	Debilitas congenita et deformitas	Tuberculosis pulmonum	Cholera asiatica	Typhus	Dysenteria	Variola	Morbilli	Scarlatina	Croup	Pertussis	Syphilis	Hydrocephalus acutus	Meningitis	Dyphteritis	Febris puerperalis	Alii morbi puerperales	Marasmus senilis	Apoplexia et paralysis	Morbi acuti pulmonum	Convulsiones
1866	1,371	982	318	109	119	37	71	15	30	98	5	27	89	—	2	20	503	236	1,201	1,680
1867	1,247	489	791	147	264	80	2	2	14	7	2	33	119	—	5	33	477	496	998	1,777
1868	1,500	793	—	145	196	51	5	—	53	16	8	45	75	—	10	13	516	349	771	1,909
1869	1,591	858	—	115	156	87	222	—	27	2	2	27	43	—	8	46	853	290	938	2,027
1870	1,604	639	—	103	110	19	103	33	38	3	5	26	59	—	17	76	889	416	1,169	1,853
1871	1,381	453	—	86	50	1084	62	4	19	22	4	19	39	—	8	53	877	341	1,172	1,750
1872	1,374	942	—	76	201	470	18	3	61	40	18	35	81	—	22	94	784	276	1,011	1,604
1873	1,089	587	933	157	154	36	268	8	40	32	2	32	124	6	20	106	819	516	835	1,462
1874	1,463	742	—	152	368	2	9	35	18	33	18	68	96	84	7	42	904	547	907	1,519
1875	1,240	849	—	161	356	2	2	28	61	66	7	47	256	239	4	35	932	694	674	1,485
Moyenne de 10 ans	1,386	733	204	125	197	181	76	13	36	31	7	35	98	33	10	52	755	416	967	1,706
dont: masculins	1,477	684	225	117	160	183	90	13	32	27	8	39	101	32	737	—	—	446	862	1,758
féminins	1,252	763	216	134	234	194	67	14	39	41	7	34	98	35	22	108	785	346	1,074	1,582

10. Diverses causes de décès relatives au sexe et à l'âge.

| | Sont morts des causes de décès mentionnées à la rubrique 1, sur 10,000 décès | | | | | | |
	0—5 ans	5—15 ans	15—20 ans	20—30 ans	30—50 ans	au dessus de 50 ans	Total
Debilitas congenita et deformitas:							
hommes	10,000	—	--			-	10,000
femmes	10,000		—				10,000
deux sexes	10,000	—		--	—	—	10,000
Tuberculosis pulmonum: hommes	132	219	190	3,523	4,795	1,141	10,000
femmes	105	314	197	2,110	5,780	1,494	10,000
deux sexes	111	276	194	2,780	5,311	1,328	10,000
Cholera: hommes	1,018	1,150	354	1,239	2,876	3,363	10,000
femmes	968	829	415	1,705	2,857	3,226	10,000
deux sexes	987	987	404	1,479	2,870	3,273	10,000
Typhus: hommes	2,119	1,441	593	2,034	2,881	932	10,000
femmes	1,354	1,879	978	1,654	3,007	1,128	10,000
deux sexes	1,746	1,667	794	1,825	2,936	1,032	10,000
Dysenteria: hommes	2,139	1,886	881	692	1,006	3,396	10,000
femmes	1,405	2,893	468	894	1,745	2,595	10,000
deux sexes	1,675	2,488	609	863	1,472	2,893	10,000
Variola: hommes	3,552	2,022	1,530	1,038	1,093	765	10,000
femmes	3,436	1,896	1,282	1,353	1,181	872	10,000
deux sexes	3,492	1,958	1,428	1,164	1,111	847	10,000
Morbilli: hommes	7,143	1,429	769	329	220	110	10,000
femmes	7,826	1,159	580	145	145	145	10,000
deux sexes	7,375	1,375	625	250	250	125	10,000
Scarlatina: hommes	3,077	3,847	1,538	1,538	--	—	10,000
femmes	3,077	4,616	1,538	769	—		10,000
deux sexes	3,077	3,847	1,538	1,538	..	—	10,000
Croup: hommes	2,186	5,000	1,562	1,250			10,000
femmes	1,053	6,053	1,578	1,316			10,000
deux sexes	1,714	5,715	1,428	1,143	..	—	10,000
Pertussis: hommes	2,143	5,000	1,786	1,071		..	10,000
femmes	1,951	5,122	1,707	1,220	—	—	10,000
deux sexes	2,059	5,000	17,65	1,176	—	—	10,000
Syphilis: hommes	1,429	2,857	1,429	2,856	1,429		10,000
femmes	1,667	1,667	3,333	1,666	1,667		10,000
deux sexes	1,429	2,857	1,429	2,856	1,429	--	10,000
Hydrocephalus acutus: hommes	6,757	3,243	—	—	—	—	10,000
femmes	5,588	4,118	294	—	—	—	10,000
deux sexes	6,111	3,611	278	—	--	—	10,000
Meningitis: hommes	4,020	2,451	490	1,078	1,471	490	10,000
femmes	3,878	2,551	408	1,020	1,633	510	10,000
deux sexes	3,900	2,500	500	1,100	1,500	500	10,000

		Sont morts des causes de décès mentionnées à la rubrique 1, sur 10,000 décès					
		0—5 ans	5—15 ans	15-20 ans	20—30 ans	30—50 ans	au dessus de 50 ans	Total
Dyphteritis:	hommes	5,938	3,750	312	—	—	—	10,000
	femmes	6,667	3,055	278			—	10,000
	deux sexes	6,177	3,529	294	—	---	—	10,000
Febris puerperalis:	femmes	—	—	3.182	6,818		—	10,000
Alii morbi puerperales:	femmes	—		555	6,019	3,426	—	10,000
Marasmus senilis:	hommes	..	.	—	—	—	10,000	10,000
	femmes	..	—	.	—	---	10,000	10,000
	deux sexes	---	—	---	.	—	10,000	10,000
Apoplexia et paralysis:	hommes	671	336	112	134	963	7,785	10,000
	femmes	665	491	116	202	1,156	7,370	10,000
	deux sexes	682	464	101	152	1,001	7,600	10,000
Morbi acuti polmonum:	hommes	487	371	348	2,216	3,527	3,051	10,000
	femmes	280	400	382	1,415	2,802	4,721	10,000
	deux sexes	372	382	372	1,718	3,120	3,977	10,000
Convulsiones:	hommes	9,811	119		—	—	—	10,000
	femmes	9,936	64	.	—		.	10,000
	deux sexes	9,910	90	—	—		.	10,000

Supplément.

Rapport entre la densité de population, les naissances et la mortalité.

Il y avait en 1872 dans le quartier de

	habitants par »pertica«	naissances	décès sur mille habitants
S. Paolo	68.59	31.4	28.9
Castello	63.78	30.3	22.4
S. Marco	55.48	28.8	21.4
Dorsoduro	50.92	27.8	18.9
S. Croce	50.75	25.5	18.2
Cannaregia	49.96	25.0	17.8
Giudecca	12.17	22.6	13.6
Moyenne de la ville	51.67	26.9	21.3

(V. Bolletino officiale della Giunta di Statistica del Commune de Venezia anno III. 1872, pag. XI.)

Age moyen des morts.

	1872	1873
L'âge moyen des morts était en	1872	1873
pour tous les décédés	$33^5/_{12}$ ans	$32^8/_{12}$ ans
sans les enfants de 0 — 5 ans	$49^{11}/_{12}$ »	$50^7/_{12}$ »
pour les hommes	$31^1/_{12}$ »	$30^5/_{12}$ »
» » » sans les enfants (0 — 5 ans)	$48^{10}/_{12}$ »	$49^3/_{12}$ »
» » femmes	$35^4/_{12}$ »	$34^5/_{12}$ »
» » » sans les enfants (0 — 5 ans)	$49^{11}/_{12}$ »	$54^9/_{12}$ »

(Ibidem pag. XXIX et dans l'année IV, p. XXXVIII).

Heures de décès.

		1872	1873			1872	1873
1 avant midi		193	268	1 aprés midi		167	261
2 » »		175	219	2 » »		193	237
3 » »		152	189	3 » »		186	264
4 » »		184	186	4 » »		167	182
5 » »		159	259	5 » »		153	227
6 » »		148	181	6 » »		157	249
7 » »		185	153	7 » »		153	206
8 » »		150	217	8 » »		159	202
9 » »		172	159	9 » »		147	171
10 » »		174	168	10 » »		156	205
11 » »		167	220	11 » »		153	171
12 » »		159	181	12 » »		106	144
				Total		3915	4919

(Ibidem pag. 33 et IV année, pag. 31).

Milan (Milano).

Longitude: 26⁰ 51'. — Latitude septentrionale: 45⁰ 28'.

1. État de la Population.

1760:	110,428	1814:	131,330	1857:	184,444
1780:	117,134	1822:	141,021	1861:	196,109*)
1795:	112,469	1830:	150,050		(102,378 h., 93,731 f.)
1806:	122,000	1840:	164,095	1871:	199,009
					(100,790 h., 98,219 f.)

2. Mariages.

Année		Année	
1868	1,453	1872	1,710
1869	1,498	1873	1.753
1870	1,441	1874	2,143
1871	1,569	Total	11,567

Age des fiancés [1]) (1868—74).

15—20 ans	82 h.	2,247 f.	40—50 ans	1,424 h.	686 f.
20—25 »	2,525 »	4,845 »	50—60 »	560 »	194 »
25—30 »	4,406 »	3,360 »	60—70 »	168 »	52 »
30—40 »	4,564 »	2,372 »	70—80 »	27 »	1 »
			âge inconnu	5 »	4 »

État civil des fiancées [1]) (1868—74).

Sur 10,000 cas il y avait :

    7,740 garçons et filles   639 veufs et filles

    1,294 » » veuves   327 » » veuves.

Degré d'instruction. [1])

    Savaient écrire (de 1868—1874) sur 10,000 fiancés 9,138

    » » fiancées 8,611.

---

[1]) Ces données se rapportent aussi bien aux mariages conclus dans la ville qu'aux mariages conclus hors de la ville, dans les autres communes ou à l'étranger.

3. Décès.

Années	Hommes	Femmes	Total	Année	Hommes	Femmes	Total
1868	3,828	3,523	7,351	1872	3,772	3,125	6,897
1869	3,795	3,367	7,162	1873	3,889	3,472	7,361
1870	3,693	3,150	6,843	1874	5,344	4,722	10,066
1871	4,110	3,551	7,661	Total	28,431	24,910	53,341

Sur mille habitants: (en 1871) hommes 40.8, femmes 36.2, des deux sexes 38.5.

4. Age des morts[1] (1870—1874).[2]

	De 10,000 morts				De 10,000 morts				De 10,000 morts		
	masc.	fém.	des deux sexes		masc.	fém.	des deux sexes		masc.	fém.	des deux sexes
	avaient l'âge de				avaient l'âge de				avaient l'âge de		
0—1 mois	930.8	801.8	871.2	15—20 année	336.0	436.0	382.3	70—75 année	432.6	431.3	432.0
1—3 »	445.8	453.0	449.2	20—25 »	520.5	504.0	512.9	75—80 »	247.7	292.6	268.5
3—6 »	295.9	292.6	294.4	25—30 »	408.6	519.6	459.9	80—85 »	126.1	157.2	140.4
6—9 »	213.2	217.6	215.3	30—35 »	368.5	478.5	419.4	85—90 »	43.0	61.4	51.5
9—12 »	236.7	249.2	242.5	35—40 »	398.9	420.5	408.9	90—95 »	6.9	14.6	10.5
1—2 année	603.4	631.4	615.8	40—45 »	427.7	375.2	403.4	95—99 »	1.2	1.4	1.3
2—3 »	280.9	318.6	298.3	45—50 »	449.2	364.3	410.0	Centenaires	0.4	—	0.2
3—4 »	215.2	205.8	210.9	50—55 »	532.7	384.6	464.3	âge inconnu	0.4	—	0.2
4—5 »	155.2	155.3	155.3	55—60 »	554.2	445.5	503.9	Total	10,000	10,000	10,000
5—10 »	316.2	387.4	349.1	60—65 »	651.0	558.3	608.2				
10—15 »	175.5	261.4	215.3	65—70 »	625.5	580.9	604.9				

[1] Y compris 330 mort-nés de 1874.

[2] Comme les données publiées sur l'âge des morts par le bureau de l'état civil ne distinguent pas les décès survenus dans la ville et hors de la ville, de même notre tableau réunit les ces deux catégories pour la période de 1870—1874.

5. Naissances (1869—1874).

	1869	1870	1871	1872	1873	1874	Total
a) Nés-vivants.							
Garçons	2,957	2,978	3,040	3,097	3,161	4,629	19,862
» dont illégitimes	557	607	549	530	575	604	3,422
Filles	2,885	2,886	2,847	2,918	2,918	4,407	18,861
» dont illégitimes	540	538	556	487	467	560	2,148
Somme	5,842	5,864	5,887	6,015	6,079	9,036	38,723
b) Mort-nés.							
Garçons	67	101	64	63	75	126	496
» dont illégitimes	17	29	19	15	14	27	121
Filles	51	52	63	34	48	101	350
» dont illégitimes	18	17	18	4	12	18	87
Somme	118	153	127	98	123	227	846
c) Total.							
Total des garçons	3,024	3,079	3,104	3,160	3,236	4,755	20,358
» » » filles	2,936	2,938	2,910	2,953	2,966	4,508	19,211
» » » légitimes	4,828	4,826	4,872	5,077	5,134	8,054	32,791
» » » illégitimes	1,132	1,191	1,142	1,036	1,068	1,209	6,778
Total général	5,960	6,017	6,014	6,113	6,202	9,263	39,569

Naissances sur 1000 habitants (en 1871): 29.5.

Naissances masculines sur 1000 féminines: en général (1869—1874) 1053.1 pour les naissances légitimes; 1046.3. pour les illégitimes 1087.0.

Naissances illégitimes sur 1000 naissances (1869—1874): 204.3.

Mort-nés sur 1000 naissances viables 21.9.

17*

Philadelphie*)

Longitude: 75° 9′ 54″ de Greenwich. — Latitude septentrionale: 39° 56′ 59″.

Population en 1840 258,037
»   »   1850 408,762
»   »   1860 562,529
»   »   1870 674,022
»   »   1875 (à peu près) 800,000

Années	Naissances	Mariages	Décès
1864	15,591	6,752	17,582
1865	15,428	6,864	17,169
1866	17,437	7,087	16,803
1867	17,007	6,084	13,933
1868	17,259	6,371	14,693
1869	16,960	6,382	14,786
1870	17,194	6,421	16,750
1871	18,346	6,806	16,993
1872	20,072	6,496	20,544
1873	18,702	7,891	16,736
1874	19,387	6,639	16,315
1875	?	?	18,909

Sur 1000 habitants: 25.5 naissances
»   »   »   9.5 mariages } en 1870.
»   »   »   24.9 décès

*) Nous devons ces données à la bonté de Mr. William S. Stosthy, mayor de Philadelphie, qui a ajouté la remarque, qu'il n'y avait pas d'autres renseignements plus spéciaux sur le mouvement de la population de Philadelphie.

New-Orléans.

1. État de la Population.

1800 :   9,000   1860 : 168,675
1830 :   46,310   1870 : 191,418
1850 : 119,461   1875 : 203,439 (dont 96,682 hommes, 106,727 femmes).

La ville de Carrollton a été annexée en 1874; elle forme maintenant les 16-ème et 17-ème wards, avec 5400 habitants.

2. Nombre de décès.

1867	9586	1872	6122
1868	4838	1873	7505
1869	5593	1874	6798
1870	6943	1875	6117
1871	5595	Total	59097

Sur mille habitants: 30.7 décès en 1875.

3. Age des morts en 1875.

Age	Sur 10,000 décès	Age	Sur 10,000 décès
0— 1	2063.8	40—50	1030.1
1— 2	658.9	50—60	848.5
2— 5	686.7	60—70	693.1
5—10	448.1	70—80	376.1
10—15	227.2	80—90	127.5
15—20	332.0	90—100	34.3
20—30	1162.5	Au-dessus de 100 ans	18.0
30—40	1002.3	âge inconnu	291.0
		Total	10,000

4. Principales causes de décès (1867—1875).

Chiffres absolus.

	Tuberculosis pulmonum	Cholera infantum	Typhus	Dysenteria	Variola	Morbilli	Scarlatina	Croup	Pertussis	Syphilis	Meningitis	Dyphteritis	Marasmus senilis	Febris flava	Febris congestiva	Convulsiones	Pneumonia	Total
1867	671	100	142	170	40	2	24	46	28	12	57	31	146	3107	533	246	285	9,586
1868	632	85	73	161	14	1	14	28	4	9	70	16	115	3	207	159	235	4,838
1869	684	56	68	158	137	217	13	21	121	9	95	19	136	3	228	136	323	5,593
1870	757	65	93	184	528	23	44	19	9	35	149	19	167	587	241	186	320	6,943
1871	780	84	75	155	2	12	5	6	1	20	117	14	161	54	163	234	271	5,595
1872	784	52	71	123	29	76	3	26	23	19	106	39	220	39	165	238	317	6,122
1873	850	118	62	153	505	69	3	49	61	23	120	46	207	226	246	256	346	7,505
1874	810	80	97	150	587	—	4	55	16	17	51	102	281	11	254	259	273	6,798
1875	799	100	59	126	342	1	144	40	58	17	63	69	171	61	187	249	291	6,117
Somme	6,767	740	740	1,380	2,184	401	254	290	321	161	828	355	1.404	4,091	2.224	1.963	2.661	59,097

5. Principales causes de décès (1867—1875).

En pour cent.

	Sur 100,000 morts, la cause de décès était																
	Tuberculosis pulmonum	Cholera infantum	Typhus	Dysenteria	Variola	Morbilli	Scarlatina	Croup	Pertussis	Syphilis	Meningitis	Dyphteritis	Marasmus senilis	Febris flava	Febris congatione	Convulsiones	Pneumonia
1867	700	104	148	177	42	2	25	48	29	13	60	32	152	3,241	557	257	297
1868	1,307	176	151	333	29	3	29	58	9	17	145	33	238	6	428	326	486
1869	1,223	100	122	283	245	388	23	38	216	16	170	34	243	5	408	243	577
1870	1,090	94	134	265	761	33	63	27	13	50	215	27	240	846	347	268	461
1871	1,394	150	134	277	4	21	9	11	2	36	209	25	288	97	291	418	484
1872	1,281	85	116	201	47	124	5	42	37	31	173	64	359	64	269	389	518
1873	1,132	156	82	202	672	91	4	65	81	30	159	61	275	301	328	340	473
1874	1,191	118	143	221	861	—	6	81	24	25	75	150	413	16	373	383	401
1875	1,306	163	96	206	559	2	235	65	95	28	103	113	279	100	306	407	476
Moyenne de 9 ans	11,451	1,252	1,252	2,335	3,696	679	430	491	543	272	1,401	601	2,714	6,923	3,763	3,322	4,503

Boston.*)

Longitude: 71° 4′ 9″ de Greenwich. — Latitude septentrionale: 42° 21′ 22″.

1. État de la Population.

1840	95,773
1850	138,788
1860	177,840
1865	192,324
1870	250,526

2. Nombre des mariages.

1864	2,736	1870	3,492
1865	2,727	1871	3,714
1866	2,845	1872	3,762
1867	2,897	1873	?
1868	3,138	1874	4,049
1869	3,378		

Sur 1000 habitants: (en 1865) 14.2, (en 1870) 13.9.

Répartition sur les mois: (1864—66, 1869—72 et 1874).

Janvier	899	Mai	869	Septembre	846
Février	1,070	Juin	829	Octobre	1,007
Mars	432	Juillet	752	Novembre	1,101
Avril	839	Août	728	Décembre	628
				Total	10,000

---

*) En réponse à notre prière de remplir les tableaux de la statistique internationale du mouvement de la population nous reçûmes de la part de l'autorité communale de Boston l'ouvrage suivant : »Annual Report by the City Registrar of the Births, marriages ou Deaths in the City of Boston, for the year 1874.« Mais comme ce rapport ne se rapporte qu' à l'année 1874, il n'était pas suffisant pour établir la statistique internationale. — Ayant cependant réussi à nous procurer les mêmes rapports pour les années 1864—1866, 1868—1872 et 1874, c'est de ces rapports que nous avons dressé les tableaux suivants.

3. Age des fiancées (1864—66, 1868—72 et 1874).

Age des fiancés (en ans)	Age des fiancées (en ans)								
	au-dessous de 18	18—25	25—30	30—40	40—50	50—60	60—70	au-dessus de 70	Total
—21	301	256	23	20	—	—	—	—	600
21—25	2,198	6,104	946	107	4	—	—	—	9,359
25—30	989	5,087	3,442	632	16	1	—	—	10,167
30—40	252	2,013	2,531	942	115	3	1	—	5,857
40—50	17	178	276	930	368	17	1	—	1,787
50—60	3	20	64	231	246	92	5	—	661
60—70	—	4	7	36	76	44	9	2	178
au-dessus de 70	—	1	—	2	14	5	7	—	29
Total	3,760	13,663	7,289	2,900	839	162	23	2	28,638

4. Mariages protogames et palingames (1864—66, 1868—72 et 1874).

Le fiancé s'est marié	La fiancée s'est mariée						En pour cent					
	pour la I. fois	II. fois	III. fois	IV. fois	V. fois	Total	I.	II.	III.	IV.	V.	Total
Pour la I. fois	21,074	2,057	23	3	—	23,157	77.1	7.5	0.1	—	—	84.7
II. »	2,401	1,404	53	—	1	3,859	8.8	5.1	5.2	—	—	14.1
III. »	170	124	15	—	—	309	0.6	0.5	—	—	—	1.1
IV. »	14	6	—	—	—	20	0.1	—	—	—	—	0.1
V. »	—	—	—	—	—	—	—	—	—	—	—	—
VI. »	1	—	—	—	—	1	—	—	—	—	—	—
Total	23,660	3,591	91	3	1	27,346	86.6	13.1	0.3	—	—	100

18

5. Naissances (1864—66, 1868—71, 1872, 1874).

	1864	1865	1866	1868	1869	1870	1871	1872	1874	Total
Nés-vivants fils	2,641	2,722	2,807	3,590	3,780	4,158	4,355	?	6,021	30,074
» » filles	2,351	2,553	2,736	2,512	3,625	3,934	4,200	?	5,696	28,607
Total . .	4,992	5,275	5,543	7,102	7,405	8,092	8,555	—	11,717	58,681
Mort-nés. .	?	?	?	482	547	504	543	560	642	3,278
Nationalité des parents.										
Tous deux nés aux États-Unis	1,262	1,306	1,380	1,818	1,808	2,053	2,141	2,329	2,951	17,048
» en Angleterre . .	64	67	63	83	100	84	133	146	245	985
» Irlande	1,999	2,287	2,218	2,768	2,822	2,990	3,061	3,205	3,798	25,148
» Écosse	18	18	23	19	35	30	37	62	74	316
» posses. angl. de l'Amér.	141	147	175	241	293	353	369	452	527	2,698
» en Allemagne et dans l'Europe septentrionale	208	197	192	321	366	376	367	521	641	3,189
» d'autres pays . . .	103	61	111	168	145	199	181	141	182	1,291
Parents d'autres pays . . .	470	463	548	608	641	682	705	789	947	5,853
Père né aux É. U.; mère étrangère	282	336	334	422	471	509	539	590	719	4,202
» étranger mère É. U. . .	334	324	405	531	560	643	722	784	1,097	5,400
» É. U. » on ne sait pas	1	3	2	2	1	5	1	5	6	26
» on ne s. p. » É. U. . .	31	20	24	34	44	28	108	75	209	573
» » » étrangère .	31	11	23	35	40	44	116	102	218	620
» » » on ne sait pas	43	31	44	50	77	94	70	66	103	578
» étranger » .	5	4	1	2	2	2	5	3	—	24
Total .	4,992	5,275	5,543	7,102	7,405	8,092	8,555	9,270	11,717	67,951

6. Répartition des naissances sur les mois.

a) R é p a r t i t i o n   d e s   n a i s s a n c e s   v i a b l e s   s u r   l e s   m o i s   (1864—66—1874).

Janvier	805	Juillet	871
Février	737	Août	907
Mars	867	Septembre	844
Avril	788	Octobre	885
Mai	792	Novembre	859
Juin	757	Décembre	888
		Total	10,000

b) R é p a r t i t i o n   d e s   n a i s s a n c e s   v i a b l e s   s u r   l e s   t r i m e s t r e s   (1864—66, 1868—1872, 1874).

Janvier-Mars	2388
Avril-Juin	2326
Juillet-Septembre	2625
Octobre-Décembre	2661

c) R é p a r t i t i o n   d e s   m o r t - n é s   s u r   l e s   m o i s   (1868—1872, 1874).

	Garçons	Filles	Total		Garçons	Filles	Total
Janvier	829	745	795	Juillet	860	873	865
Février	661	785	710	Août	902	825	871
Mars	839	908	865	Septembre	729	785	751
Avril	996	865	944	Octobre	860	705	799
Mai	907	801	868	Novembre	734	841	776
Juin	781	865	815	Décembre	902	1,002	941
				Total	10,000	10,000	10,000

18*

7. Décès (1864—66, 68—72, 1874).

Années	Hommes	Femmes	Total	Dont enfants morts au-dessous d'un an
1864	?	?	5,111	1,075
1865	2,328	2,213	4,541	1,047
1866	2,232	2,147	4,379	1.032
1868	2,861	2,658	5,519	1,402
1869	2,773	2,750	5,523	1,371
1870	3,104	2,994	6,098	1,649
1871	2,955	2,933	5,888	1,597
1872	4,217	3,873	8,090	2,157
1874	3,956	3,856	7,812	2,202
T o t a l			25,961	13,582

Sur 1000 habitants (en 1870): 24.3.

Répartition sur les mois (1864—66, 1874).

Janvier	808	Mai	830	Septembre	902
Février	752	Juin	736	Octobre	812
Mars	827	Juillet	896	Novembre	755
Avril	888	Août	1 002	Décembre	792

T o t a l 10,000

Répartition des décès sur les trimestres (1868—72, sur 1000 cas):

Janvier-Mars	232	Juillet-Septembre	310
Avril-Juin	221	Octobre-Décembre	237

8. Age des morts en pour cent (1864—66, 1868—72, 1874).

	0—1	1—5	5—10	10—15	15—20	20—30	30—40	40—50	50—60	60—70	70—80	80—90	90—100	En Somme
Masculins . . .	270	167	37	17	32	112	96	82	72	59	38	15	3	1,000
Féminins . . .	240	133	39	17	37	118	97	76	59	60	56	32	6	1,000
Total .	255	165	38	17	34	115	97	80	66	60	46	23	4	1,000

9. Nombre des décès (de 1818—44).

Année	Total	Au-dessous d'un an	En pour cent
1818	925	126	13.62
1819	981	41	4.18
1820	1,014	68	6.70
1821	1,304	68	5.21
1822	1,088	49	4.50
1823	1,046	51	4.87
1824	1,206	108	8.59
1825	1,350	134	9.86
1836	1,648	250	15.17
1837	1,440	292	20.28
1839	1,722	170	9.87
1840	1,841	259	14.06
1841	1,783	226	12.60
1842	2,260	305	13.49
1843	2,008	270	13.44
1844	2,054	208	10.12

10. Mariages, naissances et décès de la population blanche et de couleur.

Années	Mariages sur 1000		Naissances sur 1000		Décès sur 1000	
	blancs	de couleur	blancs	de couleur	blancs	de couleur
1866	14.5	33.5	28.8	26.6	?	?
1870	11.7	27.1	32.2	33.1	24.1	38.0
1871	14.5	32.7	34.2	27.5	23.3	36.1
1872	28.0	57.7	34.9	36.0	30.3	49.1
1874	24.6	53.9	35.2	46.2	46.2	49.5

11. Principales causes de décès (1864—66, 1868—72 et 1874).

Chiffres absolus.

	1864	1865	1866	1868	1869	1870	1871	1872	1874	Total
Tuberculosis pulmonum	859	813	846	868	916	990	1,080	1,161	1,333	8,866
Cholera asiatica.	15	21	48	2	20	21	31	35	31	224
Typhus	10	137	101	121	138	168	176	229	202	1,282
Dysenteria	104	151	124	113	72	77	56	56	56	809
Variola	113	115	51	8	6	32	23	738	2	1,088
Morbilli	46	15	17	68	17	42	9	60	41	315
Scarlatina.	225	70	60	266	330	205	111	258	269	1,794
Croup	169	83	87	137	99	83	89	66	59	872
Pertussis.	26	52	32	45	77	35	30	52	108	457
Syphilis	14	15	9	9	11	12	18	14	13	115
Hydrocephalus acutus	?	?	?	?	117	134	138	132	151	672
Meningitis	?	?	?	?	7	5	3	60	35	110
Dyphteritis	118	51	52	67	61	51	39	28	62	529
Morbi puerperales	36	46	44	66	70	69	52	72	107	562
Marasmus senilis	198	203	216	181	299	355	360	460	552	2,824
Pneumonia	292	253	282	358	402	336	345	517	571	3,356
Bronchitis	122	96	116	224	146	163	156	200	229	1.452
Catarrhus intestini.	140	133	87	101	124	221	139	143	174	1,262
Convulsiones.	176	149	115	142	117	154	142	185	191	1,371

12. Principales causes de décès (1864—66, 1868—72, 1874).

En pour cent.

	1864	1865	1866	1868	1869	1870	1871	1872	1873	Moyenne de 9 ans
Tuberculosis pulmonum	16.81	17.90	19.31	15.73	16.59	16.23	18.84	14.35	17.6	16.74
Cholera asiatica	0.29	0.46	1.11	—	0.36	0.34	0.53	0.43	0.39	0.42
Typhus	0.19	3.19	2.49	2.40	2.71	3.02	2.68	3.04	2.70	2.42
Dysenteria	2.03	3.32	2.87	2.05	1.30	1.26	0.95	0.69	0.72	1.53
Variola	2.21	2.53	1.18	0.14	0.11	0.52	0.39	9.12	—	2.05
Morbilli	0.90	0.33	0.39	1.23	0.31	0.69	0.15	0.74	0.52	0.59
Scarlatina	4.40	1.54	2.99	4.84	5.97	3.36	1.89	3.19	3.44	3.39
Croup	3.31	1.87	2.01	2.48	1.79	1.36	1.51	0.81	0.75	1.64
Pertussis	0.51	1.14	0.74	0.81	1.39	0.57	0.51	0.64	1.38	0.86
Syphilis	0.27	0.33	0.21	0.16	0.19	0.20	0.31	0.17	0.17	0.22
Hydrocephalus acutus	?	?	?	?	2.12	2.20	2.34	1.63	1.93	2.01*)
Meningitis	?	?	?	?	0.13	0.08	0.05	0.74	0.45	0.33*)
Dyphteritis	2.31	1.12	1.20	1.21	1.10	0.83	0.66	0.35	0.79	1.00
Morbi puerperales	0.70	1.01	1.01	1.19	1.27	1.13	0.81	0.89	1.37	1.06
Marasmus senilis	3.87	4.47	5.00	3.28	5.41	5.82	6.11	5.69	7.07	5.33
Pneumonia	5.71	5.57	6.44	6.48	7.26	5.51	5.86	6.39	7.31	6.34
Bronchitis	2.38	2.11	2.65	2.71	2.64	2.67	2.65	2.47	2.93	2.74
Catarrhus intestini	2.74	2.93	2.01	1.83	2.24	3.62	2.36	1.77	2.23	2.38
Convulsiones	3.44	3.28	2.66	2.57	2.12	2.52	2.41	2.29	2.44	2.59

*) Moyenne de 6 ans.

San Francisco.

Longitude: 122°, 26′, 15″ à l'ouest de Greenwich.
Latitude septentrionale: 47′. 35″.

1. État de la Population.

1852 :   hommes 29,531   femmes 5,245   total 34,776   (dont blancs 29,166 h. 5,154 f.

" nègres 260 " 52 "
" mûlatres 99 " 33 "
" indiens 6 " 6 ")

1860 :   »   »   »   56,802
1870 :   »   »   »   149,473
1874 : (estimé)   »   121,750   »   81,804   »   203,554 (chinois 19,000, de couleur 1800).

2. Mariages.

1866	1,348	1871	1,957
1867	1,538	1872	1,880
1868	1,806	1873	2,005
1869	2,156	1874	2,082
1870	2,121	1875	2,263
		Total	19,156

Sur mille habitants 13.3 mariages (en 1870).
Nombre des mariages dissous par le divorce: 506 (en 1875).
Répartition des mariages sur les mois (1875).

Janvier	813	Avril	919	Juillet	809	Octobre	875
Février	742	Mai	906	Août	787	Novembre	932
Mars	805	Juin	715	Septembre	906	Décembre	791
						Total	10,000

3. Naissances.

Le nombre des naissances viables n'est pas connu. Nombre des enfants mort-nés: 295 en 1875 (dont: 168 garçons; 127 filles).

4. Nombre des décès en 1875.

	hommes	femmes	total	hommes	femmes	total
				en pour cent :		
Janvier	224	125	349	861	800	838
Février	206	104	310	792	666	745
Mars	224	145	369	861	928	886
Avril	236	137	373	908	877	896
Mai	213	134	347	819	858	834
Juin	232	127	359	892	813	863
Juillet	206	160	366	792	1,024	879
Août	195	142	337	750	909	809
Septembre	213	108	321	819	692	771
Octobre	241	138	379	926	883	910
Novembre	199	121	320	765	775	769
Décembre	212	121	333	815	775	780
Total	2,601	1,562	4,163	10,000	10,000	10,000

Sur mille habitants: (en 1875) 21.4 des hommes, 19.1 des femmes, 20.5 des deux sexes.

5. Principales causes de décès (1866—1875).

Chiffres absolus.

	Tuberculosis pulmonum	Typhus	Dysenteria	Variola	Morbilli	Scarlatina	Croup	Pertussis	Syphilis	Hydrocephalus acutus	Meningitis	Dyphteritis	Morbi puerperales	Marasmus senilis	Cholera infantum	Convulsiones	Vitia cordis organica	Pneumonia
1866	327	97	69	1	0	37	54	29	31	60	82	114	8	9	83	140	91	129
1867	335	93	56	8	8	10	52	15	31	52	92	66	17	11	56	114	104	174
1868	378	119	84	505	45	79	64	58	13	61	109	90	21	21	62	167	140	195
1869	433	82	65	222	8	244	55	56	18	87	111	101	18	19	85	138	152	171
1870	495	136	64	1	47	85	51	49	40	68	125	46	23	25	66	130	163	196
1871	508	113	69	2	2	18	25	22	25	42	121	23	22	27	73	118	115	139
1872	517	90	50	20	1	22	32	31	20	44	139	41	37	31	73	105	149	169
1873	543	98	55	36	60	261	30	70	16	52	146	39	51	72	77	121	169	226
1874	556	122	61	22	7	255	31	18	19	53	133	42	42	66	109	145	179	228
1875	597	157	72	7	24	33	44	38	17	63	145	81	49	81	113	156	192	294
Total	4,659	1,107	645	824	202	1,044	438	386	230	582	1,203	643	288	362	797	1,334	1,454	1,921

6. Principales causes de décès (1866—1875).

En pour cent.

	Sont morts des causes de décès mentionnées à la rubrique 1																	
	Tuberculosis pulmonum	Typhus	Dysenteria	Variola	Morbilli	Scarlatina	Group	Pertussis	Syphilis	Hydrocephalus acutus	Meningitis	Dyphteritis	Morbi puerperales	Marasmus senilis	Cholera infantum	Convulsiones	Vitia cordis organica	Pneumonia
1866	12.98	3.85	2.74	0.01	- -	1.47	2.14	1.35	1.23	2.33	2.06	4.53	0.32	0.36	3.28	5.56	3.61	5.12
1867	13.44	3.73	2.24	0.32	0.32	0.40	2.09	0.60	1.24	2.09	3.09	2.65	0.68	0.44	2.25	4.57	4.17	6.98
1868	10.57	3.33	2.85	14.12	1.25	2.21	1.79	1.62	0.36	1.70	3.05	2.52	0.60	0.60	1.73	4.66	3.92	5.46
1869	12.40	2.35	1.86	6.35	0.23	6.98	1.57	1.60	0.52	2.49	3.17	2.89	0.51	0.55	2.43	3.95	4.35	4.89
1870	14.76	4.06	1.81	0.03	1.39	2.54	1.52	1.46	1.19	2.03	3.73	1.37	0.69	0.75	1.97	3.88	4.86	5.85
1871	17.18	3.83	2.33	0.07	0.07	0.61	0.85	0.75	0.85	1.42	4.08	0.78	0.75	0.92	2.47	3.09	3.89	4.69
1872	16.40	2.85	1.59	0.68	0.03	0.69	1.01	0.98	0.63	1.39	4.41	1.30	1.19	0.98	2.31	3.33	4.72	5.36
1873	13.30	2.40	1.34	0.89	1.47	6.40	0.73	1.71	0.39	1.27	3.58	0.95	1.24	1.76	1.88	2.96	4.14	5.54
1874	13.75	3.01	1.51	0.54	0.17	6.30	0.76	0.45	0.47	1.51	3.28	1.04	1.04	1.65	2.69	3.58	4.42	5.63
1875	13.45	3.55	1.63	0.16	0.54	0.74	0.99	0.86	0.33	1.43	3.26	1.82	1.10	1.82	2.55	3.51	4.33	6.63
Moyenne de 10 ans	13.66	3.24	1.89	2.41	0.59	3.06	1.28	1.13	0.67	1.66	3.53	1.80	0.85	1.07	2.33	3.91	4.25	5.63

St. Louis.

(Missouri.)

Longitude: 90° 15′ 16″ de Greenwich. — Latitude septentrionale: 38° 37′ 28″.

1. État de la Population.

Années	Total	Années	Total	Années	Total
1867	230,000	1870 (Recens.)	312,963	1873	415,000
1868	250,000	1871	350,000	1874	435,000
1869	285,000	1872	390,000	1875	450,900

2. Nombre des décès (1867—75).

Années	Total	Années	Total	Années	Total
1867	6,538	1870 (Recens.)	6,670	1873	8,551
1868	5,193	1871	5,265	1874	6,506
1869	5,844	1872	8,047	1875	7,532
				Total	60,146

Sur 1000 habitants (en 1870) 21.3 décès.

3. Age des morts de 1871 à 1874.

De 10,000 morts avaient l'âge de					
0—5 ans	5,296	30—40 ans	944	70—80 ans	185
5—10 »	430	40—50 »	766	80—90 »	67
10—20 »	456	50—60 »	502	90—100 »	16
20—30 »	984	60—70 »	351	au-dessus de 100 ans	3
				Total	10,000

19 *

4. Climatologie.

Hauteur au-dessus de la mer : 543.54'.
Vents régnants : S. W.
Vitesse des vents : 10.18 milles par heure.

Moyennes des mois.

	Janvier	Février	Mars	Avril	Mai	Juin	Juillet	Août	Septembre	Octobre	Novembre	Décembre
Température moyenne 1872—1875 (Fahrenheit) .	28.5	32.2	41.2	52.1	66.7	76.6	79	76.2	68.4	55.7	41.5	35.5
Moyenne des maxima de température 1873—1875	57.3	63.3	75.6	80.6	90.3	94	97.3	95.3	90.3	81.3	72.6	68.6
Moyenne des minima de température 1873—1875	— 9	3.3	13	27.6	40	54.6	61.6	60.3	40.6	27.6	12	6.6
Pression de l'air 1872—1875	29.996	30.024	30.088	30.092	30.142	30.164	30.091	30.053	29.975	29.927	29.942	29.970
Différence entre les maxima et les minima de la pression de l'air 1873—1875	1.262	1.265	1.231	0.839	0.905	0.622	0.522	0.516	0.637	0.917	1.244	1.066
Nombre des jours pluvieux 1873—1875 . . .	6.3	6	13	12	15	12	14	6	6.3	6.3	8.3	12

5. Principales causes de décès (1867—1875).

Chiffres absolus.

	Debilitas congenita	Tuberculosis pulmonum	Cholera asiatica	Typhus	Dysenteria	Variola	Scarlatina	Croup	Pertussis	Syphilis	Hydrocephalus acutus	Meningitis	Dyphteritis	Febris puerperalis	Marasmus seniilis	Pneumonia	Cholera infantum	Diarrhoea	Convulsiones	Bronchitis	Apoplexia	Congestiones	Tetanus et trismus	Meningitis cerebro-spinalis
1867	343	464	1,044	194	186	6	57	58	31	8	89	185	48	35	203	309	280	279	359	118	50	164	82	—
1868	323	503	30	294	236	—	28	44	26	17	101	309	35	25	—	371	409	246	408	64	92	143	170	—
1869	183	571	—	302	171	214	143	51	59	5	95	69	49	30	316	410	—	217	518	104	90	154	121	—
1870	187	620	50	269	216	375	263	92	97	30	72	128	75	26	161	—	371	268	370	128	77	151	110	—
1871	138	599	107	174	105	9	68	79	110	9	43	204	68	34	247	381	221	105	308	175	74	104	127	—
1872	154	568	94	176	149	1591	47	66	7	9	68	263	76	41	265	382	456	306	581	88	29	163	176	97
1873	169	781	527	167	129	897	22	78	50	8	73	266	61	67	387	510	496	136	496	134	62	168	184	454
1874	139	581	47	131	107	447	87	53	58	—	57	279	56	36	364	413	460	130	446	216	62	213	170	79
1875	60	740	16	150	133	603	—	72	10	6	46	205	160	—	347	444	378	150	407	179	—	185	67	190
Total	1,696	5,427	1,815	1,857	1,432	4,142	715	593	448	92	644	1,908	628	294	2,290	3,220	3,071	1,837	3,893	1,206	536	1,445	1,207	820

6. Principales causes des décès (1867—75).

En pour cent.

	Sur 10,000 décès sont morts des causes suivantes																							
	Debilitas congenita	Tubercul. pulm.	Cholera asiatica	Typhus	Dysenteria	Variola	Scarlatina	Croup	Pertussis	Syphilis	Hydrocephalus	Meningitis	Dyphteritis	Febris puerperalis	Marasmus senili	Pneumonia	Cholera infantum	Diarrhoea	Convulsiones	Bronchitis	Apoplexia	Congestiones	Tetanus et trismus	Meningitis cerebro spinalis
1867	525	710	1,597	295	285	9	87	89	47	12	136	283	73	54	310	473	428	426	549	180	76	251	125	—
1868	622	969	58	566	454	—	54	85	50	33	194	595	67	48	—	714	788	474	786	123	177	275	327	—
1869	313	977	—	517	293	366	245	87	101	9	163	118	84	51	541	702	—	371	886	178	154	264	207	—
1870	280	930	75	403	324	562	394	138	145	45	108	192	112	39	241	—	556	402	555	192	115	226	165	—
1871	262	1,137	203	330	199	17	129	140	209	17	82	387	129	65	469	724	420	199	585	332	141	198	241	—
1872	191	706	117	219	185	1,977	58	82	9	11	84	327	94	51	329	475	567	380	722	109	36	203	219	120
1873	198	913	616	195	151	1,049	26	91	58	9	85	311	71	78	453	596	580	159	580	157	72	196	215	531
1874	214	893	72	263	164	687	134	81	89	—	86	429	86	55	559	635	707	200	685	332	95	327	261	121
1875	80	981	21	199	177	801	—	96	13	8	61	272	212	—	461	589	502	199	540	238	—	246	89	252
Moyenne de 9 ans	282	902	318	309	238	689	119	99	74	15	107	317	104	49	381	535	511	305	638	200	89	240	201	136

Stockholm.

Longitude: 15° 44′ à l'est de Paris.
Latitude septentrionale: 59° 20′.
Se compose de huit arrondissements.

1. État de la Population.

Année	Population			Année	Population		
	hommes	femmes	total		hommes	femmes	total
1751	24,629	31,071	55,700	1862	54,648	64,679	119,327
1760	31,256	37,955	69,211	1863	57,265	67,426	124,691
1772	32,921	39,523	72,444	1864	58,648	69,928	128,576
1780	35,145	39,962	75,107	1865	60,745	72,616	133,361
1790	30,668	38,318	68,986	1866	62,906	75,283	138,189
1800	34,332	41,185	75,517	1867	63,704	76,547	140,251
1810	29,619	35,855	65,474	1868	58,639	72,761	131,400
1820	35,044	40,525	75,569	1869	59,697	74,953	134,650
1830	37,238	43,383	80,621	1870	60,390	75,626	136,016
1840	38,624	45,537	84,161	1871	61,389	77,123	138,512
1850	42,492	50,578	93,070	1872	63,745	79,990	143,735
1860	51,446	60,945	112,391	1873	65,183	82,066	147,249
1861	53,366	63,130	116,496	1874	66,548	83,898	150,446

Les données donnent la population civile et militaire pour le dernier jour de chaque année.

La population militaire était en 1870 d'environ 5000 hommes.

Le recensement se fait ordinairement par les cadastres de population, excepté pour les années 1820, 1840 et 1873, où il n'y a eu qu'un recensement des ménages.

Pour les années non mentionnées ci-dessus, on trouve le chiffre de la population au premier cahier du »Statistisk Tidskrift«.

2. Mariages.

Année	Mariages conclus	Mariages dissous	
		par la mort	par le divorce
1864	1,078	638	30
1865	1,065	659	25
1866	1,153	831	26
1867	948	629	23
1868	831	542	23
1869	906	656	33
1870	993	745	29
1871	1,142	776	39
1872	1,203	814	33
1873	1,348	866	40
Total	10,657	7,158	300

Sur mille habitants: 1864 8.4 1869 6.7
         1865 8.0 1870 7.3
         1866 8.3 1871 8.2
         1867 6.8 1872 8.3
         1868 6.3 1873 9.2
            Moyenne 7.07

Mois des mariages. Sur 10,000 mariages il y en a eu dans le mois de:

	1776—1860 *)	1861—1873 **)		1776—1860	1861—1873
Janvier	491	468	Juillet	536	486
Février	461	431	Août	525	533
Mars	785	551	Septembre	995	750
Avril	1111	908	Octobre	1,462	1,335
Mai	851	984	Novembre	1,131	1,469
Juin	621	773	Décembre	971	1,313

Age des fiancés, mariés pour la première fois (1867—1871):

—16 ans	—	25—30 ans	3946
—17 »	7	31—40 »	3424
18—20 »	335	41—50 »	609
21—24 »	1595	au-dessus de 50 »	84
		Total	10,000

État civil des fiancés (Sur 10,000 cas):

Garçon et fille	8,510	Veuf et fille	777
» » veuve	584	» » veuve	129

Durée des mariages dissous par le divorce (calculé d'après 361 cas de 1862—1873): $10^2/{12}$ ans.

Quant au degré d'instruction des fiancés, il faut remarquer qu'en Suède on ne peut se marier sans avoir été confirmé, et que, à l'occasion de la confirmation, on examine si l'on sait lire; de sorte que tous les fiancés savent lire. — Le nombre de ceux qui savent aussi bien écrire est moindre, mais — grâce à l'enseignement obligatoire, qui y est introduit depuis 36 ans, — il diminue d'année en année.

*) Calculé d'après 59,891 cas.
**) » » 13,682 »

3. Naissances (1864—1873).

	1864	1865	1866	1867	1868	1869	1870	1871	1872	1873	Total
					a) Nés-vivants.						
Garçons	2,390	2,395	2,519	2,300	2,211	2,218	2,238	2,290	2,348	2,403	23,312
dont illégitimes	1,002	987	1,017	931	863	870	851	874	862	927	9,184
Filles	2,261	2,255	2,389	2,328	2,008	2,174	2,136	2,293	2,293	2,334	22,471
dont illégitimes	939	891	946	979	789	850	835	859	851	880	8.749
S o m m e . . .	4,651	4,650	4,908	4,628	4,219	4,392	4.374	4,583	4,641	4,737	45,783
					b) Mort-nés.						
Garçons	143	122	130	115	103	106	117	125	113	123	1,197
dont illégitimes	72	57	57	51	49	47	64	61	52	55	565
Filles	105	94	107	101	79	90	90	92	94	115	967
dont illégitimes	56	50	60	50	37	49	55	51	44	53	505
S o m m e . . .	248	216	237	216	182	196	207	217	207	238	2,164
					c) Total.						
Total des garçons	2,533	2,517	2,649	2,415	2,314	2,324	2,355	2,415	2,461	2,526	24,509
» » filles	2,366	2,319	2,496	2,429	2,087	2,264	2,226	2,385	2,387	2.449	23438
» » légitimes	2,830	2,951	3,065	2,833	2,663	2,772	2,776	2,955	3,039	3,060	28,944
» » illégitimes . . .	2,069	1.915	2,080	2.011	1,738	1.816	1,805	1,845	1,809	1.915	19,003
Total général	4,899	4,866	5,145	4,844	4,401	4,588	4,581	4,800	4,848	4,975	47,947

Naissances vivantes sur 1000 habitants: 33·4.
Naissances masculines sur 1000 féminines (1864—1873): 1037·4, pour les légitimes 1029·6, pour les illégitimes 1049·7.
Naissances illégitimes sur 1000 naissances: 396·3.
Mort-nés sur 1000 nés-vivants: 47·2.

4. Répartition des naissances sur les mois (1861—1873).

	De 10,000 naissances se passaient au mois de											
	Janvier	Février	Mars	Avril	Mai	Juin	Juillet	Août	Septembre	Octobre	Novembre	Décembre
Naissanc. **mascul**. lég. vivants	867	837	869	847	784	768	806	823	830	980	822	857
» » illég. »	913	746	913	910	919	862	820	205	745	759	818	890
Total	890	792	891	879	851	815	813	764	787	825	820	873[1])
Naissanc. **fém**. légit. vivants	863	828	893	846	823	806	759	801	846	839	794	902
» » illégit. »	913	763	934	912	900	852	747	717	787	763	804	908
Total	888	795	914	879	862	829	753	759	816	801	799	905[1])
Mort-nés légitimes	937	896	992	827	793	793	827	848	696	861	772	758
» » illégitimes	897	847	1,019	854	803	832	760	653	753	890	846	846

5. Naissances en rapport à l'âge de la mère (1867—1871).

	Age de la mère en ans														Total
	15	16	17	18	19	20	21—25	26—30	31—35	36—40	41—45	46—50	Au-dessus de 50	Inconnu	
1867	—	2	3	17	25	53	859	1,418	1,277	779	306	23		12	4,774
1868	—	—	3	5	25	49	772	1,224	1,182	763	288	26		9	4,346
1869	—	—	—	12	23	43	705	1,328	1,219	815	334	35		5	4,519
1870	—	—	—	6	21	45	710	1,601	1,238	836	336	21	—	5	4,519
1871	—	—	1	5	26	46	795	1,384	1,226	901	354	22	—	9	4,769
Total	—	2	6	45	120	236	3,841	6,655	6,142	4,094	1,618	127		40	22,927
En pourcent	—	0.01	0.03	0.20	0.52	1.03	16.76	29.03	26.79	17.86	7.05	0.55	—	0.17	100.00

[1]) Calculé d'après la moyenne des décès masculins et féminins.

6. Décès.

(1864—1873, sans les mort-nés.)

Année	Hommes	Femmes	Total	Dont enfants morts au-dessous d'un an dans les maisons d'accouchement et d'enfants trouvés	Sur 1000 habitants combien cas de décès		
					pour les hommes	pour les femmes	pour les deux sexes
1864	2,195	2,017	4,212	247	37.3	28.9	32.8
1865	2,377	2,199	4,576	272	39.1	30.3	34.3
1866	2,509	2,124	4,633	202	39.9	28.2	33.6
1867	1,920	1,950	3,870	199	30.1	25.5	27.6
1868	1,879	1,674	3,553	165	32.1	23.0	27.0
1869	2,240	2,144	4,384	189	37.5	28.6	32.6
1870	2,187	1,989	4,176	178	36.2	26.3	30.7
1871	2,168	2,070	4,238	189	35.3	26.7	30.6
1872	2,359	2,192	4,551	203	37.0	27.4	31.7
1873	2,777	2,451	5,278	271	42.6	29.9	35.5
Total	22,611	20.810	43,421	2,115	36.7	27.5	31.6

Répartition sur les mois (sur 10,000 cas de 1861 à 1873):

	hommes	femmes	deux sexes [1]		hommes	femmes	deux sexes [1]
Janvier	845	917	881	Juillet	975	910	942
Février	790	836	813	Août	878	836	857
Mars	855	932	893	Septembre	747	695	722
Avril	891	937	914	Octobre	743	749	746
Mai	926	902	914	Novembre	692	680	686
Juin	845	804	825	Décembre	813	802	807
				Total	10,000	10,000	10,000

[1]) Calculé d'après la moyenne des décès masculins et féminins.

7. Age des morts de 1861 à 1873.

Age des morts	masc.	fém.	deux sexes*)
1 semaine			342
2 »			168
3 »			151
4 »			92
en somme 0—1 mois	788	718	753
1—2 »	360	306	333
2—3 »	321	307	314
3—4 »	308	298	303
4—5 »	269	225	247
5—6 »	199	199	199
6—7 »	184	159	171.5
7—8 »	154	144	149
8—9 »	129	122	125.5
9—10 »	112	130	121
10—11 »	109	103	106
11—12 »	115	92	103.5
0—1 année	3048	2803	2925.5
1—2 »	731	763	747
2—3 »	362	375	368.5
3—4 »	213	242	227.5
4—5 »	144	148	146
5—6 »	109	105	107
6—7 »	71	80	75.5
7—8 »	55	59	57
8—9 »	43	38	40.5
9—10 »	28	35	31.5
10—11 »	27	27	27
11—12 »	23	22	22.5
12—13 »	20	21	20.5
13—14 »	24	17	20.5
14—15 »	16	22	19
15—16 »	16	17	16.5
16—17 »	24	19	21.5
17—18 »	29	19	24
18—19 »	32	32	32
19—20 »	49	36	42.5
20—21 »	59	47	53
21—22 »	69	55	62
22—23 »	77	69	73

Age des morts	masc.	fém.	deux sexes
23—24 année	85	71	78
24—25 »	81	81	81
25—26 »	97	86	91.5
26—27 »	96	74	85
27—28 »	104	70	87
28—29 »	103	76	89.5
29—30 »	113	91	102
30—31 »	115	93	104
31—32 »	116	76	96
32—33 »	134	87	110.5
33—34 »	121	76	98.5
34—35 »	122	89	105.5
35—36 »	136	87	111.5
36—37 »	145	85	115
37—38 »	131	74	102.5
38—39 »	142	86	114
39—40 »	142	85	113.5
40—41 »	141	92	116.5
41—42 »	132	82	107
42—43 »	139	90	114.5
43—44 »	122	77	99.5
44—45 »	114	75	94.5
45—46 »	117	77	97
46—47 »	117	78	97.5
47—48 »	109	80	94.5
48—49 »	120	86	103
49—50 »	97	78	87.5
50—51 »	107	92	99.5
51—52 »	91	86	88.5
52—53 »	86	73	79.5
53—54 »	84	83	83.5
54—55 »	77	75	76
55—56 »	82	77	79.5
56—57 »	82	75	78.5
57—58 »	78	73	75.5
58—59 »	61	72	66.5
59—60 »	74	79	76.5
60—61 »	55	78	66.5
61—62 »	57	79	68
62—63 »	50	83	66.5

Age des morts	masc.	fém.	deux sexes
63—64 année	45	76	60.5
64—65 »	41	77	59
65—66 »	39	80	59.5
66—67 »	39	100	69.5
67—68 »	40	95	67.5
68—69 »	35	93	64
69—70 »	30	85	57.5
70—71 »	33	85	59
71—72 »	30	90	60
72—73 »	27	79	53
73—74 »	22	82	52
74—75 »	23	86	54
75—76 »	21	81	51
76—77 »	19	73	46
77—78 »	16	69	42.5
78—79 »	15	63	39
79—80 »	14	64	39
80—81 »	11	57	34
81—82 »	11	51	31
82—83 »	11	49	30
83—84 »	7	34	20.5
84—85 »	7	32	19.5
85—86 »	6	24	15
86—87 »	6	26	16
87—88 »	3	20	11.5
88—89 »	1	13	7
89—90 »	1	11	6
90—91 »	0.3	10	5.15
91—92 »	1.7	6	3.85
92—93 »	0.7	5	2.85
93—94 »	0.3	3	1.65
94—95 »	—	0.7	0.35
95—96 »	—	0.7	0.35
96—97 »	..	2	1.00
97—98 »	..	.	—
98—99 »	—	—	—
99—100 »	—	0.6	0.3
Au-dessus de 90 ans	—	.	—

Récapitulation.

	0—5 année	5—10	10—15	15—20	20—30	30—40	40—50	50—60	60—70	70—80	80—90	90—100	Au-dessus de 90 ans	En somme
Masculins	4498	306	110	150	884	1304	1208	822	431	220	64	3	—	10,000
Féminins	4331	317	109	123	720	837	815	785	846	771	317	28	—	10,000
En somme	4414.5	311.5	109.5	136.5	802	1071	1011.5	803.5	638.5	495.5	190.5	15.5	—	10,000

*) Les chiffres du total sont calculés d'après la moyenne aritméthique entre les chiffres des décès masculins et ceux des décès féminins.

8. Principales causes de décès des dix dernières années.

Chiffres absolus.

	Debilitas congenita et deformitas	Tuberculosis pulmonum	Cholera	Typhus	Dysenteria	Variola	Morbilli	Scarlatina	Croup	Pertussis	Syphilis	Hydroceph. acutus Meningitis	Dyphteritis	Febris puerperalis	Marasmus senilis	Bronchitis	Pleuro-Pneumonia	Entro-Colitis	Nephritis	Morbi org. cordis	Apoplexia	Cancer
1864	166	547	--	91	24	70	2	35	58	26	17	186	33	88	85	251	405	231	20	36	190	103
1865	138	500	—	82	9	228	---	193	67	2	23	212	72	54	72	177	413	244	42	43	180	102
1866	136	483	553	92	4	111	—	77	52	7	20	214	28	28	85	228	414	235	29	58	158	88
1867	143	481	-	77	5	7	—	10	33	33	7	166	19	40	54	242	510	252	24	58	178	114
1868	102	417	--	75	6	2	---	5	33	13	9	166	13	17	66	134	435	326	48	38	164	111
1869	95	535	..	86	3	30	209	327	37	21	22	187	31	61	71	298	653	326	67	47	183	136
1870	124	510	—	166	1	106	3	167	14	25	37	199	13	61	52	260	645	335	56	99	180	133
1871	135	496	--	137	1	111	32	56	28	5	29	215	16	55	80	284	681	537	83	101	189	151
1872	121	495	--	255	6	44	4	94	26	6	29	197	10	43	85	304	687	724	148	104	170	142
1873	140	488	--	266	4	194	2	128	47	50	27	225	21	63	94	409	835	704	120	115	214	157
Somme	1,300	4,952	553	1,327	63	903	252	1,092	395	188	220	1,967	256	510	744	2,587	5,678	3,944	637	699	1,806	1,237
dont mascul.	716	2,809	310	718	28	472	132	563	219	74	113	1'098	119	—	149	1,305	2,995	2,047	354	320	891	329
fémin.	584	2,143	243	609	35	431	120	529	176	114	107	869	137	510	595	1,222	2,683	1,897	283	379	915	908

9. Principales causes de décès (1864—1873).
En pour cent.

	Debilitas congenita et deformitas	Tuberculosis pulmonum	Cholera asiatica	Typhus	Dysenteria	Variola	Morbilli	Scarlatina	Croup	Pertussis	Syphilis	Hydrocephalus ac. et Meningitis	Dyphteritis	Febris puerperalis	Marasmus senilis	Bronchitis	Pleuro-Pneumonia	Enterocolitis	Nephritis	Vitia cordis organica	Apoplexia	Cancer
								Sont morts des causes de décès mentionnées à la rubrique 1 sur mille morts														
1864	39.4	129.9	—	21.7	5.7	16.6	0.5	8.3	13.8	6.2	4.—	44.2	7.8	20.9	20.2	59.6	96.1	62.—	4.7	8.5	45.1	24.6
1865	30.2	109.3	—	17.9	2.—	49.8	—	42.1	14.6	0.4	5.—	46.3	15.7	11.8	15.7	38.7	90.2	53.3	9.2	9.4	39.3	22.3
1866	29.3	104.2	119.4	19.9	0.9	24.—	—	16.6	11.2	1.5	4.3	46.6	6.—	6.—	18.3	49.2	89.3	50.7	6.3	12.5	34.1	19.0
1867	36.0	124.3	—	19.8	1.3	1.8	—	2.6	8.5	8.5	1.8	42.9	4.9	10.3	14.—	62.5	131.8	75.1	6.2	15.0	46.0	29.5
1868	28.7	117.4	—	21.3	1.7	0.6	—	1.4	9.3	3.7	2.5	46.7	3.7	4.8	18.6	37.7	122.4	91.7	13.5	10.7	46.1	31.2
1869	21.7	122	—	19.6	0.7	6.8	47.7	74.7	8.5	4.8	5.—	42.8	7.—	13.9	17.2	68.—	148.9	74.4	15.4	10.8	41.7	31.0
1870	29.7	122.5	—	39.7	0.2	25.4	0.7	40.—	3.3	6.—	8.9	47.6	3.1	14.6	12.4	62.3	154.4	80.2	13.4	23.7	43.1	31.8
1871	31.8	117	—	32.3	0.2	26.2	7.5	13.2	6.6	1.2	6.8	50.7	3.8	13	18.9	67.—	170.7	126.7	19.6	23.8	44.6	35.6
1872	26.6	108.8	—	56	1.3	9.7	0.4	20.6	5.7	1.3	6.4	43.3	2.2	9.4	18.7	66.8	150.9	159.1	32.5	22.8	37.3	31.2
1873	26.8	83.3	—	50.9	0.8	37.1	0.4	24.5	9.—	9.6	5.2	43.—	4.—	12	18	78.2	159.7	134.7	22.9	22	40.9	30.—
Moyeune de 10 ans	29.91	114.05	12.74	30.56	1.45	20.80	5.80	25.15	9.10	4.33	5.07	45.30	5.90	11.75	17.13	59.58	130.77	92.00	14.67	26.10	41.60	28.45
dont masculins	31.87	124.23	13.71	31.75	1.24	20.87	5.84	12.90	9.69	3.27	5.30	48.56	5.26	—	6.59	57.72	132.86	90.53	15.66	14.85	39.40	14.55
féminins	28.06	102.98	11.68	29.26	1.68	20.71	5.77	15.42	8.46	5.48	5.14	41.74	6.53	24.51	28.59	61.60	128.93	91.16	13.60	18.21	43.97	43.63

10. Climatologie.

Hauteur au-dessus de mer : 48.1 mètres.

Vents regnants : Sudouest 19.1 %, Ouest 17.8 %, Sud 11.6 %, Nordest 10.7 %, Nordouest 10.6 %, Sudest 10.6 %, Nord 10.4 %, Est 9.3 %.

Moyennes de mois.

	Janvier	Février	Mars	Avril	Mai	Juin	Juillet	Août	Septembre	Octobre	Novembre	Décembre
Température moyenne (1859—1867) Celsius .	— 3.54	— 3.23	— 2.64	+ 2.58	+ 7.36	+13.88	+15.84	+14.46	+11.26	+ 6.24	+ 1.30	— 2.34
Moyenne des maxima de température . .	— 0.24	— 0.50	+ 0.59	+ 7.65	+12.64	+18.97	+20.49	+18.79	+15.79	+ 9.41	+ 3.90	+ 0.52
Moyenne des minima de température . . .	— 5.38	— 6.65	— 6.87	— 1.05	+ 3.30	+ 8.64	+11.18	+10.06	+ 7.86	+ 3.26	— 1.11	— 4.79
Pression de l'air (1859 – 1869) (Mm.) . . .	752.95	751.61	751.84	754.17	755.28	754.12	752.83	752.81	753.91	754.36	753.14	753.26
Différence entre les maxima et les minima de la pression de l'air (1862—1871) . .	77.69	67.64	46.61	50.62	39.88	32.40	33.44	32.21	40.38	52.82	51.98	56.33
Quantité mensuelle de pluie (Mm. sur $^{1}/_{10}$ métre carré) (1860—1872)	16.2	15.2	17.3	18.4	36.2	41.1	51.4	61.1	41.2	46.3	35.2	21.3
Nombre de jours pluvieux (1869—73) . . .	11.4	7.3	8.2	11.4	14.0	11.2	9.4	14.2	11.8	15.4	14.0	9.6

11. Bibliographie.

BUREAU CENTRAL DE STATISTIQUE. Bidrag till Sveriges officielle Statistik (Contributions pour la statistique officielle de la Suède : Litt. A. I. 1, 2, 3, II. 1. 2, 3, III.—XI. XII. 1, 2, 3, XIII.—XVI. 22 volumes; Stockholm 1851—1874).

RAPPORTS annuels sur l'administration communale de Stockholm, 1868—1873, six volumes.
   »   »   des médicins officiels de la ville de Stockholm 1870—1874.

DR. WRETLIND Untersökinger sörande Stockholms Mortalitet (Recherches sur la mortalité de Stockholm, 1866).

Christiania (Kristiania[*]).

Longitude 28° 23′ 19.5″ (Ferro). — Latitude septentrionale 59° 54′ 43.7″.

Se compose des paroisses suivantes : »Vor Frelser, Trefoldighed, Jakob, Johannes, Gamle Aker, Paulus, Grönland et Osles«.

Par la loi du 5 août 1858 plusieurs faubourgs ont été incorporés à la ville, à partir du 1 Janvier 1859, leur population était 10,800.

1. État de la Population.

1801	11,923	1854	40,076	1862	53,172	1870[5])	66,524
1815	13,568	1855	41,266	1863	54,925	1871[6])	68,698
1825	20,759	1856	42,640	1864	56,057	1872[7])	70,469
1835	24,445	1857	44,106	1865[1])	57,382	1873[8])	72,725
1845	33,177	1858	45,676	1866	59,453	1874[9])	75,042
1851	38,259	1859	46,998	1867[2])	71,520		
1852	39,135	1860	48,592	1868[3])	63,504		
1853	38,917	1861	51,044	1869[4])	64,935		

[1]) 1865 : 29,669 hommes, 29,713 femmes   [6]) 1871 : 32,496 hommes, 36,202 femmes
[2]) 1867 : 29,322 » 32,188 »   [7]) 1872 : 33,420 » 37,049 »
[3]) 1868 : 30,167 » 33,337 »   [8]) 1873 : 34,338 » 38,387 »
[4]) 1869 : 31,145 » 33,790 »   [9]) 1874 : 39,510 » 35,532 »
[5]) 1870 : 32,105 » 34,109 »

2. Mariages.

1864 : 511	1867 : 439	1870 : 547
1865 : 477	1868 : 494	1871 : 619
1866 : 492	1869 : 503	1872 : 708

Total 4790

Sur 1000 habitants (en 1864) 9.11, (en 1872) 10.0.

Répartition sur les mois (sur 10,000 cas de 1856 –1865).

Janvier	544	Mai	1063	Septembre	692
Février	461	Juni	877	Octobre	1190
Mars	603	Juillet	686	Novembre	1112
Avril	938	Août	718	Décembre	1116

État civil des fiancés (1856—1865). Sur 10,000 cas il y avait 8486 garçons avec filles. 519 garçons avec veuves, 500 veufs et filles, 195 veufs et veuves.

Mariages dissous par le divorce (avec dispense royal): 1864 : 1, 1865 : 1, 1868 : 1, 1869 : 1, 1870 : 1, 1871 : 1, 1872 : 2, 1873 : 1.

[*) **Bibliographie.** Bureau royal de statistique: Norges officielle Statistik (Statistique officielle de la Norvège. Christiania 1868—1875).

Commission sanitaire de Christiania: Tabeller over Folkmängden (Tableau sur la population), Beretning om Sundhedstilstanden (Rapport sur la santé publique), Tabeller over indtrufne Dödsfald (Tableau des décés. Christiania 1864, 67, 68, 69, 1870, 72, 73, 74, 75).

3. Naissances (1864—1872).

	1864	1865	1866	1867	1868	1869	1870	1871	1872	Total
a) Nés-vivants.										
Garçons	1,042	1,130	1,020	1,035	1,080	1,120	1,082	1,209	1,285	10,003
dont illégitimes .	160	190	175	183	184	184	186	198	216	1,676
Filles	999	1,083	1,036	921	1,022	1,061	1,091	1,181	1,205	9,599
dont illégitimes .	174	159	144	144	157	174	179	177	185	1,493
Somme .	2,041	2,213	2,056	1,956	2,102	2,181	2,173	2,390	2,490	19,602
b) Mort-nés										
Garçons	74	78	81	70	67	78	62	61	75	646
Filles	62	52	43	46	55	59	66	54	54	491
Somme .	136	130	124	116	122	137	128	115	129	1,137
dont illégitimes .	39	34	37	33	46	53	48	32	39	361
c) Total										
Total des garçons .	1,116	1,208	1,101	1,105	1,147	1,198	1,144	1,270	1,360	10,649
» » filles . .	1,061	1,135	1,079	967	1,077	1,120	1,157	1,235	1,259	10,090
» » légitimes .	1,804	1,960	1,824	1,712	1,837	1,907	1,888	2,098	2,179	17,209
» » illégitimes	373	383	356	360	387	411	413	407	440	3,530
Total général	2,177	2,343	2,180	2,072	2,224	2,318	2,301	2,505	2,619	20,739

Naissances (vivantes) sur 1000 habitants: en 1864: 36.4, en 1872: 35.3.

Naissances masculines sur 1000 féminines: en général 1042.1, pour les naissances légitimes 1027.3, pour les illégitimes 1122.6. (1864—1872).

Naissances illégitimes sur 1000 naissances: 161.7.

Mort-nés sur 1000 nés-vivants: 109.2.

4. Répartition des naissances sur les mois (1864—1872).

	De 10,000 naissances il y a eu au mois de											
	Janvier	Février	Mars	Avril	Mai	Juin	Juillet	Aout	Septemb.	Octobre	Novemb.	Décemb.
a) Nés-vivants.												
Naissances **masculines** légitimes .	922	848	920	891	818	796	762	800	836	790	785	832
» » illégitimes .	932	985	943	932	834	888	910	748	856	737	563	672
En somme	924	876	924	899	823	814	789	693	823	782	748	807
Naissances **féminines** légitimes . .	858	813	918	860	816	761	880	757	872	850	805	820
» » illégitimes .	1028	840	852	778	877	827	714	802	789	739	789	965
En somme	888	819	889	849	829	763	856	765	860	836	804	842
b) Mort-nés.												
Légitimes	854	854	805	1000	1049	902	634	927	780	707	756	732
Illégitimes	1291	922	876	829	599	599	783	829	691	737	922	922

5. Décès (1864—1873).

Année	Hommes	Femmes	Total	Sur 1000 habitants cas de décés des		
				hommes	femmes	deux sexes
1864	600	523	1,123	—	—	20.3
1865	614	574	1,188	22.2	19.2	20.7
1866	718	721	1,439	—	—	24.2
1867	779	693	1,472	26.6	21.6	20.6
1868	817	693	1,510	27.0	20.8	23.8
1869	615	539	1.154	19.7	16.0	17.8
1870	674	658	1,332	20.9	19.1	20.0
1871	645	620	1,265	19.9	17.1	18.4
1872	721	719	1,490	21.6	19.4	21.1
1873	800	766	1,566	23.3	19.9	21.5
1874	848	860	1,708	—	—	—
Total	7,033	6,506	13,539			20.8

Répartition sur les mois (1864—1873):

Janvier	929	Mai	841	Septembre	694
Février	818	Juni	793	Octobre	805
Mars	906	Juillet	793	Novembre	872
Avril	874	Aôut	776	Décembre	899
				Total	10,000

6. Age des morts de 1854 à 1870.

Age	Hommes	Femmes	Deux sexes	Age	Hommes	Femmes	Deux sexes
0— 1 ans	2,573	2,283	2,437	50—60 ans	775	606	694
1— 3 »	1,439	1,477	1,464	60—70 »	587	748	665
3— 5 »	552	526	539	70—80 »	303	657	473
0— 5 »	4,564	4,286	4,440	80—90 »	106	304	201
5—10 »	462	486	473	90—100 »	9	48	24
10—20 »	408	439	423	âge inconnu	—	7	4
20—30 »	863	814	832	Total	10,000	10,000	10,000
30—40 »	964	905	936				
40—50 »	959	700	835				

7. Principales causes de décès (1866—1875).

Chiffres absolus.

	Debilitas congenita et deformitas	Tuberculosis pulmonum	Cholera	Typhus	Dysenteria	Variola	Morbilli	Scarlatina	Croup	Pertussis	Syphilis	Hydrocephalus acutus Meningitis	Dyphteritis	Febris puerperalis	Alii morbi puerper.	Marasmus senilis	Pneumonia crouposa	Bronchitis acuta et Pneumonia catarrh.	Diarrhoea et Cholera nostras	Convulsiones	Cancer	Vit. org. cordis.	Morbus Brightii
1866	67	215	27	11	2	7	—	20	28	110	13	78	13	19	6	33	160	65	58	74	39	33	21
1867	60	215	—	26	—	2	95	159	33	13	16	92	11	9	4	40	134	52	33	60	35	45	30
1868	51	226	—	18	—	7	62	67	34	29	10	88	14	8	5	53	141	65	84	79	44	43	36
1869	50	191	—	13	—	—	1	36	26	25	20	87	11	7	3	42	100	48	41	48	45	47	43
1870	65	208	—	13	1	1	—	7C	13	1	22	84	13	16	8	37	121	78	90	54	51	33	30
1871	67	261	—	32	—	2	—	24	9	1	20	92	3	7	5	37	79	78	50	56	47	44	27
1872	73	251	—	17	—	2	—	2	5	108	31	90	8	6	4	51	54	92	123	45	60	47	37
1873	72	225	—	20	1	—	229	3	5	2	18	86	1	15	10	59	70	81	94	34	54	71	27
1874	73	252	—	14	—	2	1	12	9	27	25	112	6	22	11	41	202	149	108	58	66	67	30
1875	85	280	—	5	—	—	—	156	9	34	18	93	5	11	13	42	116	124	157	58	58	59	28
Total	663	2,324	27	169	4	23	388	549	171	350	193	902	85	120	69	435	1,177	832	838	566	499	489	309
dont mascul.	332	1,174	20	90	2	13	181	282	93	163	97	478	43	—	—	115	683	443	450	296	207	216	151
féminin	331	1,150	7	79	2	10	207	267	78	187	96	424	42	120	69	320	494	389	388	270	292	273	158

8. Principales causes de décès (1866—1875).

En pour cent.

	Debilitas congenita et deformitas	Tuberculosis pulmonum	Cholera asiatica	Typhus	Dysenteria	Variola	Morbilli	Scarlatina	Group	Pertussis	Syphilis	Hydrocephalus acutus et Meningitis	Dyphteritis	Febris puerperalis	Alii morbi puerperales	Marasmus senilis	Pneumonia crouposa	Bronchitis acuta et Pneumonia catarrh.	Diarrhoen et Cholera nostras	Convulsiones	Cancer	Vitia cordis org.	Morb. Brigtlii
								Sont morts des causes de décès mentionnées à la rubrique 1-re sur 10.000 morts															
1866	465	1.491	187	76	14	49	—	139	194	762	90	541	90	132	42	229	1109	451	402	513	271	229	146
1867	408	1.466	—	176	—	14	645	1,080	224	89	108	624	74	61	28	272	924	353	224	408	238	305	205
1868	337	1,496	—	120	—	46	411	444	225	192	67	583	93	53	34	218	934	430	556	523	291	285	238
1869	434	1,655	—	113	—	—	9	312	225	217	173	754	95	61	27	364	867	416	355	416	300	408	371
1870	484	1,549	—	96	7	7	—	523	96	7	164	627	96	119	60	275	901	531	670	402	380	246	223
1871	542	2.115	—	259	—	16	—	195	73	8	162	745	24	57	41	300	640	632	405	453	381	357	219
1872	502	1,727	—	117	—	14	—	14	34	742	213	619	55	41	27	350	372	433	847	447	413	323	225
1873	460	1,435	—	128	6	—	1,462	19	32	13	115	549	6	96	64	378	447	511	600	217	345	453	172
1874	428	1,475	—	82	6	12	6	71	53	158	147	656	35	129	63	240	1218	872	632	340	386	391	175
1875	487	1,594	—	28	—	—	—	888	51	193	103	529	28	62	74	239	635	706	894	330	330	336	159
Moyenne de 10 ans	455	1.600	19	119	3	16	253	368	121	238	134	623	60	81	46	286	805	539	559	405	305	333	213
dont: *) masculins	228	808	14	63	1	9	118	190	66	111	68	330	30	— —	—	76	467	287	300	212	108	147	104
*) féminins	227	792	5	56	2	7	135	178	55	127	66	293	30	81	46	210	338	253	259	193	201	186	109

*) Ces chiffres sont calculés d'après le nombre des décès de tous les deux sexes.

9. Diverses causes de décès par rapport au sexe et à l'âge (1861—1875). *)

	Sont morts des causes de décès mentionnées à la rubrique 1. sur 10,000 décès						
	0—5 ans	5—15 ans	15—20 ans	20—30 ans	30—50 ans	au dessus de 50 ans	Total
Debilitas congenita et deformitas :							
hommes	10,000	—	—	—	—	—	10,000
femmes	10,000	—	—	—	—	—	10,000
deux sexes	10,000	—	—	—	—	—	10,000
Tuberculosis pulmonum : hommes	758	486	681	2,462	3,654	1,959	10,000
femmes	757	705	774	2,469	3,469	1.826	10,000
deux sexes	757	595	728	2,466	3,562	1,892	10,000
Cholera : hommes	500	—	—	1,500	4,500	3,500	10,000
femmes	—	1,429	—	1,429	4,285	2.857	10,000
deux sexes	250	715	—	1,465	4,392	3,178	10,000
Typhus : hommes	1,333	1,111	1,222	4,445	1,222	667	10,000
femmes	1,899	1,519	1,013	2,658	1,772	1,139	10,000
deux sexes	1,616	1,315	1,118	3,551	1,497	903	10,000
Dysenteria : hommes	10,000	—	—	—	—	—	10,000
femmes	3,333	—	—	3,334	—	3,333	10,000
deux sexes	6,667	—	—	1,667	—	1,666	10,000
Variola : hommes	4,615	—	·	1 539	3.077	769	10,000
femmes	7.000	—	—	—	2,000	1,000	10,000
deux sexes	5,808	—	—	769	2,539	884	10,000
Morbilli : hommes	8,784	1,050	111	55	—	—	10,000
femmes	8,020	1,884	—	48	48	—	10,000
deux sexes	8,402	1,467	56	51	24	—	10,000
Scarlatina : hommes	7,801	1,915	71	143	35	35	10,000
femmes	7,174	2,584	75	150	37	—	10,000
deux sexes	7,478	2,249	72	147	36	18	10,000
Croup : hommes	8,925	861	107	—	—	107	10,000
femmes	9,231	769	—	—	—	—	10,000
deux sexes	9,078	815	53	—	—	54	10,000
Pertussis : hommes	9,325	675	—	—	—	—	10,000
femmes	9,037	963	—	—	—	—	10,000
deux sexes	9,181	819	—	—	—	—	10,000
Syphilis : hommes	9,691	103	103	—	103	—	10,000
femmes	8,958	—	—	208	521	313	10,000
deux sexes	9,325	51	51	104	312	157	10,000
Hydrocephalus acutus et Meningitis : hommes	6,842	1,945	251	460	356	146	10,000
femmes	7,122	1,910	189	378	283	118	10,000
deux sexes	6,982	1,928	220	419	319	132	10,000
Dyphtheritis : hommes	7,442	1,395	233	—	697	233	10,000
femmes	8,333	953	338	—	238	238	10,000
deux sexes	7,838	1,174	285	—	468	235	10,000

*) Les pour cents pour les deux sexes sont la moyenne arithmétique entre le pour cent des hommes et celui des femmes.

		Sont morts des causes de décès mentionnées à la rubrique 1. sur 10,000 décès						
		0—5 ans	5—15 ans	15—20 ans	20—30 ans	30—50 ans	au dessus de 50 ans	Total
Febris puerperalis :	femmes			250	5,250	4,500		10,000
Alii morbi puerperales :	femmes	—	—	290	2,754	6,956		10,000
Marasmus senilis :	hommes	—		—	—	—	10,000	10,000
	femmes			—	—	—	10,000	10,000
	deux sexes		—	—			10,000	10,000
Pneumonia crouposa :	hommes	3,499	264	146	725	2,621	2,943	10,000
	femmes	3,482	121	244	344	1,599	4,210	10,000
	deux sexes	3,490	193	195	436	2,110	3,576	10,000
Bronchitis acuta :	hommes	8,917	135	23	45	248	632	10,000
	femmes	8.458	308	103	51	257	823	10,000
	deux sexes	8,688	221	63	48	253	727	10,000
Diarrh. et cholera nost.	hommes	9,644	89	—	—	45	222	10,000
	femmes	9,021	128	26	52	103	670	10,000
	deux sexes	9,333	108	13	26	74	446	10,000
Convulsiones :	hommes	9,797	101		34	34	34	10,000
	femmes	9,741	259	—	—	—	—	10,000
	deux sexes	9,769	180	—	17	17	17	10,000
Cancer :	hommes	48	48	48	339	2,803	6,714	10,000
	femmes	68		—	137	2,740	7,055	10,000
	deux sexes	58	24	24	238	2,771	6,885	10,000
Vitia organica cordis :	hommes	231	231	463	926	3,056	5,093	10,000
	femmes	183	916	586	989	2,344	4,982	10,000
	deux sexes	207	574	524	958	2,700	5,037	10,000
Morbus Brightii :	hommes	861	397	265	1,457	3,113	3,907	10,000
	femmes	570	1,013	443	1,519	2,278	4,177	10,000
	deux sexes	715	705	354	1,488	2,696	4,042	10,000

Copenhague (Kjœbenhavn).[*]

Longitude: 30° 14·4′ à l'est de l'île de Fer. — Latitude septentrionale 55° 40·5′.

1. État de la Population (civile)
d'après les recensements.

Année	Hommes	Femmes	Total	Année	Hommes	Femmes	Total
1801	51,642	49,333	100,975	1850	60,592	69,103	129,695
1834	58,573	60,719	119,292	1855	69,511	74,080	143,591
1840	58,467	62,352	120,819	1860	74,247	80,896	155,143
1845	61,568	65,219	126,787	1870	84,326	96,965	181,291

La limite du territoire a été toujours la même. Frederiksberg, qui est pour ainsi dire un faubourg de la capitale, n'est pas compris. Sans cela Copenhague, dont la population est estimée a 200,000 âmes a présent, aurait 26,000 de plus habitants et avec d'autres petits faubourgs la ville de Copenhague atteindrait 235,000 habitants.

2. Mariages.

Année	Nombre des mariages			Année	Nombre des mariages		
	conclus	dissous par la mort	dissous par le divorce		conclus	dissous par la mort	dissous par le divorce
1865	1,658	908	?	1871	1,856	?	37
1866	1,525	826	?	1872	1,768	?	50
1867	1,406	870	?	1873	1,914	?	65
1868	1,371	889	?	1874	1,996	?	60
1869	1,505	917	?	Total	16,240	—	—
1870	1,511	?	52				

Sur 1000 habitants en 1870 : 8·3.

Répartition sur les mois (1865—1874):

Janvier	557	Mai	1,394	Septembre	679
Février	490	Juin	716	Octobre	1,143
Mars	619	Juillet	682	Novembre	1,285
Avril	967	Août	662	Décembre	806
				Total	10,000

[*] **Bibliographie:** La statistique officielle du pays. (Statistik Tabelverk.)

3. Naissances (1865—1874).

	1865	1866	1867	1868	1869	1870	1871	1872	1873	1874	Total
a) Nés-vivants.											
Garçons	2,833	3,009	2,752	2,695	2,688	2,791	2,756	2,973	3,173	3,230	28,900
dont illégitimes	626	685	571	573	566	609	587	676	758	700	6,351
Filles	2,741	2,653	2,648	2,671	2,575	2,671	2,732	2,851	2,884	3,168	27,594
dont illégitimes	563	624	589	537	551	596	612	598	648	662	5.991
Somme .	5,574	5,662	5,400	5,366	5.263	5,462	5,488	5,824	6,057	6.398	56.494
b) Mort-nés.											
Garçons	155	138	130	127	135	116	122	129	122	135	1,309
dont illégitimes	50	47	42	45	44	43	33	45	41	50	440
Filles	109	108	108	81	93	93	100	111	113	93	1,009
dont illégitimes	38	39	32	26	30	19	42	39	41	32	338
Somme .	264	246	238	208	228	209	222	240	235	228	2.318
c) Total.											
Total des fils	2,988	3,147	2,882	2,822	2,823	2,907	2,878	3,102	3,295	3,365	30,209
» » filles	2,850	2,761	2,756	2.752	2,668	2,764	2,832	2,962	2,997	3,261	28,603
» » légitimes	4,561	4,503	4,404	4,393	4,300	4,404	4,436	4,705	4,804	5,182	45,692
» » illégitimes	1,277	1.405	1,234	1.181	1.191	1.267	1,274	1.359	1.488	1.444	13,120
Total général	5,838	5,908	5,638	5,574	5,491	5,671	5,710	6.064	6,292	6,626	58,812

Naissances sur 1000 habitants (en 1870): 31.1.
Naissances masculines sur 1000 féminines en 1865—1874: 1047.3, pour les légitimes 1043.8, pour les illégitimes 1060.1.
Naissances illégitimes sur 1000 naissances: 279.5.
Mort-nés sur 1000 nés-vivants: 41.0.

4. Décès (1865—74).

(Sans les mort-nés.)

Année	Hommes	Femmes	Total
1865	2,453	2,124	4,577
1866	2,152	2,003	4,155
1867	2,017	1,973	3,990
1868	2,083	1,998	4,081
1869	2,023	1,928	3,951
1870	2,179	2,030	4,209
1871	2,553	2,398	4,951
1872	2,394	2,413	4,807
1873	2,587	2,526	5,113
1874	2,749	2,485	5,234
Total	23,190	21,878	45,068

Sur mille habitants (en 1871): masculins 25.8, féminins 20.9, deux sexes 23.2.

Répartition sur les mois (1860—1869):

	Hommes	Femmes	Deux sexes		Hommes	Femmes	Deux sexes
Janvier	846	975	908	Juillet	860	809	835
Février	782	848	814	Août	788	788	788
Mars	926	966	946	Septembre	756	697	727
Avril	973	901	938	Octobre	766	728	748
Mai	960	915	938	Novembre	697	768	732
Juin	859	807	834	Décembre	787	798	792

5. Nés-vivants. Répartition sur les mois (1860—1869).

Mois	Naissances masculines			Naissances féminines		
	légitimes	illégitimes	total	légitimes	illégitimes	total
Janvier	934	967	943	897	933	904
Février	804	777	798	825	824	825
Mars	901	878	896	911	871	902
Avril	854	861	855	823	897	839
Mai	856	902	866	874	845	868
Juin	830	869	838	827	810	823
Juillet	813	820	814	821	843	826
Août	861	763	840	859	736	832
Septembre	796	797	796	834	839	835
Octobre	795	759	788	776	759	772
Novembre	765	775	767	755	788	763
Décembre	790	832	798	798	855	811
Total	10,000	10,000	10,000	10,000	10,000	10,000

6. Climatologie.

Hauteur au-dessus de la mer : 13 mètres.

Vents régnants : N. 5. N. E. 7, E. 9, S. E. 12, S. 13, S. W. 22, W. 15, N. W. 14, N. 3%.

Force des vents = 3.5 (d'après l'échelle de Beaufort 0—12 degrés).

Moyennes des mois.

	Janvier	Février	Mars	Avril	Mai	Juin	Juillet	Août	Septembre	Octobre	Novembre	Décembre
Température moyenne (Celsius)	—0.1	—0.4	1.1	5.7	10.1	14.8	16.6	15.9	12.8	8.2	3.4	0.6
Moyenne des maxima de température . .	1.7	1.9	4.1	10.0	15.2	20.2	22.0	20.9	17.1	11.4	5.5	2.5
Moyenne des minima de température . . .	—2.1	—2.7	1.5	1.6	4.6	9.3	11.3	11.0	8.6	5.1	1.2	— 1.6
Pression atmosphérique	758.2	759.9	757.5	758.9	759.4	759.1	758.4	758.3	758.6	758.4	757.1	758.4
Différence entre les maxima et les minima de la pression atmosphérique	35.1	29.7	32.2	38.5	38.5	51.7	64.0	59.2	67.7	54.6	50.1	41.3
Quantité mensuelle de pluie (Mm. sur ¹/₁₀ mètre carré)	14	11	12	10	12	12	13	15	16	15	16	13
Nombre des jours pluvieux												

(1861—1875)

St. Pétersbourg.

Longitude: 47⁰ 58′ à l'est de l'île de Fer.
Latitude septentrionale: 59⁰ 57′.

1. État de la Population.

1852 :	532,241
1869 :	667,963

2. Mariages (1866—1872).

1866 :	3,660	1870 :	4,150
1867 :	3,760	1871 :	4,507
1868 :	3,516	1872 :	4,158
1869 :	4,295	Total	28,046

Sur mille habitants (en 1869): 6.4.

Répartition sur les mois (1866—72): Sur 10,000 cas il y en a eu au mois de

Janvier	1,600	Mai	751	Septembre	904
Février	1,220	Juin	500	Octobre	1,280
Mars	102	Juillet	835	Novembre	1,128
Avril	992	Août	502	Décembre	186

3. Etat civil des fiancés selon confession.

(1866—1872)

Confession	Chiffres absolus					En pour cent			
	Garçons et filles	Garçons et Veuves	Veufs et filles	Veufs et veuves	Total	Garçons et filles	Garçons et veuves	Veufs et filles	Veufs et veuves
Orthodoxes .	17,337	2,144	2,430	884	22,767	762	94	107	37
Catholiques .	568	88	78	53	787	722	112	99	67
Arméniens . .	5	2	—	—	7	—	—	..	—
Protestants .	2,978	313	534	133	3,958	752	78	35	35
Israélites . .	381	65	38	23	502	709	119	76	46
Musulmans . .	7	4	7	7	25	280	160	280	280
Total .	21,276	2,611	3,095	1,064	28,046	758.6	93.1	110.1	37.9

4. Age des fiancés (1866—1874).

Chiffres absolus.

	a) Age des fiancés								Total
	au-dessous de 20	20—25	25—30	30—35	35—40	40—45	45—50	au-dessus de 50	
Orthodoxes . .	987	5,362	5,628	4,783	3,111	1,519	753	625	22,767
Catholiques .	—	75	220	167	120	89	65	51	787
Arméniens . .	—	—	5	1	1	—	—	—	7
Protestants .	24	732	1,272	830	528	276	169	127	3,958
Israélites . .	48	78	185	121	35	17	12	6	502
Musulmans . .	1	3	3	7	4	5	1	1	25
	1,059	6,250	7,313	5,909	3,799	1,906	1,000	810	28,046

	b) Age des fiancées								Total
	au-dessous de 20	20—25	25—30	30—35	35—40	40—45	45—50	au-dessus de 50	
Orthodoxes . .	6,404	7,142	4,452	2,564	1,390	539	195	79	22,767
Catholiques .	332	169	141	82	40	15	5	3	787
Arméniennes .	1	3	3	—	...	—	..	..	7
Protestantes .	630	1,298	997	527	275	135	59	37	3,958
Israélites . .	286	137	37	22	13	2	4	1	502
Musulmanes .	11	4	3	—	3	3	—	1	25
	7,664	8,753	5,683	3,195	1,723	694	263	121	28,046

5. Age des fiancés selon Confession.

En pourcent.

Age	orthodoxes	catholiques	protestants	israélites	musulmans	Total
a) Age des fiancés.						
au-dessous de 20	43	—	6	95	40	37
20—25	235	96	184	155	120	222
25—30	247	280	322	369	120	259
30—35	211	212	209	241	280	211
35—40	137	152	134	70	160	137
40—45	67	113	70	34	200	69
45—50	32	82	43	24	40	36
au-dessus de 50	28	65	32	12	40	29
Total . . .	1,000	1,000	1,000	1,000	1,000	1,000
b) Age des fiancées.						
au-dessous de 20	281	423	159	569	440	273
20—25	314	215	327	273	160	312
25—30	197	179	251	73	120	202
30—35	112	104	133	46	—	114
35—40	61	51	70	25	120	62
40—45	23	19	35	4	120	25
45—50	9	6	16	8	—	9
au-dessus de 50	3	3	9	2	40	3
Total . . .	1,000	1,000	1,000	1,000	1,000	1,000

6. Nés-vivants selon confession et legitimité (1866—1872).

	1866	1867	1868	1869	1870	1871	1872	Total
a) Garçons.								
Orthodoxes	7,951	8,533	8,018	8,290	8,779	9,101	9,611	60,283
» dont illégit.	1,843	2,055	2,055	2,162	2,431	2,453	2,520	15,458
» (Rascol)	—	12	32	29	12	6	12	103
» dont illégit.	…	—	—	…	—	—	—	—
Catholiques	252	239	267	206	261	225	255	1,705
» dont illégit.	34	18	29	39	44	50	33	247
Arméniens	2	1	3	3	2	3	6	20
» dont illégit.	—	—	—	1	—	—	—	1
Protestants	856	877	859	925	960	985	731	6,193
» dont illégit.	71	80	76	88	91	77	79	562
Israélites	142	140	142	159	173	213	218	1,187
» dont illégit.	—	2	1	—	1	2	—	6
Musulmans	15	22	16	11	8	15	19	106
» dont illégit.	—	—	—	—	—	—	—	—
Total des garçons nés-vivants	9,218	9,824	9,337	9,623	10,195	10,548	10,852	69,597
dont illégit.	1,948	2,155	2,100	2,290	2,567	2,582	2,632	16,274
b) Filles								
Orthodoxes	7,711	8,386	7,674	7,919	8,163	8,443	8,974	57,270
» dont illégit.	1,816	2,058	1,945	2,105	2,239	2,290	2,417	14,870
» (Rascol)	—	13	18	24	11	4	13	83
» dont illégit.	—	—	—	—	—	—	—	—
Catholiques	245	166	232	191	200	190	212	1,436
» dont illégit.	29	18	18	31	30	32	18	176
Arméniennes	1	1	1	3	2	2	1	11
» dont illégit.	—	—	—	—	—	—	—	—
Protestantes	733	862	851	837	876	953	672	5,784
» dont illégit.	65	69	78	84	80	91	61	528
Israélites	97	77	94	111	113	155	163	810
» dont illégit.	—	—	2	1	—	1	1	5
Musulmanes	7	13	15	8	12	15	23	93
» dont illégit.	—	—	—	—	—	—	—	—
Total des filles nés-vivants	8,794	9,518	8,885	9,093	9,377	9,762	10,058	65,487
dont illégit.	1,910	2,145	2,043	2,221	2,349	2,414	2,497	15,579
Total général	18,012	19,342	18,222	18,716	19,572	20,310	20,910	135,084
dont illégit.	3,858	4,300	4,143	4,511	4,916	4,996	5,129	31,853

Sur 1000 habitants (en 1869): 28.1.

Naissances masculines sur féminines (1866—1872): en général 1062.8, pour les légitimes 1068.4, pour les illégitimes 1044.6.

Naissances illégitimes sur 1000 légitimes: 300.6 (1866—1872).

7. Répartition des naissances sur les mois (1866—1872).

	Janvier	Février	Mars	Avril	Mai	Juin	Juillet	Août	Septembre	Octobre	Novembre	Décembre
	De 10,000 naissances il y a eu au mois de											
a) Nés-vivants.												
Naissances **masculines** légitimes .	881	855	840	858	835	830	857	810	768	903	831	732
» » illégitimes .	885	800	805	820	829	844	850	834	803	942	824	764
Total	883	842	831	849	834	834	855	815	776	912	829	740
Naissances **féminines** légitimes .	887	890	856	873	843	828	861	799	735	892	812	724
» » illégitimes .	871	824	785	801	813	815	820	831	806	1014	887	733
Total	883	874	839	856	836	825	851	807	753	920	830	726
b) Mort-nés.												
Mort-nés **masculines**	919	874	933	905	788	843	796	773	742	898	738	800
» **féminines**	995	835	927	855	773	874	633	676	719	990	864	859

8. Mort-nés.

D'après les sexes				D'après les confessions			
Année	Garçons	Filles	Total	Confessions	Garçons	Filles	Total
1866	298	202	500	Orthodoxes .	2,257	1,805	4,062
1867	305	233	538	Catholiques .	4	3	7
1868	344	281	625	Arméniens . .	--	--	—
1869	407	361	768	Protestantes .	225	221	446
1870	401	319	720	Israelites . .	74	40	114
1871	365	321	686	Musulmanes .	2	2	4
1872	442	364	796				
Total	2,562	2,071	4,633	Total .	2,562	2,071	4,633

Mort-nés sur 1000 nés-vivants (1866—1872): 34.3.

9. Âge des morts de 1866—1872.

avaient l'âge de	De 10,000 morts masc.	fém.	des deux sexes
0—1 mois	549.8	669.4	595.7
1—3 »	360.5	468.5	402.6
3—6 »	364.1	472.2	407.—
6—12 »	511.8	696.1	583.2
0—1 année	1,786.2	2,306.2	1,988.5
1—2 année	591.5	835.9	687.5
2—3 année	273.9	379.4	315.8
3—4 »	136.8	183.8	155.5
4—5 »	92.6	119.5	102.7
en somme 0—5 année	2,880.8	3,824.8	3,250.—
5—6 »	71.6	94.2	80.6
6—7 »	53.5	72.9	61.—
7—8 »	40.8	61.2	48.9
8—9 »	36.7	41.9	38.8
9—10 »	31.4	38.8	34.4
5—10 »	234.0	309.0	263.7
10—11 »	35.2	36.6	35.8
11—12 »	43.2	29.7	37.9
12—13 »	58.6	36.0	49.8
13—14 »	66.1	35.3	53.9
14—15 »	80.9	36.1	63.3
10—15 »	284.0	173.7	240.7
15—16 »	101.6	40.2	77.3
16—17 »	107.2	44.2	82.2
17—18 »	133.3	64.0	105.9
18—19 »	155.6	67.5	120.7
19—20 »	162.9	90.6	134.3
15—20 »	660.6	306.5	520.9
20—21 »	166.0	96.5	138.5
21—22 »	170.2	97.5	141.4
22—23 »	198.8	105.2	161.7
23—24 »	195.9	111.9	162.7
24—25 »	186.4	123.9	161.7
25—26 »	201.0	130.8	173.2
26—27 »	165.1	116.2	145.8
27—28 »	164.4	123.1	148.1
28—29 »	145.2	112.0	132.1
29—30 »	148.0	141.8	145.6
20—30 »	1,741.0	1,158.9	1,510.8

avaient l'âge de	De 10,000 morts masc.	fém.	des deux sexes
30—31 année	147.7	122.1	137.6
31—32 »	115.8	91.4	106.1
32—33 »	135.1	99.7	121.1
33—34 »	112.2	83.1	100.7
34—35 »	133.5	114.8	126.2
35—36 »	158.9	116.9	142.4
36—37 »	118.7	101.9	112.1
37—38 »	137.2	109.1	126.1
38—39 »	117.6	94.6	108.5
39—40 »	140.8	125.2	134.7
30—40 »	1,317.5	1,058.8	1,215.5
40—41 »	148.3	109.7	133.—
41—42 »	96.4	79.4	89.7
42—43 »	111.7	79.4	98.9
43—44 »	90.0	63.0	79.3
44—45 »	113.9	97.7	107.6
45—46 »	130.7	86.5	113.3
46—47 »	95.9	76.6	83.3
47—48 »	103.3	79.4	93.8
48—49 »	96.4	70.9	86.4
49—50 »	105.6	94.0	101.1
40—50 »	1,092.2	836.6	991.4
50—51 »	107.9	82.9	98.—
51—52 »	74.6	62.8	70.—
52—53 »	76.7	65.1	72.2
53—54 »	66.2	62.6	64.8
54—55 »	72.9	76.3	74.3
55—56 »	81.2	79.9	80.8
56—57 »	70.6	76.6	71.5
57—58 »	66.7	71.9	68.8
58—59 »	59.1	63.4	60.9
59—60 »	70.7	101.9	83.1
50—60 »	746.6	739.4	744.4
60—61 »	66.9	88.9	75.7
61—62 »	45.6	70.3	55.5
62—63 »	53.1	73.5	61.2
63—64 »	43.1	63.5	51.3
64—65 »	49.7	84.6	63.6
65—66 »	56.0	78.3	64.9
66—67 »	44.5	71.1	55.1
67—68 »	41.2	74.2	54.4

avaient l'âge de	De 10,000 morts masc.	fém.	des deux sexes
68—69 année	37.8	69.4	50.4
69—70 »	44.0	89.6	62.2
60—70	482.0	763.4	594.3
70—71	39.8	85.5	58.—
71—72	27.2	56.6	38.9
72—73	28.5	62.6	42.1
73—74	22.8	55.3	35.8
74—75	24.5	58.7	38.1
75—76	26.9	58.6	39.5
76—77	16.9	38.7	25.6
77—78	17.4	41.0	26.8
78—79	14.3	31.3	21.1
79—80	12.7	39.8	23.5
70—80	231.0	528.1	349.4
80—81	12.2	39.0	22.9
81—82	6.9	17.6	11.2
82—83	16.8	22.9	19.3
83—84	6.0	14.9	9.6
84—85	5.1	18.7	10.6
85—86	3.9	11.7	7.—
86—87	5.1	8.3	6.5
87—88	16.4	14.4	15.6
88—89	2.0	7.9	4.3
89—90	2.5	7.6	4.5
80—90	76.9	163.5	111.5
90—91	1.0	5.2	2.9
91—92	0.4	1.1	0.7
92—93	0.6	2.3	2.3
93—94	0.1	0.8	0.6
94—95	0.6	3.3	1.7
95—96	0.1	1.3	0.6
96—97	0.3	1.3	0.7
97—98	0.—	0.6	0.1
98—99	—	0.3	0.1
99—100	0.2	1.5	0.7
90—100	3.8	17.7	9.7
Au-dessus de 100 ans	0.6	2.1	1.3
âge inconnu	249.0	117.5	196.9

Récapitulation.

	0—5 année	5—10 »	10—15 »	15—20 »	20—30 »	30—40 »	40—50 »	50—60 »	60—70 »	70—80 »	80—90 »	90—100 »	Au-dessous de 100 ans	Inconnus	En somme
Masculins	2,880.8	234	284.0	660.6	1,741.0	1,317.5	1,092.2	746.6	482.0	231.0	76.9	3.8	0.6	249.6	10,000
Féminins	3,824.8	309	173.7	306.5	1,158.9	1,058.8	836.6	739.4	763.4	528.1	163.5	17.7	2.1	117.5	10,000
Total	3,250	263.7	240.7	520.1	1,510.8	1,215.5	991.4	744.4	594.3	349.4	111.5	9.7	1.3	196.9	10,000

10. Décès (1866—1872).

Année	Masculins	Femmes	Total
1866	17,610	10,457	28,067
1867	13,868	8,875	22,743
1868	14,458	9,563	24,021
1869	13,636	9,134	22,770
1870	13,473	8,899	22,372
1871	15,112	10,225	25,337
1872	15,670	11,089	26,759
Total	103,827	68.272	172 069

Sur 1000 habitants (en 1869): 34·1.

Confession des morts (1866—1872).

Orthodoxes	146,050
» (Rascol)	528
Catholiques	4,910
Arméniens	40
Protestantes	19,040
Israélites	1,261
Musulmans	240
Total	172,069

Répartition sur les mois (1866—1872):

	hommes	femmes	deux sexes		hommes	femmes	deux sexes
Janvier	864	880	872	Juillet	1,097	1,066	1,076
Février	830	843	835	Août	849	849	846
Mars	969	980	972	Septembre	646	672	659
Avril	926	919	922	Octobre	595	630	618
Mai	920	826	880	Novembre	624	676	649
Juin	930	852	897	Décembre	750	807	774
				Total	10,000	10,000	10,000

Moscou (Moskva).

Longitude: 55° 14′ à l'est de l'île de Fer.
Latitude septentrionale: 55° 45′.

1. État de la Population.

1850 : 373,800
1871 : 611,970

2. Mariages (1868—1872).

1868 :	2410	1871 :	2627
1869 :	2688	1872 :	2993
1870 :	2579		

Sur mille habitants (en 1871) : 4.3.

Répartition sur les mois (1868—1872) :

Janvier	1,600	Mai	736	Septembre	974
Février	1,079	Juin	493	Octobre	1,354
Mars	16	Juillet	1,086	Novembre	1,232
Avril	912	Août	487	Décembre	31

Total 10,000

3. État civil des fiancés.

Confession	Chiffres absolus					En pour cent			
	Garçons et filles	Garçons et veuves	Veufs et filles	Veufs et veuves	Total	Garçons et filles	Garçons et veuves	Veufs et filles	Veufs et veuves
Orthodoxes . . .	8,877	1,080	1,405	600	11,972	6,683.4	812.3	1,056.6	451.2
Ancienne croyance	154	12	20	10	196	115.8	9.0	15.0	7.5
Sectaires	309	56	54	23	442	232.4	42.1	40.6	17.3
Catholiques . . .	111	13	5	1	130	83.5	9.8	3.8	0.8
Luthériens	303	18	18	11	370	227.9	13.5	28.6	8.3
Calvinistes	46	11	7	3	67	34.6	8.3	6.0	2.2
Anglicains	25	1	8	—	34	18.8	18.8	6.0	—
Arméniens	10	—	1	—	11	7.5	---	0.7	—
Israélites . . .	53	5	5	1	64	39.8	3.8	3.8	0.8
Musulmans	6	1	2	2	11	4.5	0.8	1.5	1.1
Total .	9,904	1,197	1,545	650	13,297	7,448.2	900.3	1,161.9	489.6

4. Age des fiancés selon confession.

(Chiffres absolus.)

a) Fiancés

	au-dessous de 20	20—25	25—30	30—35	35—40	40—45	45—50	au-dessus de 50	Total
Orthodoxes .	773	3,633	2,653	1,857	1,410	884	454	308	11,972
Ancienne croyance . . .	26	74	35	23	15	13	4	6	196
Sectaires . .	60	177	113	51	27	10	3	1	442
Catholiques .	—	20	33	29	20	12	12	4	130
Luthériens . .	3	39	110	109	49	26	18	16	370
Calvinistes . .	—	5	27	17	9	4	3	2	67
Anglicains . .	—	5	16	3	3	3	1	3	34
Arméniens . .	—	1	6	1	1	1	—	1	11
Israélites . .	4	32	17	7	2	1	1	—	64
Musulmans . .	—	3	3	3	—	1	—	1	11
Total .	866	3,989	3,013	2,100	1,536	955	496	342	13,297

b) Fiancées

	au-dessous de 20	20—25	25—30	30—35	35—40	40—45	45—50	au-dessus de 50	Total
Orthodoxes .	4,789	3,440	1,621	1,006	646	313	121	36	11,972
Ancienne croyance . . .	94	56	15	12	6	10	3	—	196
Sectaires . . .	155	166	76	35	9	1	—	—	442
Catholiques .	24	43	37	14	7	1	2	2	130
Luthériennes .	65	144	85	45	21	6	3	1	370
Calvinistes . .	11	26	15	8	6	1	—	—	67
Anglicaines .	8	10	8	4	3	-	—	1	34
Arméniennes .	4	7	—	—	—	—	—	—	11
Israélites . .	29	25	6	2	1	—	1	—	64
Musulmanes .	2	7	1	1	—	—	—	- -	11
Total .	5,181	3,924	1,864	1,127	699	332	130	40	13,297

5. Age des fiancés selon confession.

En pourcent.

Age	a) Age des fiancés										
	orthodoxes	ancienne croyance	sectaires	catholiques	Lutheriens	calvinists	anglicans	arméniens	israélites	musulmans	Total
au-dessous de 20	64	133	136	—	8	--	—	—	62	--	403
20—25	303	377	400	154	105	74	147	91	500	272	2,423
25—30	222	179	256	254	297	403	471	545	266	273	3,166
30—35	155	117	115	223	295	254	88	91	109	273	1,720
35—40	118	77	61	154	133	134	88	91	31	—	887
40—45	74	66	23	92	70	60	88	91	16	91	671
45—50	38	20	7	92	49	45	30	—	—	—	281
au-dessus de 50	26	31	2	31	43	30	88	91	16	91	449
Total. .	1,000	1,000	1,000	1,000	1,000	1,000	1,000	1,000	1,000	1,000	10,000

Age	b) Age des fiancées										
	orthodoxes	ancienne croyance	sectaires	catholiques	Lutheriens	calvinists	anglicans	arméniens	israélites	musulmans	Total
au-dessous de 20	400	479	351	184	175	164	235	364	453	182	2,987
20—25	288	286	376	331	389	388	294	636	391	636	4,015
25—30	135	77	172	285	230	224	235	—	94	91	1,543
30—35	84	61	79	108	122	119	118	--	31	91	813
35—40	54	31	20	54	57	90	88	—	15	—	409
40—45	26	51	2	8	16	15	—	—	—	—	118
45—50	10	15	—	15	8	—	—	--	16	—	64
au-dessus de 50	3	—	—	15	3	—	30	--	—	—	51
Total. .	1,000	1,000	1,000	1,000	1,000	1,000	1,000	1,000	1,000	1,000	10,000

6. Nés-vivants selon confession et legitimité (1868—1872).

	1868	1869	1870	1871	1872	Total
Garçones.						
Orthodoxes	6,921	7,548	7,688	9,772	11,156	43,085
» dont illégit.. . .	1,253	1,594	1,821	4,165	4,788	13,621
Ancienne croyance . . .	68	42	42	44	33	229
» dont illégit.. . .	9	1	—	—	1	11
Sectaires	393	262	330	332	160	1,477
» dont illégit.. .	39	26	39	29	24	157
Catholiques	33	41	58	45	38	215
» dont illégit.. . .	2	3	4	8	3	20
Luthériens	143	166	142	152	174	753
» dont illégit.. . .	2	5	4	5	3	19
Protestants	23	24	25	25	34	131
» dont illégit.. .	1	2	—	2	—	5
Anglicans	—	19	17	19	17	72
» dont illégit.. .	—	—	—	1	—	1
Arméniens	7	2	6	5	4	24
Israélites	25	29	35	27	38	154
Musulmans	12	10	8	10	14	54
Total .	7,625	8,143	8,351	10,431	11,668	46,218
dont illégit. .	1,306	1,632	1,868	4,210	4,819	13,835
Filles.						
Orthodoxes	6,495	7,061	7,069	9,357	10,355	40,337
» dont illégit.. .	1,171	1,424	1,618	4,004	4,453	12,670
Ancienne croyance . . .	44	37	29	30	36	176
» dont illégit.. . .	5	2	2	3	—	12
Sectaires	328	275	329	278	127	1337
» dont illégit.. . .	46	34	37	41	21	179
Catholiques	25	47	45	48	41	206
» dont illégit.. . .	—	2	4	6	2	14
Luthériens	123	142	132	160	134	691
» dont illégit.. . .	1	1	8	3	4	17
Protestants	20	21	22	17	20	100
» dont illégit.. . .	—	1	—	2	—	3
Anglicans	—	12	17	8	7	44
Arméniens	5	3	6	6	10	30
Israélites	14	28	25	20	25	112
Musulmans	12	8	11	18	13	62
Total .	7,066	7,634	7,685	9,942	10,768	43,095
dont illégit.	1,223	1,464	1,669	4,059	4,480	12,995
Total général .	14.691	15,777	16,036	20,373	22,436	89,313
dont illégit.	2,529	3,096	3,537	8,269	9,299	26,730

Sur 1000 habitants (en 1871): 33.₃.

Naissances masculines sur 1000 féminines (1868—1872): en général 1072.₅, pour les légitimes 1075.₈, pour les illégitimes 1064.₇.

Naissances illégitimes sur 1000 légitimes (1868—1872): 299.₃.

7. Répartition des naissances sur les mois.

	De 10,000 naissances il y eu a eu au mois de											
	Janvier	Février	Mars	Avril	Mai	Juin	Juillet	Août	Septem.	Octobre	Novem.	Décem.
Naissances **masculines** légitimes .	958	896	911	830	784	860	876	823	764	882	754	662
» » illégitimes .	869	826	913	765	868	797	845	796	800	959	825	737
Total	931	879	911	810	809	841	866	815	775	904	775	684
Naissances **féminines** légitimes .	950	880	886	820	821	881	895	828	765	857	754	663
» » illégitimes .	815	875	891	806	795	861	848	830	801	903	810	765
Total	909	879	887	816	813	875	880	828	776	872	771	694

8. Décès (1868—1872).

Année	Masc.	Fem.	Total
1868	12,438	9,933	22,371
1869	10,449	8,540	18,989
1870	10,232	8,206	18,438
1871	13,460	10,853	24,313
1872	12,457	9,948	22,405
Total .	59,036	47,480	106,516

Sur mille habitants (en 1871): 39.7.

Confession des morts (1866—1872):

Orthodoxes	451	Calvinistes	138
Ancienne conféssion . . .	100,511	Anglicans	69
Sectaires	2,451	Arméniens	48
Catholiques	913	Israélites	206
Luthériens	1,553	Musulmans	176
		Total	106,516

Répartition sur les mois:

	hommes	femmes	deux sexes		hommes	femmes	deux sexes
Janvier	819	809	814.5	Juillet	1145	1193	1166.5
Février	779	797	787.2	Août	971	1000	984.3
Mars	897	890	893.5	Septembre	699	691	695.3
Avril	878	852	866.4	Octobre	611	611	610.8
Mai	859	822	842.8	Novembre	643	645	643.6
Juin	992	980	986.5	Décembre	707	710	708.6
				Total	10,000	10,000	10,000

9. Principales causes de décès (1868—1872).

Année	Tuberculosis pulmonum	Cholera	Typhus	Morbi puerorum	Inflammationes	Apoplexia	Hydrops.
1868	3,213	216	2,728	9,743	1,306	502	668
1869	3,027	235	1,581	8,550	1,305	408	590
1870	3,008	249	1,180	8,311	1,361	376	508
1871	3,618	3,417	1,125	10,225	1,199	447	536
1872	3,820	773	1,294	9,986	1,381	418	539
Somme	16,686	4,890	7,908	46,815	6,552	2,151	2,841
dont mascul.	8,639	2,616	4,654	25,018	3,504	1,277	1,314
fémin.	8,047	2,274	3,254	18,759	3,048	874	1,527

En pour cent.
(Sur 10.000 cas.)

Année	Tuberculosis pulmonum	Cholera	Typhus	Morbi puerorum	Inflammationes	Apoplexia	Hydrops.
1868	1,436	97	1,219	4,355	584	224	299
1869	1,592	124	833	4.503	687	214	310
1870	1,631	135	639	4,507	713	204	184
1871	1,488	1,405	438	4,205	493	275	220
1872	1,705	345	577	4,457	616	186	241
Moyenne	1,567	451	742	3,693	615	202	267
dont mascul.	1,463	443	788	3,391	594	216	223
fémin.	1,695	479	685	3,950	642	184	322

10. Age des morts de 1865—1874.

	De 10,000 morts avaient l'âge de				De 10,000 morts avaient l'âge de				De 10,000 morts avaient l'âge de		
	masc.	fém.	des deux sexes		masc.	fém.	des deux sexes		masc.	fém.	des deux sexes
0—1 mois	969·2	967·5	968·5	23—24 année	108·4	80·7	96·1	53—54 année	70·1	55·0	63·5
1—3 »	632·7	710·9	667·2	24—25 »	115·4	87·0	102·9	54—55 »	71·2	68·3	69·9
3—6 »	543·9	589·6	564·1	25—26 »	121·9	112·7	117·8	55—56 »	90·7	94·7	92·4
6—12 »	684·3	775·5	724·7	26—27 »	101·6	90·5	96·7	56—57 »	69·9	56·7	64·0
0—1 année	2,830·1	3,043·5	2,924·5	27—28 »	108·6	95·6	102·9	57—58 »	71·2	73·5	72·2
				28—29 »	110·8	102·4	107·1	58—59 »	61·6	66·7	63·9
1—2 »	577·4	677·2	621·4	29—30 »	114·5	95·7	106·2	59—60 »	86·0	90·5	88·1
2—3 »	238·3	271·7	253·1	**20—30** »	1,107·4	881·3	1,007·5	**50—60** »	812·7	766·4	792·3
3—4 »	144·5	149·9	146·9	30—31 »	134·9	141·6	137·8	60—61 »	120·3	151·1	133·9
4—5 »	94·6	101·0	97·4	31—32 »	84·7	69·3	77·9	61—62 »	50·1	59·7	54·4
0—5 »	3,884·9	4,243·3	4,043·3	32—33 »	104·9	85·8	96·5	62—63 »	65·3	78·6	71·2
				33—34 »	95·4	73·7	85·8	63—64 »	56·4	64·1	59·8
5—6 »	67·3	76·0	71·2	34—35 »	111·2	83·5	98·9	64—65 »	61·8	85·1	72·1
6—7 »	54·0	66·7	59·6	35—36 »	145·2	124·1	135·9	65—66 »	69·4	98·2	82·1
7—8 »	35·9	46·8	40·8	36—37 »	107·5	82·6	96·5	66—67 »	47·9	66·5	55·1
8—9 »	32·6	38·7	35·3	37—38 »	115·3	94·9	105·8	67—68 »	50·7	87·7	67·1
9—10 »	34·1	38·5	36·5	38—39 »	118·4	89·8	105·7	68—69 »	47·9	66·5	56·1
5—10 »	223·9	266·8	242·8	39—40 »	133·0	103·5	121·0	69—70 »	56·2	96·3	74·0
10—11 »	34·8	34·0	34·5	**30—40** »	1,150·5	947·9	1,060·8	**60—70** »	626·0	853·8	726·8
11—12 »	38·5	28·3	33·9	40—41 »	171·1	153·0	163·2	70—71 »	80·7	146·0	109·6
12—13 »	57·4	29·9	45·2	41—42 »	86·0	66·7	77·5	71—72 »	35·0	55·3	44·0
13—14 »	47·7	24·0	37·2	42—43 »	115·4	74·2	97·2	72—73 »	38·9	68·1	51·8
14—15 »	57·5	28·9	44·9	43—44 »	88·2	53·4	72·8	73—74 »	35·7	51·3	42·6
10—15 »	235·9	145·1	195·7	44—45 »	115·8	84·4	101·9	74—75 »	38·1	59·2	47·5
15—16 »	57·0	37·1	48·2	45—46 »	151·1	114·3	134·7	75—76 »	44·0	72·3	56·5
16—17 »	68·3	42·0	56·6	46—47 »	92·0	64·1	79·6	76—77 »	21·6	36·1	28·1
17—18 »	73·6	56·7	66·1	47—48 »	96·9	71·1	85·5	77—78 »	20·9	35·2	27·2
18—19 »	91·6	61·1	78·1	48—49 »	102·1	66·5	86·4	78—79 »	17·8	39·7	27·4
19—20 »	97·3	67·6	84·2	49—50 »	113·2	93·3	104·4	79—80 »	28·1	53·9	39·5
15—20 »	387·8	264·5	333·2	**40—50** »	1,131·8	841·0	1,003·2	**70—80** »	360·8	617·1	474·2
20—21 »	107·3	70·4	91·0	50—51 »	144·9	146·0	145·4	au-dessus de 80 ans	78·3	172·8	120·1
21—22 »	103·5	62·7	85·4	51—52 »	67·9	53·7	61·6				
22—23 »	115·4	83·2	101·4	52—53 »	79·2	61·3	71·3				

Récapitulation.

	0—5 ans	5—10 »	10—15 »	15—20 »	20—30 »	30—40 »	40—50 »	50—60 »	60—70 »	70—80 »	au-dessus de 80 ans	Total
Masculins .	3,884·9	223·9	235·9	387·8	1,107·4	1,150·5	1,131·8	812·7	626·0	360·8	78·3	10,000
Féminins .	4,243·3	266·8	145·1	264·5	881·3	947·9	841·0	766·4	853·8	617·1	172·9	10,000
Deux sexes	4,043·9	242·9	195·7	333·2	1,007·5	1,060·8	1,003·2	792·3	726·8	474·2	120·1	10,000

Odessa.

Longitude: 48º 24ʹ à l'est de l'île de Fer,
Latitude septentrionale: 46º 29ʹ.

1. État de la Population.

1866 : 119,376   1867 : 121,335   1873 : 162,814

2. Mariages (1873).

Nombre des mariages : 1001 ; sur 1000 habitants : 6·2.

Répartition sur les mois:

Janvier	1,159	Mai	1,379	Septembre	949
Février	1,049	Juin	240	Octobre	1,419
Mars	—	Juillet	1,267	Novembre	1,119
Avril	709	Août	320	Décembre	—
				Total :	10,000

État civil des fiancés:

Sur 1,000 cas il y avait :

758 garçons et filles   99 veufs et filles
92 »   » veuves   52 »   » veuves.

Age des fiancés:

15—20 ans	54 fiancés	399 fiancées	35—40 ans	97 fiancés	39 fiancées.
20—25 »	269 »	291 »	40—45 »	56 »	17 »
25—30 »	289 »	161 »	45—50 »	27 »	14 »
30—35 »	186 »	73 »	au dessus de 50 »	23 »	7 »
			Total	1,001 fiancés	1,001 fiancées.

3. Naissances (1873).

Nombre des naissances légitimes :   1,984 masculines   1,932 féminines.
»   »   »   illégitimes :   293   »   323   »
»   »   »   mort-nées :   136   »   74   »

Sur 1000 habitants: 27·8.

Naissances mascul. sur 1000 fémin. en général : 1009·8
»   légitimes : 1026·8, pour les illégitimes : 907·1.

4. Répartition des naissances sur les mois (1872—1875).

| | De 10,000 naissances il y a eu au mois de | | | | | | | | | | | |
	Janvier	Février	Mars	Avril	Mai	Juin	Juillet	Août	Septembre	Octobre	Novembre	Décembre
Naissances **masculines** legit. vivantes	781	832	837	837	761	665	998	821	958	827	912	771
» » illégit. »	1297	649	785	614	887	410	819	1058	819	1092	785	785
» » vivantes »	848	808	830	808	777	632	975	852	940	861	896	773
Naissances **féminines** légit. »	724	750	848	755	751	766	967	1019	937	962	807	714
» » illégit. »	1176	681	805	681	743	588	929	681	1022	929	1053	712
» » vivantes »	789	741	843	745	745	740	962	971	949	958	843	714

5. Décès (1873).

Nombre des décès: 3,965 hommes, 3,044 femmes.

Sur 1000 habitants: 43·1.

Répartition sur les mois:

	hommes	femmes	deux sexes
Janvier	857	963	903
Février	779	693	742
Mars	769	736	755
Avril	810	818	813
Mai	653	624	641
Juin	931	903	919
Juillet	1,291	1,196	1,250
Août	1,024	1,212	1,106
Septembre	848	811	832
Octobre	618	664	637
Novembre	671	683	676
Décembre	749	697	726
Total	10,000	10,000	10,000

Supplément.

Notice sur le climat d'Odessa.

Le climat de la ville d'Odessa est extrêmement inconstant. Souvent la température moyenne de janvier étant de + 4°, celle de février et même quelquefois celle de mars est de — 3°. On pourrait dire que le printemps y commence après la pleine lune de mars et dure jusqu'à la mi-mai. Vient ensuite l'été qui dure jusqu'à la mi ou fin septembre. L'automne n'y règne que du commencement d'octobre à la mi-novembre. (Cette saison est la plus favorable sous le rapport de la santé des habitants.) De la mi-novembre au mois de mars, il y fait un temps mauvais, inconstant, pendant lequel la température varie de + 4° et plus encore à celle qui accompagne des froids vifs et des tourmentes de neige.

Des 8 quartiers qui composent la ville, 6 se trouvent sur une élévation de 106 à 186 pieds au dessus du niveau de la mer. Le 7e appelé Peresip est situé le long du rivage, à une hauteur de 2 pieds au dessus de la mer. Le 8e appelé Dalniz se compose de 13 villages situés sur le rivage et dans les ravins. L'état sanitaire de ces deux derniers quartiers est beaucoup moins favorable que celui des 6 premiers, aussi la mortalité y est elle, surtout dans les années défavorables, comme par exemple en 1872, beaucoup plus grande que dans les quartiers plus élevés. Dans le quartier Petropaulon qui est formé des deux faubourgs Moldowanza et Nowaja-Sloboda, et qui est habité par la classe la plus pauvre et dont la population est considérablement accrue au printemps et en été par une foule d'ouvriers qu'y arrivent des parties les plus différentes, la mortalité est toujours très grande, même dans les plus saines années.

Boucarest (Bucuresci).

Longitude: 23° 46′ 12″ à l'est de l'île de Fer.
Latitude septentrionale: 44° 25′ 39″.

La ville est divisée en cinq quartiers, désignés chacun par le nom d'une des cinq couleurs suivantes : bleu, jaune, noir, rouge et blanc.

1. État de la Population.

1859 :   63,942 hommes,   57,812 femmes,   total 121,754
1875 ;   a peu prés   200,000

2. Mariages.

Année	Mariages conclus	Mariages dissous	
		par la mort	par le divorce
1868	886	?	65
1869	959	76	34
1870	1,062	72	38
1871	1,035	73	54
1872	1,116	86	43
1873	989	69	40
1874	1,094	83	42
Total	7,141	—	316

Mois des mariages. Sur 10,000 mariages il y en a eu (en 1870—1874) dans le mois de :

Janvier	1,868	Mai	805	Septembre	506
Février	1,380	Juin	509	Octobre	1,070
Mars	678	Juillet	883	Novembre	1,259
Avril	476	Août	511	Décembre	55

Degré d'instruction (1870—74) :

Sur 10,000 fiancés savaient écrire 5,836.
 »   »   fiancées »   »   3,410.

3. Age des fiancés (1870—1874).

Année	Nombre des mariages	Fiancés					Fiancées				
		au dessous de 21 ans	de 21 à 30 ans	de 30 à 45 ans	de 45 à 60 ans	au dessus de 60 ans	au dessous de 21 ans	de 21 à 30 ans	de 30 à 45 ans	de 45 à 60 ans	au dessus de 60 ans
1870	1062	21	608	358	71	4	544	390	121	7	—
1871	1035	29	595	338	70	3	581	316	129	9	—

Année	Nombre des mariages	Fiancés						Fiancées					
		au dessous de 18 ans	de 18 à 25 ans	de 25 à 30 ans	de 30 à 45 ans	de 45 à 60 ans	au dessus de 60 ans	au dessous de 18 ans	de 18 à 25 ans	de 25 à 35 ans	de 35 à 45 ans	de 45 à 60 ans	au dessus de 60 ans
1872	1116	··	228	612	222	48	6	217	604	229	54	11	1
1873	989	··	196	575	164	49	5	220	532	208	39	10	··
1874	1084	—	228	603	188	54	11	247	565	201	61	11	··

4. État civil des fiancés (1868—1874).

Sur 10,000 cas il y avait :

8043.8	garçon et fille.	36.4	veuf et divorcée.
505.0	» » veuve.	155.5	divorcé et fille.
166.6	» » divorcée.	44.7	» » veuve.
460.0	veuf et fille.	42.0	» » divorcée.
546.0	» » veuve.		

5. Mariages selon confession.

Année	Orthodoxes	Catholiques	Protestants	Arméniens	Lipovènes	Israélites	Musulmans	Somme des mariages
1870	1827	54	24	18	—	201	—	2124
1871	1739	74	37	24	··	196	—	2070
1872	1941	71	32	12	··	176	··	2232
1873	1653	79	38	7	—	201	-	1978
1874	1847	77	28	22	··	214	—	2188

6. Naissances (1868—1874).

	1868	1869	1870	1871	1872	1873	1874	Total
				a) Nés-vivants.				
Garçons	2,540	2.678	2 487	2,563	2,245	2,256	2,702	17,471
dont illégitimes	393	399	340	401	342	307	412	2,594
Filles	2,303	2,462	2,309	2,386	1,987	1,969	2,499	15,915
dont illégitimes	421	310	326	371	337	213	392	2,370
Somme	4,843	5,140	4,796	4,949	4,232	4,225	5,201	33,386
				b) Mort-nés.				
Garçons	17	50	36	44	61	69	44	321
dont illégitimes	?	?	?	?	9	14	4	?
Filles	8	36	21	24	45	28	27	189
dont illégitimes	?	?	?	?	6	9	8	?
Somme	25	86	57	68	106	97	71	510
				c) Total.				
Total des garçons	2,557	2,728	2,523	2.607	2,306	2,325	2,746	17,792
» » filles	2,311	2,498	2,330	2,410	2,032	1,997	2,526	16,104
» » légitimes	?	?	?	?	3,644	3,779	4,456	?
» » illégitimes	?	?	?	?	694	543	816	?
Total général	4.868	5,226	4,853	5,017	4,338	4,322	5,272	33,896

Naissances masculines sur 1000 féminines : en général 1097·8, pour les naissances légitimes 1098·4, pour les illég. 1094·9.

Naissances illégitimes sur 1000 naissances (1868—1874) : 174·7.

Mort-nés sur 1000 vivant-nés (1872—1874) : 23·7.

7. Naissances.

Année	Orthodoxes	Catholiques	Protestants	Arméniens	Lipovènes	Israélites	Musulmans	Somme des enfants nés	Remarques
1867	4,101	157	73	37	—	408	--	4,776	La disproportion entre les naissances et les décès des catholiques et des protestants n'est pas réelle; jusqu'à l'année 1874 les prêtres catholiques et protestants ont baptisé très souvent des enfants qui n'avaient pas été enregistrés par les offices de de l'état civil. Cette irrégularité n'a disparu que dans le cours de cette année.
1868	4,128	182	69	25	--	464	--	4,878	
1869	4,299	178	115	23	—	525	—	5,140	
1870	3,989	174	73	35	1	524	-	4,796	
1871	4,142	181	117	31	--	478	·	4,949	
1872	4,152	219	138	27	··	492	—	5,028	
1873	4,106	190	122	23	--	520	---	4,962	
1874	4,321	346	122	20	—	574	1	5,384	

8. Répartition des naissances vivantes sur les mois (1868—1874).

	Sur 10,000 naissances il y a eu dans les mois de											
	Janvier	Février	Mars	Avril	Mai	Juin	Juillet	Août	Septembre	Octobre	Novembre	Décembre
a) Nés-vivants.												
Naissances **masculines** légitimes	863	1116	811	845	751	732	782	807	719	949	876	749
» » illégit.	794	995	889	708	660	775	880	823	861	918	756	951
En somme	996	1042	884	830	711	684	802	768	683	906	815	879
Naissances **féminines** légitimes	999	1060	906	852	742	746	804	657	742	954	847	691
» » illégit.	847	750	895	799	837	635	788	818	875	837	1039	880
En somme	962	1004	901	861	756	718	794	753	761	908	876	706
b) Mort-nés.												
Mort-nés masculins	1350	821	725	465	445	574	483	966	1101	1014	848	1208
» » féminins	1135	928	918	599	478	575	599	863	946	883	880	1196

9. Décès 1868—74.
(Sans les mort-nés.)

Année	Hommes	Femmes	Total	
1867	3,513	2,460	5,973	Il y a à Boucarest un établissement public d'accouchement »la maternité« entretenu par une fondation spéciale. En 1874, le nombre des enfants nés dans cet établissement était de 570, dont 298 garçons et 272 filles.
1868	2,851	2,202	5,035	
1869	2,765	2,056	4,821	
1870	4,220	3,428	7,648	
1871	3,964	3,079	7,043	
1872	4,090	3,064	7,154	
1873	4,715	3,837	8,552	
1874	3,339	2,545	5,884	
Total	29,457	22,671	52,128	

Répartition sur les mois (de 1870—74).

	hommes	femmes	deux sexes		hommes	femmes	deux sexes
Janvier	865	626	846	Juillet	620	675	648
Février	792	737	814	Août	729	813	765
Mars	811	767	839	Septembre	789	746	767
Avril	706	667	686	Octobre	1059	1190	1075
Mai	597	573	580	Novembre	1270	1292	1232
Juin	488	432	460	Décembre	1274	1482	1288
				Total	10,000	10,000	10,000

10. Age des morts (de 1868—1874).

De 10,000 morts				De 10,000 morts				De 10,000 morts		
masc.	fem.	des deux sexes		masc.	fem.	des deux sexes		masc.	fem.	des deux sexes
avaient l'âge de				avaient l'âge de				avaient l'âge de		
3,656	4,200	4,127	30—40 année	920	756	738	70—80 année	374	376	375
866	974	920	40—50 »	896	666	681	80—90 »	190	190	190
758	848	803	50—60 »	674	402	538	90—100 »	86	100	94
1,022	1,124	1,048	60—70 »	540	346	468	au-dessus de 100 ans	18	18	18

En somme . 10,000　10,000　10,000

11. Décès selon la confession (1867—1873).

Année	Ortho-doxes	Catho-liques	Protes-tants	Armé-niens	Lipovénes	Israélites	Musul-mans	Somme des décès
1867	5,192	353	164	43	—	221	—	5,973
1868	4,272	345	132	36	—	248	—	5,035
1869	4,099	309	158	43	—	209	3	4,821
1870	6,343	468	183	43	5	546	3	7,648
1871	5,999	437	142	35	—	359	3	7,043
1872	5,924	491	210	45	—	356	7	7,154
1873	6,996	638	288	65	—	440	19	8,552
1874	4,854	443	171	44	—	361	11	5,884

12. Principales causes de décès (1868—1869, 1874).

	Debilitas congenita et deformitas	Tuberculosis pulmonum	Typhus	Dysenteria	Variola	Morbilli	Scarlatina	Group	Pertussis	Syphilis	Hydrocephalus acutus	Meningitis	Dyphteritis	Febris puerperalis	Alii morbi puerperales	Marasmus senilis	Ilcotyphus	Intoxicatio palustris	Pneumonia	Gastro-enteritis	Haemorrhagia cerebralis	Pleuritis	Bronchitis
a) Chiffres absolus																							
1868	313	630	244	145	109	31	42	13	60	50	11	103	17	35	18	154	326	247	325	467	99	64	72
1869	328	631	37	112	18	16	25	6	18	32	6	94	200	5	14	206	253	240	365	516	82	98	148
1874	342	570	20	32	355	31	157	17	26	5	10	103	375	12	29	228	207	190	381	422	86	46	92
b) En pourcent (sur 10,000 cas)																							
1868	621	1251	484	288	216	61	83	25	119	99	22	204	33	69	35	305	647	490	633	927	196	127	143
1869	638	1227	72	218	35	31	48	11	34	63	11	182	389	9	27	401	492	467	710	103	159	190	287
1874	574	957	33	54	596	52	263	28	43	8	17	173	629	20	48	383	347	319	639	708	144	74	154

Outre cela sont morts du:

Cholera asiatica: 1865: 149 (= 208°/₀₀₀), 1866: 227 (=436°/₀₀₀).

Dyphteritis: 1870: 1164 (=1522°/₀₀₀), 1871: 471 (=668°/₀₀₀).

1872: 434 (= 607°/₀₀₀), 1873: 391 (=457°/₀₀₀).

Variola: 1873: 48 (= 50°/₀₀₀).

13. Climatologie.

Hauteur au-dessus de la mer : 87 mètres.
Vents régnants : NEE. E, NE, O, SO.

Moyennes des mois.

	des dernières années 1864—1874	Janvier	Février	Mars	Avril	Mai	Juin	Juillet	Août	Septembre	Octobre	Novembre	Décembre
Température moyenne (Celsius)		— 0.8	+ 1.9	+ 4.9	+12.0	+16.8	+21.3	+24.0	+22.9	+18.7	+12.8	+ 8.9	+ 0.9
Moyenne des maxima de température .		+ 7.1	+ 5.4	+11.7	+18.3	+22.5	+26.3	+27.7	+27.7	+24.1	+18.7	+13.8	+ 7.8
Moyenne des minima de température . .		— 9.4	—11.3	— 1.2	+ 5.2	+ 7.4	+16.0	+19.1	+17.5	+12.8	+ 8.6	+ 0.1	— 5.3
Humidité moyenne (Mm.)		88.10	84.30	90.30	83.74	83.18	82.53	84.90	85.25	85.11	83.21	85.84	89.96
Quantité mensuelle de pluie (Mm. c.) .		12.5	13.9	11.56	39.12	72.70	65.0	86.25	42.50	20.5	29.44	59.90	20.5
Nombre des jours pluvieux		2	1.75	3.5	5.5	14.0	9.0	12.25	7.77	4.25	6.0	7.5	5
» » neigeux		3.5	5.25	—	—	—	—	—	—	—	—	1.25	2.25

Bibliographie.

Office central de statistique. »Statistica din România pe anul 1870.« (Boucarest 1873.)

»   »   »   »   »Statistica din România pe anul 1871.« (Boucarest 1874.)

Le maire de la ville de Boucarest. »Darea de séma assupra administratiunei communale a orasului Bucuresci pentru timpul de la 1. septembriu 1874 pene la 1. septembriu 1875.« (Boucarest 1875. Compte-rendu de l'administration communale de la ville de Boucarest du 1. septembre 1874 jusqu'au 1. septembre 1875.)

Supplément.

Manière d'enregistrer les décés.

Tous les décès sont enregistrés à un office de l'état civil et vérifiés par un médecin. 5 officiers d'état civil et 9 médecins communaux sont chargé de ce travail. Chaque médecin est obligés designer, en cas de décès de son malade, un bulletin qui contient la diagnose de la dernière maladie, et le médecin communal de l'arrondissement fait passer cette diagnose dans le certificat et dans le tableau statistique.

En cas qu'un individu succombe de mort naturelle, sans avoir été soigné par un médecin, le médecin communal, chargé de la vérification du décès, fait une diagnose approximative, d'après les symptômes qui lui sont mentionnés par la famille du mort, et fait passer cette diagnose dans le certificat et dans son tableau statistique, avec l'observation que l'individu n'a pas été soigné par un médecin.

En cas de mort violente, la cause est constatée par le médecin-légiste d'après l'autopsie du cadavre.

Notre statistique comprend aussi la population militaire. La vérification des décès dans la garnison de Boucarest est faite par des médecins militaires et passée dans les registres des officiers d'état civil.

Les décès des hôpitaux civils sont aussi comptés. Leur vérification se fait par les médecins des hôpitaux.

Les décès des étrangers morts à Boucarest sont aussi comptés.

Gand.*)

Longitude: 21° 23′ 25″ à l'est de l'île de Fer.
Latitude septentrionale: 51° 3′ 15″.

1. État de la Population.

1831 (Dec. 31)	85,559	1865 (Dec. 31)	126.347
1840 »	96,890	1868 »	119,848
1850 »	106,704	1873 »	128,424
1860 »	118,147		

2. Mariages.

Année	Nombre des mariages		Année	Nombre des mariages		Année	Nombre des mariages	
	conclus	dissous par le divorce		conclus	dissous par le divorce		conclus	dissous par le divorce
1857	967	—	1860	1,073	2	1863	904	1
1858	1,051	2	1861	948	2	1864	916	2
1859	1,076	1	1862	907	3	1865	982	2
						Total	8,824	15

Sur 1000 habitants mariages (en 1860) 7·8, (en 1865) 7·8.

3. Naissances (1857—1865).

	1857	1858	1859	1860	1861	1862	1863	1864	1865	Total
Enfants légitimes . .	3,342	3,403	3,609	3,654	3,580	3,655	3,577	3,511	3,699	31,931
» illégit. . . . . (et trouvés)	656	647	665	642	612	563	524	480	566	5,355
Total des nés-vivant	3.998	4050	4.274	4,296	4,192	4,218	4,101	3,991	4,166	37,286
Mort-nés . .	215	215	210	236	219	189	213	239	237	2,013

Naissances sur 1,000 habitants en 1860 36·4, en 1865 32·9.

Naissances illégitimes sur 1000 légitimes (1857—1865): 167·7.

Mort-nés sur 1000 naissances viables nés-vivant (1857—1865): 53·9.

4. Décès (1857—1865).

Année	Hommes	Femmes	Total	Année	Hommes	Femmes	Total
1857	1616	168	3303	1862	1598	1658	3256
1858	1591	1623	3214	1863	1614	1591	3205
1859	1956	1919	3875	1864	1739	1643	3382
1860	1354	1359	2713	1865	1972	1950	3922
1861	1655	1713	3368	Total	15095	15143	30238

Sur 1000 habitants (en 1860): 22·9, (en 1865): 31·0.

Age des morts (1857—1865) 0—5: 4698·8. 5—10: 273·2. 10—15: 108·5. 15—20: 200·8. 20—30: 720·9. 30—40: 642·7. 40—50: 640·4. 50—60: 746·6. 60—70: 882·3. 70—80: 748·6. 80—90: 303·6. 90—100: 30·6. — Total: 10,000.

---

*) Comme nous n'avons pas reçu de la part de la ville les renseignements nécessaires, il ne nous est pas resté d'autre source pour le mouvement de la population de cette ville, que l'ouvrage de Mr. D. Coppé »Statistique Communale« (de Gand). Gand 1866, où nous avons puisé les données à-haut.

Liège (Luik).

Longitude: 23° 12′ 56″ à l'est de l'île de Fer.
Latitude septentrionale: 50° 40′ 35″.
Se compose des quartiers suivants: Centre, Sud, Nord, Est et Ouest.

1. État de la Population.

Année	Hommes	Femmes	Total	Année	Hommes	Femmes	Total
1865	53,018	52,885	105,903	1870	54,444	56,922	111,766
1866	52,769	52,749	105,518	1871	55,641	57,615	113,256
1867	51,842	53,581	105,423	1872	56,704	58,535	115,239
1868	52,934	54,805	107,739	1873	57,740	59,604	117,344
1869	54,049	55,963	110,012	1874	58,877	60,649	119,526

2. Mariages.

Année	Mariages conclus	Mariages dissous par la mort	Mariages dissous par le divorce	Année	Mariages conclus	Mariages dissous par la mort	Mariages dissous par le divorce
1865	843	577	6	1870	890	643	8
1866	851	1,530	8	1871	921	747	15
1867	941	589	12	1872	1,096	707	5
1868	954	644	11	1873	1,053	716	18
1869	976	604	9	1874	1,158	669	19

Sur 1000 habitants: 8.1 mariages (en 1866).

Mois des mariages (1864—74): Sur 10,000 mariages il y en a eu dans les mois de

Janvier	645	Mai	1.041	Septembre	1,051
Février	930	Juin	843	Octobre	926
Mars	535	Juillet	916	Novembre	781
Avril	729	Août	728	Décembre	875

État civil (1864—1874): Sur 10,000 cas il y avait: 7,656 garçons et filles, 728 garçons et veuves, 15 garçons et femmes divorcées, 1,050 veufs et filles, 519 veufs et veuves, 10 veufs et divorcées, 13 divorcés et filles. 9 divorcés et veuves.

Degré d'instruction (1864—1874):

Sur 100 fiancés savaient écrire 82
» » fiancées » » 68

3. Naissances (1865—1874).

	1865	1866	1867	1868	1869	1870	1871	1872	1873	1874	Total
a) Nés-vivants.											
Garçons	1.715	1,746	1,649	1,681	1,747	1,861	1,707	1,932	1,857	1,959	17,854
dont illégit. . . .	160	152	278	302	280	311	219	304	293	291	2,590
Filles	1,646	1,654	1,686	1,778	1,697	1,749	1,700	1,880	1,821	1,921	17,532
dont illégit. . . .	157	144	277	303	280	331	219	330	290	322	2,653
S o m m e . .	3,361	3,400	3,335	3,495	3.444	3,610	3,407	3,812	3,678	3,880	35,386
b) Mort-nés.											
Garçons	126	126	114	113	120	76	98	103	108	103	1,087
dont illégit. . . .	24	24	22	18	24	18	19	15	20	12	196
Filles	97	97	77	91	71	111	72	83	72	75	846
dont illégit. . . .	24	24	16	17	15	15	12	17	12	16	168
S o m m e . .	223	223	191	204	191	187	170	186	180	178	1,933
c) Total											
Total des garçons .	1,841	1,872	1,763	1,794	1,867	1,937	1,805	2,035	1,965	2,062	18,941
» des filles	1,743	1,751	1,763	1,869	1,768	1,860	1,772	1,963	1,893	1,996	18,378
» des légitimes . . .	3,219	3,279	2,933	3,023	3,036	3,122	3,108	3,332	3,243	3,417	31,712
» des illégitimes . .	365	344	593	640	599	675	469	666	615	641	5,607
Total général . .	3,584	2,623	3,526	3,663	3,635	3,797	3,577	3,998	3,858	4,058	37,319

Naissances vivantes sur 1,000 habitants (1866): 32.2.

Naissances masculines sur 1,000 féminines (1865—1874): en général 1018.9, pour les naissances légitimes 1025.9, pour les illégitimes 976.3.

Naissances illégitimes sur 1,000 naissances (1865—1874): 173.9.

Mort-nés sur 1,000 nés-vivants (1865—1874): 54.7.

4. Répartition des naissances sur les mois (1864—1874).

	De 10,000 naissances il y a eu dans le mois de											
	Janvier	Février	Mars	Avril	Mai	Juin	Juillet	Août	Septembre	Octobre	Novembre	Décembre
a) Nés-vivants.												
Naissances **masculines** légitimes	921	899	884	849	818	768	834	856	756	768	791	856
» » illégitimes	662	822	1,187	856	560	936	882	799	753	1,027	549	1,027
Total	875	885	938	850	772	798	832	846	755	815	747	887
Naissances **féminines** légitimes	799	731	989	825	827	942	781	865	762	825	914	740
» » illégitimes	720	880	983	800	823	663	697	1,120	892	892	594	936
Total	786	757	988	821	827	895	766	908	784	836	860	772
b) Mort-nés.												
Mort-nés **masculins** légitimes	542	985	650	867	650	1,192	975	542	975	867	563	1,192
» » » illégitimes	508	457	508	2,030	508	508	1,523	1,014	1,522	508	406	508
Total	536	894	625	1,071	625	1,071	1,071	625	1,071	804	536	1,071
Mort-nés **féminins** légitimes	755	1,209	832	1,512	752	302	1,209	589	423	1,209	604	604
» » » illégitimes	917	459	688	917	459	1,835	917	505	550	459	459	1,835
Total	795	1,023	795	1,364	682	682	1,136	568	455	1,023	568	909

5. Décès.

(1865—1874, sans les mort-nés.)

Année	Hommes	Femmes	Total	Année	Hommes	Femmes	Total
1865	1,480	1,390	2,870	1870	1,545	1,381	2,926
1866	2,465	2,405	4,870	1871	1,940	1,879	3,819
1867	1,446	1,282	2,728	1872	1,564	1,394	2,958
1868	1,330	1,303	2,633	1873	1,595	1,456	3,051
1869	1,397	1,317	2,714	1874	1,487	1,455	2,942
				Total	16,249	15,262	31,511

Sont comptés tous les décès survenus dans la ville, aussi les étrangers.

Sur 1,000 habitants cas de décès: 46.7 pour les hommes, 45.6 pour les femmes, 24.7 pour les deux sexes (en 1866.)

Répartition sur les mois (sur 10,000 cas):

	hommes	femmes	deux sexes		hommes	femmes	deux sexes
Janvier	909	1,027	967	Juillet	838	904	870
Février	880	791	836	Août	885	868	877
Mars	1,029	862	947	Septembre	783	795	789
Avril	947	947	947	Octobre	582	755	667
Mai	846	787	817	Novembre	688	706	697
Juin	761	738	750	Décembre	852	820	836

6. Age des morts.[*]

	De 10,000 morts				De 10,000 morts				De 10,000 morts		
	masculins	féminins	des deux sexes		masculins	féminins	des deux sexes		masculins	féminins	des deux sexes
	avaient l'âge de				avaient l'âge de				avaient l'âge de		
0— 1 mois	43	34	38	13—15 mois	381	396	389	8— 9 année	32	39	36
1— 2 »	79	93	86	16—18 »	323	288	305	9—10 »	24	34	29
2— 3 »	81	124	103	19—21 »	302	282	292	5—10 »	306	290	298
3— 4 »	65	51	58	22—24 »	176	129	153	10—15 »	179	175	177
4— 5 »	140	164	152	en somme				15—20 »	260	245	253
5— 6 »	150	104	127	1— 2 année	1182	1095	1139	20—30 »	868	915	891
6— 7 »	132	166	149	2— 3 année	503	526	515	30—40 »	761	775	768
7— 8 »	176	173	174	3— 4 »	251	199	225	40—50 »	909	822	865
8— 9 »	185	172	179	4— 5 »	250	244	247	50—60 »	921	874	898
9—10 »	217	237	227	en somme				60—70 »	846	840	843
10—11 »	193	150	171	0—5 année	3854	3747	3801	70—80 »	779	887	833
11—12 »	207	215	211	5—6 »	148	116	132	80—90 »	278	363	320
en somme				6—7 »	73	65	69	90—100 »	39	67	53
0— 1 année	1668	1683	1675	7—8 »	29	36	32	Total	10000	10000	10000

[*] La période du temps n'était pas nommée.

7. Principales causes de décès (1865—1874).

	a) Chiffres absolus											b) En pour cent										
	Tuberculosis pulmonum	Cholera asiatica	Typhus	Variola	Morbilli	Scarlatina	Croup	Pertussis	Morbi puerperales	Bronchitis	Enteritis	Tuberculosis pulmonum	Cholera	Typhus	Variola	Morbilli	Scarlatina	Croup	Pertussis	Morbi puerperales	Bronchitis	Enteritis
1865	481	—	53	279	12	21	54	83	19	235	364	1,676	—	185	972	42	73	188	289	66	818	1,268
1866	492	2,628	76	1	13	19	37	14	16	212	278	1,010	5,396	156	2	27	39	76	29	33	435	571
1867	432	—	48	—	55	43	26	19	13	162	241	1,217	—	176	—	202	158	95	70	48	597	883
1868	400	—	75	5	19	20	24	36	36	110	296	1,519	—	285	19	72	76	91	137	137	418	1,124
1869	410	—	65	7	103	13	28	16	24	167	376	1,511	—	240	26	380	48	103	59	88	915	1,385
1870	423	—	71	12	53	16	25	19	34	181	455	1,446	—	208	41	181	55	85	65	116	619	1,555
1871	488	—	72	386	10	350	24	67	33	313	483	1,278	—	189	1,011	26	916	63	175	86	819	1,265
1872	471	—	81	63	52	51	4	27	41	327	457	1,592	—	139	213	176	172	13	91	139	1,106	1,545
1873	428	—	92	45	17	31	25	29	31	362	476	1,424	—	306	150	56	103	83	96	103	1,198	1,583
1874	447	—	58	10	139	25	37	47	31	310	386	1,519	—	197	34	472	85	126	60	105	1,054	1,312
Somme	4,472	2,628	691	808	473	589	284	357	278	2,379	3,812	1,419	834	219	256	150	187	90	113	88	755	1,210
dont: masculins	2,406	1,340	361	405	224	324	151	168	—	1,251	1,823	1,481	825	222	249	138	199	93	103	--	170	1,122
féminins	2,066	1,288	330	403	249	265	133	189	278	1,128	1,989	1,354	844	216	264	163	174	87	124	182	739	1,303

Anvers.

Longitude: 22º, 3', 52" à l'est de l'île de Fer.
Latitude septentrionale: 51º, 13', 15".

1. État de la Population civile.

Année	Hommes	Femmes	Total	Année	Hommes	Femmes	Total
1865	60,531	62,967	123,498	1870	68,007	67,823	135,830
1866	60,256	62,600	122,856	1871	70,455	69,730	140,185
1867	62,727	63,527	126,254	1872	72,012	71,533	143,545
1868	64,539	65,097	129,636	1873	79,440	74,215	153,655
1869	66,467	66,503	132,970	1874	80,999	75,672	156,671

2. Mariages conclus et dissous.

Année	Nombre des mariages			Année	Nombre des mariages		
	conclus	dissous par la mort	dissous par le divorce		conclus	dissous par la mort	dissous par le divorce
1865	1,057	757	1	1870	1,138	822	7
1866	1,054	1,098	1	1871	1,379	953	—
1867	1,205	745	2	1872	1,411	812	5
1868	1,104	749	5	1873	1,471	866	4
1869	1,229	761	4	1874	1,422	901	4

Sur mille habitants (en 1866): 8·6 mariages.

3. Décès.

(Sans les mort-nés.)

Année	Hommes	Femmes	Total	Année	Hommes	Femmes	Total
1865	1,993	1,711	3,704	1870	2,150	1,974	4,124
1866	3,207	2,705	5.912	1871	2,490	2,078	4,568
1867	1,658	1,451	3,109	1872	2,025	1,726	3,751
1868	1,817	1,570	3,387	1873	2,075	1,720	3,795
1869	1,769	1,602	3,371	1874	2,188	1,953	4,141

Sur mille habitants (en 1866): hommes 53·2, femmes 43·2, des deux sexes 48·1.

4. Naissances (1865—1874).

	1865	1866	1867	1868	1869	1870	1871	1872	1873	1874	Total
a) Nés-vivants.											
Garçons	2,131	2,160	2,116	2,202	2,397	2,497	2,565	2,730	2,725	2,934	24,457
» dont illégitimes	238	199	274	279	273	314	323	308	287	287	2,782
Filles	2,087	1,993	2,042	2,172	2,150	2,356	2,440	2,696	2,708	2,959	23,603
» dont illégitimes	234	184	250	282	268	292	298	353	308	320	2,789
Somme	4.218	4,153	4,158	4.374	4,547	4,853	5.005	5,426	5,433	5,893	48,060
b) Mort-nés.											
Garçons	122	148	110	143	120	142	128	120	127	142	1,302
» dont illégitimes	22	19	25	31	18	29	19	22	24	14	223
Filles	86	104	107	101	90	92	111	110	100	118	1.019
» dont illégitimes	18	20	18	21	18	18	18	17	24	22	194
Somme	208	252	217	244	210	234	239	230	227	260	2.321
c) Total.											
Total des garçons	2,253	2,308	2,226	2,345	2,517	2,639	2,693	2,850	2,852	3,076	25,759
» » filles	2,173	2,097	2,149	2,273	2,240	2,448	2,551	2,806	2.808	3,077	24,622
» » légitimes	3,914	3,983	3,808	4,005	4,180	4,434	4.586	4,956	5,017	5,510	44,393
» » illégitimes	512	422	567	613	577	653	658	700	643	643	5,988
Total général	4,426	4,405	4,375	4,618	4,757	5,087	5,214	5,656	5,660	6,153	50,381

Naissances sur 1000 habitants (en 1866): 33.8.

Naissances masculines sur 1000 féminines: en général (1865—1874) 1036.2; pour les naissances légitimes; 1041.4. pour les illégitimes 997.5.

Naissances illégitimes sur 1000 naissances (1865—1874): 128.9.

Mort-nés sur 1000 vivant-nés (1865—1874) 48.3.

5. Principales causes de décès (1868—1874).

	Chriffres absolus										En pour cent : sur 10,000 cas									
	Tuberculosis pulmonum	Cholera asiatica	Typhus	Variola	Morbilli	Scarlatina	Croup	Pertussis	Bronchitis	Morbi puerp.	Tuberculosis pulmonum	Cholera	Typhus	Variola	Morbilli	Scarlatina	Croup	Pertussis	Bronchitis	Morbi puerper.
1868	466	—	163	3	?	27	95	53	248	3	1,376	—	481	9	?	80	280	157	735	9
1869	412	—	129	158	118	31	97	38	216	27	1,222	—	383	469	350	92	288	113	641	80
1870	477	3	123	179	76	347	76	6	566	55	1,157	7	298	434	184	841	184	14	1,372	133
1871	516	2	138	321	203	44	44	62	773	53	1,295	4	301	702	444	96	96	135	1,692	116
1872	454	2	137	316	94	25	75	41	496	44	1,210	5	365	842	250	66	202	109	1,322	117
1873	449	85	110	56	99	9	89	16	541	30	1,183	224	289	147	260	26	234	42	1,426	719
1874	490	2	93	503	49	10	69	56	604	26	1,183	5	227	1,215	118	24	166	135	1,456	63
Somme . .	3,264	94	893	1,536	—	493	546	272	3,444	238	1,203	35	329	565	—	183	201	100	1,269	95
dont masculin.	1,824	56	524	777	—	254	275	112	1,939	—	1,257	39	361	535	—	177	188	77	1,329	—
féminin.	1,440	38	369	759	—	235	271	160	1,515	238	1,141	30	292	601	—	186	214	127	1,117	189

La Haye (s' Gravenhage). *)

Longitude: 4° 18′ 41″ à l'est de l'île de Fer.

Latitude septentrionale: 52° 4′ 40″.

1. État de la Population (réelle).

Année	Hommes	Femmes	Total	Année	Hommes	Femmes	Total
1849	31,336	38,371	69,707	1862	37,649	44,971	82,620
1850	31,533	38,709	70,242	1863	38,627	45,988	84,615
1851	32,512	39,444	71,956	1864	39,112	46,577	85,689
1852	34,188	40,200	74,388	1865	39,847	47,472	87,319
1853	34,484	40,485	74,969	1866	40,039	47,762	87,801
1854	34,867	40,753	75,620	1867	40,484	48,584	89,068
1855	35,003	40,736	75,739	1868	40,664	49,394	90,058
1856	35,570	41,250	76,820	1869	41,578	50,443	92,021
1857	36,252	42,063	78,315	1870	42,057	51,026	93,083
1858	36,810	42,703	79,513	1871	41,760	50,884	92,644
1859	35,537	42,781	78,318	1872	41.996	50,789	92,785
1860	36,425	43,665	80,090	1873	43,110	51,785	94,895
1861	37,074	44,319	81,393	1874	44,450	53,115	97,565

*) **Bibliographie** : Bourgmestre et Echevins de la Haye: Exposé de la situation administrative de la Haye 1861—1875.

2. **Mariages** (1865—1874).

Année	Mariages conclus	Mariages dissous		Année	Mariages conclus	Mariages dissous	
		par la mort	par le divorce			par la mort	par le divorce
1865	746	395	9	1871	754	579	5
1866	797	772	8	1872	807	474	11
1867	762	453	11	1873	970	501	11
1868	695	433	6	1874	904	519	7
1869	665	459	10				
1870	751	523	9	Total	7,851	5,108	87

S u r 1000 h a b i t a n t s (en 1869) 7·2 mariages.

R é p a r t i t i o n s u r l e s m o i s (1860—1874) :

Janvier	697	Mai	1,729	Septembre	683
Février	657	Juin	831	Octobre	697
Mars	389	Juillet	831	Novembre	1,019
Avril	751	Août	1,193	Décembre	523

T o t a l 10,000

É t a t c i v i l d e s f i a n c é s (1860—74).

Sur 10,000 cas il y avait :

8,105 garçons et filles	1,073 veufs et filles	44 divorcés et filles.
352 » » veuves	381 » » veuves	13 » » veuves.
20 » » divorcées	9 » » divorcées	3 » » divorcées.

3. **Age des fiancés** (1860—1874).

Age des fiancés (en ans)	Age des fiancées (en ans)						Total
	au-dessous de 21 ans	21—25	25—30	30—40	40—50	au-dessus de 50 ans	
—21	71	111	36	10	1	—	229
21—25	448	1,324	746	221	15	1	2,755
25—30	309	1,187	1,408	749	61	3	3,717
30—40	112	514	923	1,108	237	9	2,903
40—50	10	56	140	456	324	52	1,038
50—60	2	7	30	83	167	92	381
au-dessus de 60	1	4	7	26	55	71	164
T o t a l	953	3,203	3,290	2,653	860	228	11,187

4. Naissances (1865—1874).

	1865	1866	1867	1868	1869	1870	1871	1872	1873	1874	Total
					a) Nés-vivants.						
Garçons	1,639	1,583	1,621	1,635	1,650	1,713	1,565	1,729	1,798	1,983	16,916
dont illégitimes	154	143	147	135	123	134	129	161	160	141	1,427
Filles	1,535	1,461	1,501	1,579	1,518	1,542	1,659	1,701	1,704	1,788	15,988
dont illégitimes	129	111	117	141	132	129	127	142	142	109	1.279
Somme . . .	3.174	3,044	3,122	3,214	3,168	3,255	3,224	3,430	3,502	3,771	32,904
					b) Mort-nés.						
Garçons	81	95	88	81	92	86	105	93	93	104	928
dont illégitimes	14	18	13	19	15	20	21	14	14	18	166
Filles	63	70	74	69	70	81	85	86	86	77	761
dont illégitimes	14	12	15	14	18	15	17	13	13	12	143
Somme . . .	144	165	162	150	162	177	190	179	179	181	1,689
					c) Total.						
Total des garçons	1,720	1,678	1,709	1,716	1,742	1,809	1,670	1,822	1,891	2,087	17,844
» filles	1,598	1,531	1,575	1,648	1,588	1,623	1,744	1,787	1,790	1,865	16,749
» légitimes*)	3,007	2,925	2,992	3,055	3,042	3,134	3,120	3,279	3,352	3,672	31,578
» illégitimes	311	284	292	309	288	298	294	330	329	280	3.015
Total général	3,318	3,209	3,284	3,364	3,330	3,432	3,414	3,609	3,681	3,952	34,593

Naissances vivantes sur 1000 habitants (en 1869): 34·5.
Naissances masculines sur 1000 féminines (1865—1874): 1085·0, pour les légitimes 1053·0, pour les illégitimes 1127·3.
Naissances illégitimes sur 1000 naissances: 89·9.
Mort-nés sur 1000 nés-vivants: 51·3.

*) A la Haye il n'éxistent pas ni de maisons d'accouchement, ni de maisons d'enfants trouvés.

5. Répartition des naissances sur les mois (1860—74).

	De 10,000 naissances il y en a eu au mois de											
	Janvier	Février	Mars	Avril	Mai	Juin	Juillet	Août	Septembre	Octobre	Novembre	Décembre
a) Nés-vivants.												
Naissances **masculines** légitimes	839	840	948	853	799	758	792	799	880	901	758	833
» » illégitimes	916	909	922	804	784	735	818	811	839	735	860	867
Total	849	848	946	848	796	756	793	802	876	882	768	836
Naissances **féminines** légitimes	862	871	932	837	772	734	807	796	909	867	784	829
» » illégitimes	1014	952	890	851	782	782	774	813	805	743	836	758
Total	875	878	929	838	773	738	804	797	900	856	788	824
b) Mort-nés.												
Mort-nés **masculins** légitimes	911	784	953	812	784	798	812	911	728	742	840	925
» » illégitimes	980	1046	654	784	980	915	654	719	719	654	719	1176
Total	922	841	898	807	841	818	783	876	714	714	807	979
Mort-nés **féminins** légitimes	829	834	994	829	737	607	737	755	829	976	865	958
» » illégitimes	588	1029	883	1029	956	735	588	883	441	956	809	1103
Total	779	912	971	853	779	647	706	780	750	970	853	1000

6. Décès (1865—1874).

Année	Hommes	Femmes	Total	Sur 1000 habitants combien cas de décès		
				pour les hommes	pour les femmes	pour les deux sexes
1865	1,044	969	2,013	26.2	20.4	23.1
1866	1,544	1,620	3,164	38.5	33.9	36.0
1867	1,026	1,043	2,069	25.4	21.5	23.2
1868	1,200	1,174	2,374	29.5	23.8	26.4
1869	1.014	998	2,012	24.4	19.8	21.8
1870	1,408	1,313	2,721	33.5	25.7	29.2
1871	1,758	1,852	3,610	42.1	36.4	39.0
1872	1,130	1,121	2,251	26.9	22.7	24.3
1873	1,194	1,153	2,347	27.7	22.3	24.7
1874	1,220	1,290	2.510	27.4	24.3	26.0
Total	12,538	12,533	25,071	30.1	25.0	27.3

Sur mille habitants (en 1869): hommes 24.4, femmes 19.8, des deux sexes 21.9.

Répartition sur les mois (1860—1874):

	hommes	femmes	deux sexes		hommes	femmes	deux sexes
Janvier	920	976	948	Juillet	920	934	927
Février	860	891	876	Août	886	781	833
Mars	886	951	918	Septembre	733	713	723
Avril	826	858	842	Octobre	733	679	706
Mai	843	798	820	Novembre	715	739	707
Juin	809	806	808	Décembre	869	874	872

7. Principales causes de décès (1867—1874).

Chiffres absolus.

Année	Tuberculosis pulmonum	Cholera	Typhus	Dysenteria	Variola	Morbilli	Scarlatina	Croup	Pertussis	Syphilis	Morbi acuti cerebri et meningum	Dyphteritis	Febris puerper.	Alii morbi puerper.	Marasmus senilis
1867	234	62	62	1	2	2	6	20	18	1	82	10	4	3	118
1868	184	7	47	2	—	73	1	43	64	3	100	12	4	6	117
1869	181	6	38	1	—	3	1	33	8	6	81	12	7	3	96
1870	240	4	29	4	270	47	4	26	28	4	113	9	7	4	116
1871	225	5	35	2	1,306	1	1	14	50	3	112	5	5	9	137
1872	199	5	25	2	10	36	15	15	12	9	110	15	10	4	106
1873	235	7	31	4	—	5	10	20	5	4	100	3	8	10	133
1874	238	—	10	—	—	75	7	35	45	—	141	5	15	8	153
Somme	1,736	96	277	16	1,588	242	45	206	230	30	839	71	60	47	976
Dont: mascul.	899	50	133	10	784	119	21	108	96	19	441	41	—	—	342
fémin.	837	46	144	6	804	123	24	98	134	11	398	30	60	47	634

8. Principales causes de décès (1867—1874).

En pour cent.

Année	Sur 10,000 décès sont morts des maladies suivantes														
	Tuberculosis pulmonum	Cholera	Typhus	Dysenteria	Variola	Morbilli	Scarlatina	Croup	Pertussis	Syphilis	Morbiacuti cerebr. et meningum	Dyphteritis	Febris puerperalis	Alii morbi puerp.	Marasmus senilis
1867	1129	299	299	5	10	10	29	97	87	5	396	48	19	14	569
1868	775	29	198	8	—	307	4	181	270	13	421	51	17	25	493
1869	900	30	189	5	—	15	5	164	40	30	403	60	35	15	477
1870	882	15	107	15	992	173	15	96	103	15	415	33	26	15	426
1871	623	14	97	5	3618	3	3	39	139	8	310	14	14	25	380
1872	884	22	111	9	44	160	67	67	53	40	489	67	44	18	471
1873	1001	30	132	17	—	21	43	85	21	17	426	13	34	43	567
1874	94S	—	40	—	—	299	28	139	179	—	562	20	60	32	610
Moyenne	873	48	139	8	798	122	23	104	116	15	422	36	30	24	491
Dont masculins .	904	50	134	10	788	120	21	109	97	19	443	41	--	—	344
» féminins .	841	48	145	6	808	124	24	99	135	11	400	30	60	47	639

9. Age des morts de 1860 à 1874.

Age des morts	De 10,000 morts			Age des morts	De 10,000 morts			Age des morts	De 10,000 morts		
	masc.	fém.	deux sexes		masc.	fém.	deux sexes		masc.	fém.	deux sexes
	avaient l'âge de				avaient l'âge de				avaient l'âge de		
0— 1 année	3608	2891	3250	33—34 année	45	62	53	69—70 année	80	93	86
1— 2 »	838	805	821	34—35 »	42	51	47	**60—70** »	779	864	821
2— 3 »	383	397	390	35—36 »	57	58	58	70—71 »	87	104	95
3— 4 »	262	254	258	36—37 »	50	51	50	71—72 »	76	104	90
4— 5 »	155	167	161	37—38 »	52	53	53	72—73 »	75	111	93
en somme **0— 5** »	5246	4514	4880	38—39 »	51	65	58	73—74 »	77	114	95
				39—40 »	51	58	54	74—75 »	75	126	101
5— 6 »	123	111	117	**30—40** »	492	558	525	75—76 »	67	104	86
6— 7 »	95	82	88	40—41 »	56	57	56	76—77 »	51	103	77
7— 8 »	62	64	63	41—42 »	43	50	47	77—78 »	58	106	82
8— 9 »	42	52	47	42—43 »	51	53	52	78—79 »	49	105	77
9—10 »	41	42	42	43—44 »	52	56	54	79—80 »	46	96	71
5—10 »	363	351	357	44—45 »	51	53	52	**70—80** »	661	1073	867
10—11 »	35	41	38	45—46 »	54	50	52	80—81 »	47	102	74
11—12 »	29	32	30	46—47 »	60	49	54	81—82 »	32	74	53
12—13 »	26	28	27	47—48 »	58	50	54	82—83 »	39	81	60
13—14 »	26	30	28	48—49 »	57	55	56	83—84 »	29	72	51
14—15 »	39	32	36	49—50 »	66	55	61	84—85 »	29	57	43
10—15 »	155	163	159	**40—50** »	548	528	538	85—86 »	30	47	39
15—16 »	24	33	29	50—51 »	62	61	62	86—87 »	23	44	33
16—17 »	36	41	39	51—52 »	72	55	63	87—88 »	14	36	25
17—18 »	36	45	40	52—53 »	67	52	60	88—89 »	10	34	22
18—19 »	44	41	42	53—54 »	75	59	67	89—90 »	15	23	19
19—20 »	61	46	54	54—55 »	70	63	66	**80—90** »	268	570	419
15—20 »	201	206	204	55—56 »	65	60	62	90—91 »	9	18	14
20—21 »	75	47	61	56—57 »	69	56	62	91—92 »	7	18	13
21—22 »	68	44	56	57—58 »	77	63	70	92—93 »	3	14	9
22—23 »	54	48	51	58—59 »	80	64	72	93—94 »	4	10	7
23—24 »	51	49	50	59—60 »	64	83	74	94—95 »	3	4	3
24—25 »	52	42	47	**50—60** »	701	616	658	95—96 »	3	2	2
25—26 »	51	43	47	60—61 »	76	75	75	96—97 »	—	3	1
26—27 »	56	49	52	61—62 »	79	70	75	97—98 »	1	1	1
27—28 »	48	60	51	62—63 »	81	83	82	98—99 »	1	1	1
28—29 »	48	57	53	63—64 »	70	73	72	99—100 »	—	1	1
29—30 »	50	46	48	64—65 »	73	90	81	**90—100** »	31	72	52
20—30 »	553	485	519	65—66 »	85	87	86	Au-dessus de 90 ans	2	—	1
30—31 »	53	55	54	66—67 »	90	97	94				
31—32 »	48	54	51	67—68 »	76	92	84				
32—33 »	43	51	47	68—69 »	69	104	86				

Récapitulation.

	0—5 année	5—10 »	10—15 »	15—20 »	20—30 »	30—40 »	40—50 »	50—60 »	60—70 »	70—80 »	80—90 »	90—100 »	Au-dessus de 90 ans	En somme
Masculins	5246	363	155	201	553	492	548	701	779	661	268	31	2	10,000
Féminins	4514	351	163	206	485	558	528	616	864	1073	570	72	—	10,000
En somme	4880	357	159	204	519	525	538	658	821	867	419	52	1	10,000

10. Diverses causes de décès relatives au sexe et à l'âge (1860—74).

	Sont morts des causes de décès mentionnées à la rubrique 1, sur 10,000 décès						
	0—5 ans	5—15 ans	15—20 ans	20—30 ans	30—50 ans	au dessus de 50 ans	Total
Tuberculosis pulmonum: hommes	145	278	1,001	3,092	3,448	2,036	10,000
femmes	143	478	992	2,377	3,919	2 091	10,000
deux sexes	144	374	997	2,748	3,674	2,026	10,000
Cholera: hommes	3,400	1,400	—	800	2,200	2,200	10,000
femmes	3,261	1,087	217	—	1,739	3,696	10,000
deux sexes	3,333	1,250	104	417	1,979	2,917	10,000
Typhus: hommes	677	1,354	977	2,030	2,481	2,481	10,000
femmes	694	1,875	1,111	1,597	2,292	2,431	10,000
deux sexes	686	1,624	1,047	1,805	2,383	2,455	10,000
Dysenteria: hommes	1,000	1,000	—	1,000	4,000	3,000	10,000
femmes	3,333			—	1,667	5,000	10,000
deux sexes	1,875	625	--	625	3,125	3,750	10,000
Variola: hommes	6,224	1,837	217	714	753	255	10,000
femmes	6,082	1,890	348	560	871	249	10,000
deux sexes	6,155	1,864	283	636	812	252	10,000
Morbilli: hommes	9,328	588	—	..	84	—	10,000
femmes	9,431	488	--	—	—	81	10,000
deux sexes	9,380	537	--	—	42	41	10,000
Scarlatina: hommes	3,810	2,857	-	2,857	876	—	10,000
femmes	4,583	3,334	—	833	1,250	—	10,000
deux sexes	4,222	3,111	—	1,778	889	—	10,000
Croup: hommes	9,352	648	--	--	—	—	10,000
femmes	8,716	1,122	--	--	—	302	10.000
deux sexes	9,078	871	—	—	—	48	10,000
Pertussis: hommes	9,792	208	—	—	--	—	10,000
femmes	9,627	298	--	75	—	—	10,000
deux sexes	9,696	261	—	43	—	—	10,000
Dyphteritis: hommes	7,000	2,667	—	333	--	—	10,000
femmes	6,341	3,171	—	244	—	244	10,000
deux sexes	6,619	2,958	—	281	—	142	10,000
Febris puerperalis: femmes	—	—	333	3,667	6,000	—	10,000
Alii morbi puerperales: femmes	—		—	2,979	7,021	—	10,000
Marasmus senilis: hommes	..	—	—	—	—	10,000	10,000
femmes	—	--	—	—	—	10,000	10,000
deux sexes	—	—	..	—		10,000	10,000
Syphilis: hommes	10,000		—	—	—	—	10,000
femmes	9,091	—		—	909	—	10,000
deux sexes	9,667	—	—	—	333	—	10,000
Morbi acuti cerebri et hommes	7,551	1,293	91	249	317	499	10,000
meningum: femmes	7,689	1,482	75	201	327	226	10,000
deux sexes	7,616	1,383	83	226	322	370	10,000

Rotterdam.*)

Longitude 4º 29′ 5·5″ à l'est de l'île de Fer.

Latitude septentrionale 51º 55′ 3·7″.

1. État de la Population (réelle).

Année	Hommes	Femmes	Total	Année	Hommes	Femmes	Total
1849	38,706	47,847	86,553	1862	51,225	60,178	111,403
1850	38,766	47,882	86,648	1863	51,966	60,772	112,728
1851	39,894	48,919	88,813	1864	52,751	61,301	114,052
1852	41,235	50,298	91,533	1865	53,657	61,697	115,354
1853	42,092	50,653	92,745	1866	53,597	61,980	115,277
1854	43,243	51,770	95,013	1867	54,591	62,513	117,104
1855	44,052	52,697	96,749	1868	55,606	63,231	118,837
1856	45,460	54,246	99.706	1869	52,946	63,559	116,505
1857	46,981	55,831	102,812	1870	54,173	64,402	118,575
1858	48,020	56,704	104,724	1871	54,548	64,607	119,155
1859	49,977	57,481	106,558	1872	56,277	66,194	122,471
1860	49,689	58,240	107,929	1873	58,110	67,783	125,893
1861	50,548	59,190	109,738	1874	59,817	69,422	129,239

*) **Bibliographie.** Bourgmestre et Echevins de Rotterdam. Exposé de la situation administrative de la ville de Rotterdam 1861—75.

2. Mariages.

Année	Mariages conclus	Mariages dissous	
		par la mort	par le divorce
1865	1,075	677	16
1866	1,018	1,183	16
1867	1,056	771	16
1868	1,037	673	21
1869	1,062	649	16
1870	1,057	765	18
1871	1,176	979	21
1872	1,166	750	36
1873	1,345	859	28
1874	1,224	815	33
Total	11,216	8,121	221

Sur 1000 habitants (en 1869) 9.1.

Répartition sur les mois (1860—1874).

Janvier	498	Mai	1487	Septembre	696
Février	765	Juni	913	Octobre	800
Mars	503	Juillet	870	Novembre	1047
Avril	745	Août	1137	Décembre	539

État civil des fiancés (1860—1874).

Sur 10,000 cas il y avait:

7693 garçons et filles		1169 veufs et filles		46 divorcés et filles	
466 »	» veuves	523 »	» veuves	26 »	» veuves
44 »	» divorcées	20 »	» divorcées	13 »	» divorcées.

3. Age des fiancés (1860—1874).

Age de fiancés	Age des fiancées						Total
	au-dessous de 21 ans	21—25	25—30	30—40	40—50	au-dessus de 50 ans	
au-dessous de —21	167	185	71	17	1	—	441
21—25	619	1,731	1,079	323	20	—	3,772
25—30	486	1,719	1,923	941	79	4	5,152
30—40	160	722	1,221	1,607	329	26	4,065
40—50	25	71	217	654	472	99	1,538
50—60	3	10	36	159	290	139	637
au-dessus de 60 ans	—	4	7	35	87	118	251
Total	1,460	4,442	4,554	3,736	1,278	386	15,856

4. Naissances (1865—1874).

	1865	1866	1867	1868	1869	1870	1871	1872	1873	1874	Total
a) Nés-vivants.											
Garçons	2,254	2,192	2,280	2,220	2,314	2,410	2,414	2,577	2,641	2,693	23,995
dont illégitimes	154	152	159	163	175	173	181	177	212	175	1,721
Filles	2,136	2,056	2,102	2,111	2,156	2,283	2,211	2,603	2,456	2,615	22,729
dont illégitimes	158	146	151	141	167	148	137	167	188	180	1,583
Somme	4,390	4,248	4,382	4,331	4,470	4,693	4,625	5,180	5,097	5,308	46.724
b) Mort-nés.											
Garçons	132	148	147	141	128	125	147	150	175	184	1,477
dont illégitimes	12	22	17	13	17	21	33	25	23	22	205
Filles	113	101	94	122	105	116	132	127	122	150	1,182
dont illégitimes	18	8	12	16	7	11	23	19	21	26	161
Somme	245	249	241	263	233	241	279	277	297	334	2,659
c) Total.											
Total des garçons	2,386	2,340	2,427	2,361	2,442	2,535	2,561	2,727	2,816	2,877	25,472
» » filles	2,249	2,157	2,196	2233	2,261	2,399	2,343	2,730	2,578	2,765	23,911
» » légitimes	4,293	4,169	4,284	4,261	4,337	4,581	4,530	5,069	4,950	5,239	45,713
» » illégitimes	342	328	339	333	366	353	374	388	444	403	3,670
Total général	4,635	4,497	4,623	4,594	4,703	4,934	4,904	5,457	5,394	5,642	49,383

Naissances sur 1000 habitants (en 1869): 38.4.
Naissances masculines sur 1000 féminines en 1865—1874: 1055.7, pour les légitimes 1053.3, pour les illégitimes 1087.2.
Naissances illégitimes sur 1000 naissances: 76.1.
Mort-nés sur 1000 nés-vivants: 56.9.

5. Répartition des naissances sur les mois (1872—1875).

	De 10,000 naissances avaient lieu au mois de											
	Janvier	Février	Mars	Avril	Mai	Juin	Juillet	Août	Septembre	Octobre	Novembre	Décembre
a) Nés-vivants.												
Naissances **masculines** légitimes	895	850	922	867	848	759	743	839	838	818	787	834
» » illégitimes	933	833	897	913	861	785	753	797	769	797	857	805
Total	897	849	920	870	849	761	744	836	833	817	792	832
Naissances **féminines** légitimes	886	879	938	842	818	759	804	840	820	797	784	833
» » illégitimes	905	888	828	888	931	819	734	772	785	832	841	777
Total	887	880	930	845	827	763	799	835	817	799	789	829
b) Mort-nés.												
Mort-nés **masculins** légitimes	930	824	897	886	858	808	680	780	691	841	802	1,003
» » » illégitimes	1,159	1,126	762	927	728	629	795	695	596	596	795	1,192
Total	963	868	878	892	839	782	696	768	677	806	801	1,030
Mort-nés **féminins** légitimes	836	805	1,101	1,060	758	778	846	698	752	725	772	819
» » » illégitimes	1,120	747	1,327	830	788	705	622	622	871	705	958	705
Total	919	797	1,132	1,028	763	768	815	688	768	722	797	803

6. Décès.

Année	Hommes	Femmes	Total	Sur 1000 habitants cas de décès		
				pour les hommes	pour les femmes	pour les deux sexes
1865	1,653	1,656	3,309	30.9	26.8	28.6
1866	2,484	2,311	4,795	46.3	37.4	41.6
1867	1,857	1,867	3,724	34.0	29.9	31.8
1868	1,756	1,818	3,574	31.6	28.7	30.8
1869	1,579	1,465	3,044	29.8	23.0	26.0
1870	1,952	1,967	3,919	36.0	30.6	33.1
1871	2,848	2,692	5,540	52.2	41.7	46.5
1872	1,983	1,939	3,922	35.2	29.3	32.0
1873	2,060	1,965	4,025	35.5	29.0	32.0
1874	2,001	1,901	3,901	33.5	27.4	30.2
Total	20,173	19,581	39,754	36.5	30.4	33.2

Répartition sur les mois (1860—1874).

	hommes	femmes	deux sexes		hommes	femmes	deux sexes
Janvier	947	1,004	975	Juillet	798	760	779
Février	908	935	921	Août	752	736	743
Mars	997	1,033	1,015	Septembre	701	676	689
Avril	912	915	914	Octobre	670	655	663
Mai	901	876	889	Novembre	752	743	747
Juin	789	757	773	Décembre	873	911	892

7. Age des morts de 1860—1874.

avaient l'âge de	De 10,000 morts — masc.	fém.	des deux sexes
0—1 année	3595	3041	3320
1—2 »	1150	1139	1145
2—3 »	461	510	485
3—4 »	240	245	242
4—5 »	158	172	165
en somme 0—5 année	5604	5107	5357
5—6 »	118	102	110
6—7 »	75	59	67
7—8 »	56	52	54
8—9 »	38	42	40
9—10 »	39	31	35
5—10 »	326	286	306
10—11 »	29	31	30
11—12 »	30	20	25
12—13 »	21	24	23
13—14 »	21	25	23
14—15 »	20	26	23
10—15 »	121	126	124
15—16 »	23	28	25
16—17 »	34	26	30
17—18 »	37	25	31
18—19 »	41	34	38
19—20 »	37	29	33
15—20 »	172	142	157
20—21 »	45	37	41
21—22 »	51	37	44
22—23 »	54	48	51
23—24 »	58	38	48
24—25 »	53	44	49
25—26 »	48	42	45
26—27 »	46	42	44
27—28 »	48	50	49
28—29 »	40	51	45
29—30 »	48	54	51
20—30 »	491	443	467
30—31 »	52	45	49
31—32 »	49	61	55
32—33 »	50	58	54

avaient l'âge de	De 10,000 morts — masc.	fém.	des deux sexes
33—34 année	52	49	51
34—35 »	57	62	59
35—36 »	51	61	56
36—37 »	50	62	56
37—38 »	48	50	49
38—39 »	62	62	62
39—40 »	64	58	61
30—40 »	535	568	552
40—41 »	66	54	60
41—42 »	49	56	52
42—43 »	64	54	59
43—44 »	70	52	61
44—45 »	70	59	65
45—46 »	68	54	61
46—47 »	64	56	60
47—48 »	67	60	63
48—49 »	65	58	62
49—50 »	76	55	66
40—50 »	659	558	609
50—51 »	67	61	64
51—52 »	62	58	60
52—53 »	65	53	59
53—54 »	75	57	66
54—55 »	76	58	67
55—56 »	67	55	61
56—57 »	68	60	64
57—58 »	72	61	66
58—59 »	67	53	60
59—60 »	68	67	68
50—60 »	687	583	635
60—61 »	70	67	68
61—62 »	67	77	72
62—63 »	67	77	72
63—64 »	70	89	79
64—65 »	66	85	75
65—66 »	65	81	73
66—67 »	66	82	74
67—68 »	63	91	77
68—69 »	67	92	79

avaient l'âge de	De 10,000 morts — masc.	fém.	des deux sexes
69—70 année	63	98	81
60—70 »	664	839	750
70—71 »	73	116	94
71—72 »	59	93	76
72—73 »	66	88	77
73—74 »	57	89	73
74—75 »	58	89	73
75—76 »	53	97	75
76—77 »	50	94	72
77—78 »	41	85	63
78—79 »	40	71	56
79—80 »	35	76	55
70—80 »	532	898	714
80—81 »	38	65	51
81—82 »	29	63	46
82—83 »	32	58	45
83—84 »	20	53	36
84—85 »	21	46	34
85—86 »	13	37	25
86—87 »	14	34	24
87—88 »	11	23	17
88—89 »	8	17	13
89—90 »	9	16	12
80—90 »	195	412	303
90—91 »	5	11	8
91—92 »	2	8	5
92—93 »	1	6	4
93—94 »	2	4	3
94—95 »	1	2	1
95—96 »	1	2	1
96—97 »	1	3	2
97—98 »	1	1	1
98—99 »	—	1	1
99—100 »	—	—	—
90—100 »	14	38	26
Au-dessus de 100 ans	—	—	—

Récapitulation.

	0—5 année	5—10 »	10—15 »	15—20 »	20—30 »	30—40 »	40—50 »	50—60 »	60—70 »	70—80 »	80—90 »	90—100 »	Au dessus de 100 ans	En somme
Masculins	5,604	326	121	172	491	553	659	687	664	532	195	14	—	10,000
Féminins	5,107	286	126	142	443	568	558	585	839	898	412	38	—	10,000
Total	5,357	306	124	157	467	552	609	635	750	714	303	26	—	10,000

8. Principales causes des décès (1867—1874).

Chiffres absolus.

Année	Tuberculosis pulmonum	Cholera	Typhus	Dysenteria	Variola	Morbilli	Scarlatina	Croup	Pertussis	Syphilis	Morbi acuti cerebri et meningum	Dyphteritis	Febris puerperalis	Alii morbi puerper.	Marasmus senilis
1867	282	382	34	5	9	31	13	40	33	8	68	17	4	6	192
1868	303	5	46	3	1	243	3	22	62	5	83	6	2	4	186
1869	301	5	25	3	—	25	1	16	16	4	106	5	6	12	157
1870	339	6	38	8	56	149	5	20	61	5	127	9	3	4	202
1871	341	6	63	11	1,701	3	24	11	39	5	142	11	7	13	226
1872	331	13	35	19	6	126	12	15	39	3	137	5	12	6	205
1873	309	64	13	9	1	5	11	56	55	1	154	13	15	5	231
1874	335	8	8	1	—	53	6	37	15	3	121	3	21	15	217
Somme	2,534	489	262	59	1,774	635	75	217	320	34	938	69	70	65	1,616
Dont masc. . .	1,293	264	131	41	913	314	43	108	113	12	505	32	—	—	544
féminins .	1,241	225	131	18	861	321	32	109	207	22	433	37	70	65	1,072

9. Principales causes des décès (1867—74).

En pour cent.

	Sur 10,000 décès sont morts des maladies suivantes														
	Tubercul. pulm.	Cholera	Typhus	Dysenteria	Variola	Morbilli	Scarlatina	Croup	Pertussis	Syphilis	Morbi acuti cerebri et meningum	Dyphteritis	Febris puerperalis	Alii morbi puerperales	Marasmus senilis
1867	757	1,025	91	13	24	83	35	107	89	21	183	46	11	16	515
1868	848	14	129	8	3	680	8	62	173	14	232	17	6	11	520
1869	989	16	82	10	—	82	3	53	53	13	348	16	20	39	516
1870	865	15	97	20	143	380	13	51	156	13	324	23	8	10	515
1871	616	11	114	20	3,070	5	43	20	70	9	256	20	13	23	408
1872	844	33	89	48	15	321	31	38	99	8	349	13	31	15	523
1873	750	159	32	22	2	12	27	139	137	2	383	32	37	12	574
1874	859	21	21	3	—	136	15	95	38	8	310	8	54	38	556
Moyenne . .	801	154	83	19	560	201	24	69	101	11	296	22	22	21	511
Dont masculin . .	806	165	82	26	569	196	27	67	70	7	315	20	—	—	339
féminin. . .	795	144	84	12	552	206	21	70	133	14	277	24	45	42	687

10. Diverses causes de décès par rapport au sexe et à l'âge.

		Sont morts des causes de décès mentionnées à la rubrique 1, sur 10,000 décès						
		0—5 ans	5—15 ans	15—20 ans	20—30 ans	30—50 ans	au dessus de 50 ans	Total
Tuberculosis pulmonum :	hommes	201	363	789	2,498	3,968	2,181	10,000
	femmes	121	387	797	2,498	4,279	1,918	10,000
	deux sexes	162	375	793	2,498	4,120	2,052	10,000
Cholera :	hommes	2,500	1,250	416	1,288	2,917	1,629	10,000
	femmes	2,311	1,111	178	1,111	2,178	3,111	10,000
	deux sexes	2,413	1,186	307	1,206	2,577	2,311	10,000
Typhus :	hommes	1,374	1,985	763	1,832	2,443	1,603	10,000
	femmes	1,374	2,367	1,221	1,069	2,595	1,374	10,000
	deux sexes	1,374	2,176	992	1,450	2,519	1,489	10,000
Dysenteria :	hommes	488	488	—	1,463	3,659	2,927	1)
	femmes	3,333	—	—	—	1,111	5,000	2)
	deux sexes	1,356	339	—	1,017	2.881	3,559	3)
Variola :	hommes	6,495	1,380	263	580	942	340	10,000
	femmes	6,550	1,301	279	546	1,115	209	10,000
	deux sexes	6,522	1,342	270	564	1,026	276	10,000
Morbilli :	hommes	9,554	446	—	—	—		10,000
	femmes	9,471	467	31	—	31		10,000
	deux sexes	9,512	457	16	—	15	—	10,000
Scarlatina :	hommes	4,418	2,791	698	930	1,163		10,000
	femmes	4,375	1,875	625	1,250	1,875		10,000
	deux sexes	4,400	2,400	666	1,067	1,467	—	10,000
Croup :	hommes	7,685	2,315					10,000
	femmes	7,706	2,294					10,000
	deux sexes	7,696	2,304					10,000
Pertussis :	hommes	9,735	177	—	—		88	10,000
	femmes	9,565	435				—	10,000
	deux sexes	9,625	344	—		—	31	10,000
Dyphteritis :	hommes	5,937	3,125	312	313	313		10,000
	femmes	5,676	2,973	270	270	811		10,000
	deux sexes	5,797	3,043	290	290	580		10,000
Febris puerperalis :	femmes	—		143	3,429	6,428	—	10,000
Alii morbi puerperales :	femmes			462	2,923	6,461	154	10,000
Marasmus senilis :	hommes	—		—		—	10,000	10,000
	femmes		—	—	—		10,000	10,000
	deux sexes	—	—	—			10.000	10,000
Syphilis :	hommes	8,333	—	—		—		4)
	femmes	6,818	—			455		5)
	deux sexes	7,353	—			294	—	6)
Morbi acuti cerebri et meningum :	hommes	7,327	1,386	79	238	713	257	10,000
	femmes	8,175	901	46	162	508	208	10,000
	deux sexes	7.719	1,162	64	203	618	234	10,000

1) L'âge est inconnu pour 975 sur 10,000 morts
2) » » » » » 556 » » »
3) » » » » » 848 » » »
4) L'âge est inconnu pour 1,667 sur 10,000 morts.
5) » » » » » 2,727 » » »
6) » » » » » 2,353 » » »

Berlin.

Longitude: 31° 2′ 30″ à l'est de l'île de Fer.
Latitude septentrionale: 52° 31′ 30″.
Hauteur au-dessus de la mer: 130 pieds.
Se compose des quartiers suivants : I. Berlin, II. Alt-Cöln, III. Neu-Cöln, IV. Friedrichswerder, V. Dorotheenstadt, VI. Friedrichsstadt, VII. Friedrichsvorstadt, VIII. Schönberger Vorstadt, IX. Tempelhofer Vorstadt, X. Louisenstadt (diesseits und jenseits des Canals), XI. Stralauer Viertel, XII. Königsstadt, XIII. Spandauer Viertel, XIV. Rosenthaler und Oranienburger Vorstadt, XV. Friedrich Wilhelm Vorstadt, XVI. Moabit, XVII. Wedding.

1. État de la Population (totale).

Année (de recensement)	Hommes	Femmes	Total
1861	271,196	266,375	547,571
1864	326,438	305,456	609,733
1867	353,164	349,273	702,437
1871	417,432	408,909	826,341
1875	486,778	481,856	968,634

Pour des époques antérieures nous communiquons les données suivantes, contenues dans la huitième année de l'annuaire de Berlin.

Année	Population totale	Année	Population totale	Année	Population totale	Année	Population totale
1709	55,000	1769	132,365	1787	146,167	1818	198,125
1721	65,300	1770	133,520	1793	157,121	1819	201,138
1730	72,387	1771	133,639	1794	157,603	1820	201,900
1732	78,000	1772	133,126	1795	156,218	1822	209,146
1733	79,017	1773	132,204	1796	160,733	1825	220,277
1735	86,000	1774	134,410	1797	164,978	1828	236,830
1740	90,000	1775	136,137	1798	169,019	1831	248,682
1747	106,969	1776	137,468	1799	169,510	1834	265,122
1751	116,483	1777	140,719	1800	172,122	1837	283,722
1752	119,224	1778	138,960	1801	176,709	1840	328,692
1753	122,897	1779	138,225	1802	177,029	1843	350,311
1755	126,661	1780	140,625	1803	178,303	1846	404,451
1763	119,219	1781	142,375	1804	182,157	1849	423,902
1764	122,667	1782	143,098	1810	162,971	1852	432,720
1765	125,139	1783	144,224	1811	169,763	1855	440,122
1766	125,878	1784	145,021	1813	178,641	1858	458,637
1767	127,140	1785	146,647	1816	197,817		
1768	130,359	1786	147,338	1817	195,689		

2. Mariages.

Année	Nombre des maraiges		
	conclus	dissous par la mort	dissous par le divorce
1869	8,275	4,086	95
1870	8,388	4,361	88
1871	7,991	6,159	116
1872	11,288	5,155	92
1873	12,397	5,289	109
Total	48,339	25,050	500

Sur 1000 habitants: (en 1871) 9.7 mariages.

Répartition des mariages sur les mois (1872—1874):

Janvier	532	Mai	957	Septembre	980
Février	544	Juin	677	Octobre	1,233
Mars	664	Juillet	752	Novembre	995
Avril	1,436	Août	636	Décembre	574

État civil des fiancés (1869—1873). Sur 10,000 cas il y avait:

3,922.9 garçon et fille,	433.6 veuf et fille,	53.8 divorcé et fille,
238.2 » » veuve,	96.4 » » veuve,	12.8 » » veuve,
53.3 » » divorcée,	16.4 » » divorcée,	5.2 » » divorcée.

3. Age des fiancés (1867—1874).

Fiancés	Fiancées						Total
	au-dessous de 20 ans	20—30	30—40	40—50	50—60	au-dessus de 60 ans	
au-dessous de 20 ans	91	104	8	2	—	—	205
20—30	3,670	31,277	4,717	378	13	5	40,060
30—40	922	11,274	5,337	726	59	2	18,320
40—50	88	1,302	1,615	788	114	4	3,911
50—60	29	265	419	389	113	24	1,239
au-dessus de 60	10	54	88	84	46	10	292
Total	4,810	44,276	12,184	2,367	345	45	64,027

4. Naissances (1869—1873).

	1869	1870	1871	1872	1873	Total
a) Nés-vivants.						
Garçons	14,201	16,384	14,051	17,224	17,715	79,575
dont illégitimes	1,990	2,164	1,960	2,210	2,368	10,692
Filles	13,900	14,549	13,503	16,318	16,901	75,171
dont illégitimes.	1,956	1,972	1,829	1,944	2,257	9,958
Somme	28,101	30,933	27,554	33,542	34,616	154,746
b) Mort-nés.						
Garçons	774	826	682	890	841	4,013
dont illégitimes	184	192	176	212	187	951
Filles	917	603	569	613	647	3,349
dont illégitimes.	138	156	158	154	174	780
Somme	1,691	1,429	1,251	1,503	1,488	7,362
c) Total.						
Total des garçons	14,975	17,210	14,733	18,114	18,556	83,588
» » filles	14,817	15,152	14,072	16,931	17,548	78,520
» » légitimes	25,524	27,878	24,682	30,525	31,118	139,727
» » illégitimes	4,268	4,484	4,123	4,520	4,987	22 381
Total général	29,792	32,362	28,805	35,045	36,104	162,108

Naissances sur 1000 habitants (en 1871) 33.3

Naissances masculines sur 1000 féminines : en général (1869—1873) 1058·6, pour les naissances légitimes 1056·3, pour les illégitimes 1073.7

Naissances illégitimes sur 1000 naissances : 154.0

Mort-nés sur 1000 naissances vivantes : 47.6

5. Répartition des naissances sur les mois (1872—1874).

	De 10,000 naissances il y a en eu au mois de											
	Janvier	Février	Mars	Avril	Mai	Juin	Juillet	Août	Septembre	Octobre	Novembre	Décembre
a) Nés-vivants.												
Naissances **masculines** légitimes	918	784	837	833	808	805	846	854	842	853	806	814
» » illégitimes	918	767	910	878	877	800	766	742	818	838	837	849
» » total	918	782	847	839	817	804	836	839	838	850	811	819
Naissances **féminines** légitimes	907	904	847	837	830	783	838	864	839	854	797	800
» » illégitimes	927	851	908	832	849	725	791	742	761	862	894	858
» » total	909	810	855	836	833	778	831	847	829	855	810	807
b) Mort-nés.												
Mort-nés **masculins** légitimes	829	774	972	828	799	873	883	769	923	734	818	798
» » illégitimes	993	873	959	822	736	839	839	754	548	1,010	805	822
» » total	865	796	969	827	785	865	873	765	839	796	816	804
Mort-nés **féminins** légitimes	852	811	908	838	818	943	783	790	790	811	859	797
» » illégitimes	785	583	805	724	785	724	926	945	966	805	986	966
» » total	835	753	882	809	809	887	819	830	835	809	892	840

6. Décès (1869—1873).

Année	Hommes	Femmes	Total
1869	11,151	9,875	21,026
1870	12,538	10,993	23,531
1871	15,930	14,635	30,565
1872	13,742	12,555	26,297
1873	14,296	12,174	26,470

Sur mille habitants (en 1871) hommes 38·2, femmes 35·8, des deux sexes 37·0.

Répartition sur les mois (1872—74):

	hommes	femmes	total		hommes	femmes	total
Janvier	768	801	783	Juillet	1197	1222	1209
Février	713	694	704	Août	988	1024	1005
Mars	799	781	790	Septembre	904	888	897
Avril	734	705	720	Octobre	772	842	805
Mai	780	729	756	Novembre	618	676	645
Juin	1001	938	972	Décembre	726	700	714
				Total	10,000	10,000	10,000

7. Age des morts (1869—73).

	De 10,000 morts				De 10,000 morts		
	masc.	fem.	deux sexes		masc.	fem.	deux sexes
	avaient l'âge de				avaient l'âge de		
0—5 année	5,541	5,520	5,531	50—60 année	703	557	630
5—10 »	280	305	292	60—70 »	529	591	560
10—15 »	88	108	98	70—80 »	346	476	411
15—20 »	188	193	191	80—90 »	90	174	132
20—30 »	674	778	726	90—100 »	7	16	11
30—40 »	806	756	781	au-dessus de 90 ans	—	—	—
40—50 »	748	526	637	En Somme	10,000	10,000	10,000

8. Table de mortalité, dressée d'après les résultats des années 1865, 1868 et 1872

par Mr. Böckh, directeur du bureau de statistique de la ville de Berlin.*)

Age	Hommes				Femmes			
	nombre des survivants	somme des années à vivre	années à vivre par individu Col. 3 : Col. 4	sur 1000 survivants sont morts l'année suivante	nombre des survivants	somme des années à vivre	années à vivre par individu Col. 3 : Col. 4	sur 1000 survivants sont morts l'année suivante
1.	2.	3.	4.	5.	2.	3.	4.	5.
	100,000	2.453,669	24.54	—	100,000	2.825,334	28.25	—
Après la naiss.	94,938	2.453,669	25.85	344.7	96,118	2.825,334	29.39	313,3
1 an	62,211	2.381,489	38.28	116.6	66,003	2.749,555	41.66	107.8
2 »	54,959	2.323,922	42.28	55.5	58,889	2.688,015	45.65	56.2
3 »	51,907	2.270,723	43.75	39.1	55,582	2.631,180	47.16	35.5
4 »	49,927	2.220,011	44.47	28.3	53,609	2.576,698	48.06	28.0
5 »	48,516	2.170,861	44.75	19.6	52,113	2.523,966	48.43	20.7
6 »	47,568	2.122,862	44.63	16.4	51,035	2.472,455	48.45	15.5
7 »	46,790	2.075,767	44.36	12.8	50,246	2.421,868	48.20	12.5
8 »	46,189	2.029,312	43.93	9.8	49,616	2.372,002	47.81	9.3
9 »	45,738	1.983,353	43.30	7.8	49,155	2.322,622	47.25	6.9
10 »	45,379	1.937,807	42.70	5.3	48,815	2.273,613	46.58	4.8
11 »	45,138	1.892,531	41.93	5.5	48,579	2.224,864	45.80	4.4
12 »	44,891	1.847,525	41.16	4.1	48,366	2.176,370	45.00	4.9
13 »	44,708	1.802,739	40.82	3.6	48,131	2.128,103	44.21	4.5
14 »	44,545	1.758,126	39.47	4.2	47,916	2.080,115	43.11	6.0
15 »	44,356	1.713,682	38.63	6.0	47,627	2.015,702	42.32	6.4
16 »	44,091	1.669,433	37.86	7.7	47,324	1.968,208	41.59	7.1
17 »	43,753	1.625,500	37.15	8.7	46,989	1.921,054	40.88	7.0
18 »	43,371	1.581,926	36.47	9.4	46,659	1.874,230	40.17	7.8
19 »	42,965	1.538,757	35.81	9.8	46,293	1.827,736	39.48	8.2
20 »	42,545	1.495,996	35.16	9.2	45,912	1.781,643	38.81	8.3
21 »	42,154	1.453,668	34.48	8.4	45,533	1.735,912	38.08	8.3
22 »	41,801	1.411,688	33.77	9.0	45,131	1.690,577	37.46	8.1
23 »	41,427	1.370,066	33.07	9.5	44,722	1.645,650	36.80	10.2
24 »	41,032	1.328,833	32.39	9.7	44,268	1.601,134	36.17	10.8
25 »	40,635	1.288,002	31.70	9.7	43,790	1.557,114	35.56	10.8
26 »	40,241	1.247,577	31.00	9.5	43,316	1.513,553	34.94	11.1
27 »	39,858	1.207,520	30.30	10.3	42,837	1.470,478	34.33	10.5
28 »	39,448	1.167,860	29.61	11.8	42,387	1.427,878	33.69	11.0
29 »	38,984	1.128,623	28.95	12.0	41,923	1.385,689	33.05	12.5
30 »	38,518	1.089,891	28.30	10.8	41,397	1.344,033	32.49	13.4
31 »	38,101	1.051,587	27.60	12.1	40,843	1.302,912	31.90	13.3
32 »	37,642	1.013,689	26.93	13.0	40,302	1.262,347	31.32	12.7
33 »	37,152	976,302	26.28	13.7	39,791	1.222,308	30.72	12.1
34 »	36,644	939,385	25.64	15.7	39,311	1.182,759	30.09	12.8
35 »	36,088	903,015	25.02	14.8	38,807	1.143,687	29.47	13.2
36 »	35,555	.867,209	24.39	14.8	38,296	1.105,146	28.86	13.1
37 »	35,030	831,904	23.75	16.9	37,795	1.067,096	28.23	14.1
38 »	34,437	797,149	23.15	18.5	37,264	1.029,555	27.63	14.6
39 »	33,799	763.030	22.58	18.7	36.721	992,568	27.03	15.0
40 »	33,168	729,552	22.00	19.5	36,171	956,113	26.43	15.3

*) Les principes d'après lesquels est calculée cette table de mortalité se trouvent exposés dans l'article publié par l'auteur dans la XXV-me année des »Jahrbücher für National-ökonomie und Statistik«.

Il faut remarquer : que le chiffre de la population est donné par les recensements de 1864, 1867 et 1871 en années de naissance jusqu'à la 91-me année. La différence entre les entrées et les sorties, produite par la fluctuation de la population, a été calculée par mois et rectifie par les résultats des recensements. Mr. le directeur Böckh a l'intention de publier pour 1875 et 1876 une table encore plus exacte, vu qu'on connaîtra non-seulement l'âge des morts, mais encore l'année de leur naissance, et que, quant aux immigrés aussi, l'âge sera indiqué plus exactement.

Age	Hommes				Femmes			
	nombre des survivants	somme des années à vivre	années à vivre par individu Col. 3 : Col. 4	sur 1000 survivants sont morts l'année suivante	nombre des survivants	somme des années à vivre	années à vivre par individu Col. 3 : Col. 4	sur 1000 survivants sont morts l'année suivante
1.	2.	3.	4.	5.	2.	3.	4.	5.
41 an	32,523	696,695	21.42	19.3	35,616	920,226	25.84	15.6
42 »	31,896	664,506	20.83	20.9	35,060	884,877	25.24	16.0
43 »	31,231	632,902	20.27	21.9	34,500	850,106	24.64	15.5
44 »	30,547	602,045	19.68	17.5	33,967	815,877	24.02	16.3
45 »	30,014	571,807	19.05	19.5	33,412	782,521	23.42	15.5
46 »	29,196	542,270	18.57	25.5	32,895	749,386	22.78	14.4
47 »	28,451	513,416	18.05	27.4	32,421	716,731	22.11	14.3
48 »	27,671	485,369	17.54	26.2	31,958	684,545	21.42	15.7
49 »	26,947	458,075	17.00	27.9	31,468	652,816	20.75	18.2
50 »	26,195	431,475	16.47	29.4	30,896	621,610	20.12	18.3
51 »	25,426	405,686	15.96	28.6	30.331	591,025	19.49	17.4
52 »	24,700	380,624	15.41	31.5	29,804	560,949	18.82	18.9
53 »	23,923	356,286	14.89	33.3	29,241	531,418	18.17	19.6
54 »	23,126	332,778	14.39	34.9	28,100	502,467	17.53	19.8
55 »	22,320	310,036	13.89	37.5	28,668	474,083	16.87	21.9
56 »	21,484	288,136	13.41	38.4	27,486	446,268	16.24	22.1
57 »	20,659	267,068	12.93	41.8	26,879	419,075	15.59	23.5
58 »	19,796	246,819	12.47	45.2	26,247	392,511	14.99	25.8
59 »	18,902	227,477	12.03	46.0	25,569	366,584	14.34	30.4
60 »	18,033	209,016	11.59	44.5	24,792	341,407	13.77	33.2
61 »	17,231	191,411	11.11	48.1	23,968	317,033	13.23	33.3
62 »	16,403	174,555	10.64	54.3	23,170	293,471	12.67	35.4
63 »	15,512	158,606	10.22	56.0	22,349	270,694	12.11	38.0
64 »	14,644	143,531	9.80	58.9	21,499	248,773	11.57	39.1
65 »	13,783	129,318	9.38	63.1	20,658	227,698	11.02	44.1
66 »	12,913	114,633	8.88	77.1	19,747	207,458	10.51	48.8
67 »	11,995	103,491	8.63	83.4	18,783	188,203	10.02	49.0
68 »	10,995	91,978	8.36	83.0	17,863	169,893	9.51	57.4
69 »	10,083	81,501	8.08	73.8	16,837	152,610	9.06	63.2
70 »	9,339	71,811	7.65	75.4	15,773	136,220	8.64	69.7
71 »	8,635	62,823	7.28	86.2	14,673	121,065	8.25	68.3
72 »	7,891	54,542	6.91	88.2	13,671	106,708	7.81	75.5
73 »	7,195	47,040	6.54	86.7	12,639	93,557	7.40	79.4
74 »	6,571	40,152	6.11	109.3	11,635	81.430	7.00	82.6
75 »	5,853	33,899	5.71	118.2	10,674	70.287	6.58	92.4
76 »	5,161	28,445	5.51	130.6	9,688	60,082	6.20	102.6
77 »	4,487	23,576	5.25	154.0	8,694	50,911	5.86	106.1
78 »	3,796	19,472	5.13	169.7	7,772	42,694	5.49	117.9
79 »	3,152	16,001	5.08	166.9	6,856	35,367	5.16	130.1
80 »	2,626	13,168	5.01	161.8	5,964	28,783	4.83	135.7
81 »	2,201	10,748	4.88	172.7	5,155	23,439	4.55	145.9
82 »	1,821	8,767	4.81	166.9	4,413	18,674	4.23	155.9
83 »	1.516	7,107	4.69	183.4	3,725	14,614	3.92	190.3
84 »	1,238	5,736	4.63	197.1	3,016	11,225	3.72	213.5
85 »	994	4,631	(4.66)	236.1	2,372	8,583	3.62	181.7
86 »	759	3,749	(4.98)	245.1	1,941	6,420	3.34	227.7
87 »	573	3'112	(5.43)	192.0	1,499	4,767	3.18	254.2
88 »	463	2,600	(5.62)	187.9	1,118	3,482	3.11	262.1
89 »	376	2,186	(5.81)	236.7	824	2,530	3.07	274.7
90 »	287	1,851	(6.45)	282.2	610	1,835	3.01	263.9

9. Principales causes de décès (1869—1873).

Sont morts des causes de décès suivants:

a) Chiffres absolus

	Debilitas congenita et deformitas	Tuberculosis pulmonum	Cholera as.	Typhus	Dysenteria	Variola	Morbilli	Scarlatina	Croup	Pertussis	Syphilis	Hydroceph. acutus	Meningitis	Dyphteritis	Febris puerperalis	Alii morbi puerp.	Marasmus senilis	Phthysis	Convulsiones	Apoplexia	Pneumonia	Diarrhoea	Cholerina
1869	991	2,705	3	513	79	230	175	168	1,087	225	24	76	832	693	99	6	539	1,297	1,648	651	1,151	1,546	584
1870	1,205	3,109	1	601	93	170	204	91	984	262	13	64	809	408	119	10	607	1,648	2,022	734	1,289	2,291	906
1871	1,462	3,482	46	748	152	5,216	236	200	970	212	9	69	994	509	261	4	718	1,758	2,424	829	1,263	2,542	868
1872	1,386	3,239	2	1,209	141	1,198	236	296	991	222	18	97	920	450	280	11	647	1,568	2,144	789	1,346	2,170	1,342
1873	1,467	3.012	714	919	158	101	183	284	857	296	29	86	1,025	557	231	9	723	1,364	1,875	753	1,473	1,732	2.532
Total	6,511	15.547	766	3,990	623	6,915	1.034	1,039	4,889	1,217	93	392	4,580	2,617	990	40	3,234	7,635	10,113	3,756	6,522	10,281	6,232
dont masc.	3,669	9,164	398	2,060	304	3,466	514	519	2,513	583	51	235	2,484	1,277	—	—	1,199	4,039	—	2,103	3,679	5,483	3,276
fém.	2,842	6,383	368	1,930	319	3.449	520	520	2,376	634	42	157	2,096	1,340	990	40	2,035	3,596	4,673	1,653	2,843	4,798	2,956

b) En pour cent

	Debilitas congenita et deformitas	Tuberculosis pulmonum	Cholera as.	Typhus	Dysenteria	Variola	Morbilli	Scarlatina	Croup	Pertussis	Syphilis	Hydroceph. acutus	Meningitis	Dyphteritis	Febris puerperalis	Alii morbi puerp.	Marasmus senilis	Phthysis	Convulsiones	Apoplexia	Pneumonia	Diarrhoea	Cholerina
1869	471	1,287	1	244	38	109	83	80	517	107	11	36	396	330	47	3	256	617	784	310	547	735	278
1870	512	1,321	4	255	40	72	87	39	418	111	6	27	344	173	51	4	258	700	859	312	548	974	385
1871	478	1,139	15	245	50	1,707	77	65	317	69	3	23	325	167	85	1	235	575	793	271	313	832	284
1872	527	1,232	8	460	54	455	90	113	377	84	7	37	350	171	107	4	246	596	815	300	512	825	510
1873	554	1.138	270	347	60	39	69	107	324	112	12	32	387	210	87	3	273	515	708	284	556	654	957
Moyenne de 10 ans	509	1.216	60	312	49	541	81	81	382	95	7	31	358	205	77	3	253	597	791	294	510	804	487
dont masc.	542	1,354	59	304	45	512	76	77	371	86	8	35	367	189	—	—	177	597	788	311	544	811	484
fémin.	472	1,060	61	320	53	573	86	86	394	105	7	26	348	222	164	7	338	597	776	274	472	797	491

10. Diverses causes de décès par rapport au sexe et à l'âge (1869—1873).

	Sont morts des causes de décès mentionnées à la rubrique 1. sur 10,000 décès						
	0—5 ans	5—15 ans	15—20 ans	20—30 ans	30—50 ans	au-dessus de 50 ans	Total
Debilitas congenita et deformitas :							
hommes	9,989	11	—	—	—	—	10,000
femmes	9,982	18	—	—	··	—	10,000
deux sexes	9,986	14	—	—	··	—	10,000
Tuberculosis pulmonum : hommes	822	224	477	2,322	4,310	1,845	10,000
femmes	1,125	316	·567	2,475	3,911	1.606	10,000
deux sexes	946	263	514	2,385	4,146	1,746	10,000
Cholera : hommes	1,357	1,156	402	1,583	3,643	1,859	10,000
femmes	706	516	245	2,473	3,560	2,500	10,000
deux sexes	1,044	849	326	2,011	3,603	2,167	10,000
Typhus : hommes	1,388	966	830	2,437	2,869	1,530	10,000
femmes	1,492	1,140	1,249	2,290	2,316	1,513	10,000
deux sexes	1,438	1,050	1,033	2,367	2,601	1,511	10,000
Dysenteria : hommes	7,204	987	—	164	559	1,086	10,000
femmes	6,803	909	—	564	815	909	10,000
deux sexes	6,999	947	—	369	690	995	10,000
Variola : hommes	4,521	534	78	1,217	2,239	1,411	10,000
femmes	4,433	547	64	1,241	2,279	1,409	10,000
deux sexes	4,477	554	71	1,229	2,259	1,410	10,000
Morbilli : hommes	8,872	1,031	—	—	97	··	10,000
femmes	8,404	1,500	—	··	96	··	10,000
deux sexes	8,636	1,267	—	—	97	—	10,000
Scarlatina : hommes	6,127	3,410	135	193	135	—	10,000
femmes	6,173	3,365	96	193	173	—	10,000
deux sexes	6,150	3.388	125	193	154	—	10,000
Croup : hommes	8,548	959	24	44	127	298	10,000
femmes	8,467	1,065	26	38	101	303	10,000
deux sexes	8,505	1,012	25	41	114	303	10,000
Pertussis : hommes	9,691	309	—	—	—	—	10,000
femmes	9,795	205	—	—	—	—	10,000
deux sexes	9,745	255	··	—	—	—	10,000
Dyphtheritis : hommes	7,095	2,365	110	125	94	211	10,000
femmes	6,574	2,821	127	134	172	172	10,000
deux sexes	6,828	2,598	119	130	134	191	10,000
Febris puerperalis : femmes	—	—	344	5,020	4,630	—	10,000
Alii morbi puerperales : femmes	··	—	1,750	8,250	—	—	10,000
Marasmus senilis : hommes	—	—	—	—	17	9,983	10,000
femmes	··	—	—	44	30	9,926	10,000
deux sexes	—	—	—	28	25	9,947	10,000

		Sont morts des causes de décès mentionnées à la rubrique 1. sur 10,000 décès						
		0—5 ans	5—15 ans	15—20 ans	20—30 ans	30—50 ans	au-dessus de 50 ans	Total
Syphilis :	hommes	8,235	—	—	784	981	—	10,000
	femmes	8,810	238	—	476	476	—	10,000
	deux sexes	8,494	108	—	645	753	—	10,000
Hydrocephalus acutus :	hommes	9,362	638	—	—	—	—	10,000
	femmes	9,427	573	—	—	—	—	10,000
	deux sexes	9,388	612	—	—	—	—	10,000
Meningitis :	hommes	7,154	737	92	306	886	825	10,000
	femmes	7,982	754	148	234	453	429	10,000
	deux sexes	7,533	744	118	273	688	644	10,000
Phthysis :	hommes	8,933	253	27	77	297	413	10,000
	femmes	8,590	334	58	136	423	459	10,000
	deux sexes	8,771	291	42	105	356	435	10,000
Convulsiones :	hommes	9,733	105	9	24	90	39	10,000
	femmes	9,565	156	39	77	139	24	10,000
	deux sexes	9,656	129	23	48	113	31	10,000
Apoplexia :	hommes	2,539	119	86	380	2,202	4,674	10,000
	femmes	2,674	151	85	375	1,307	5.408	10,000
	deux sexes	2,599	133	85	378	1,808	4,997	10,000
Pneumonia :	hommes	5,012	196	81	516	1,702	2,493	10,000
	femmes	5,434	222	63	408	1,193	2,680	10,000
	deux sexes	5,194	207	74	470	1,480	2,575	10,000
Diarrhoea :	hommes	9,746	29	4	20	62	139	10,000
	femmes	9,690	28	6	17	57	202	10,000
	deux sexes	9,720	28	5	19	60	168	10,000
Choleriua :	hommes	9,793	18	9	49	76	55	10,000
	femmes	9,709	78	10	51	74	78	10,000
	deux sexes	9,753	46	10	50	75	66	10,000

Bibliographie.

LES PUBLICATIONS PÉRIODIQUES (BULLETINS) DU BUREAU MUNICIPAL DE STATISTIQUE.

DR S. NEUMANN. Resultate der Berliner Volkszählung vom 3. December 1861 (Berlin 1863).
 »   » » » » » 3. » 1864 » 1866).

DR H. SCHWABE. Die Resultate der Berliner Volkszählung vom 3. December 1867 (Berlin 1869).
 » Die kön. Haupt- und Residenzstadt Berlin. Resultate der Volkszählung vom 1. December 1871 (Berlin 1875).

BERLINER STÄDTISCHES JAHRBUCH für Volkswirthschaft und Statistik, I—VIII, publié par le bureau municipal de statistique, Dr. H. Schwabe, Dr. Huppé.

Dresde (Dresden).

Longitude: 31° 23′ 52″ à l'est de l'île de Fer.
Latitude septentrionale: 51° 3′ 22″.

1. État de la Population.

1788:	53,000	1846:	91,277	1861:	128,152
1831:	61,886	1849:	94,092	1871:	177,089
1834:	66,133	1852:	104,199	1873:	179,678 [1]
1840:	74,122	1855:	106,966	1874:	184,722 [2]
1843:	86,608	1858:	117,750	1875:	189,755 [3]

2. Mariages.

1873:	2,131
1874:	2,135
1875:	2,283

Sur mille habitants: en 1873: 19, en 1874: 18·3, 1875 19·1.

3. Décès.

	De la population de demeure, sans compter les cas étrangers			De la population entière
	hommes	femmes	total	
1873	2,540	2,471	5,011	5,081
1874	2,394	2,275	4,669	4,815
1875	2,499	2,330	4,829	4,941
Total ..	7,433	7,076	14,509	14,837

Sur mille habitants: (en 1873) 28·3, (en 1874) 26·1, (en 1875) 26·0.

Causes de décès: Des 14,509 morts indiqués en haut sont morts, en conséquence des maladies zymotiques 532 hommes, 763 femmes, total 1,295, dont en 1873: 545, 1874: 387, 1875: 363.

Autres maladies: 6,901 hommes, 6,313 femmes, total 13,214.

[1] Et 7079 militaires dans les casernes.
[2] » 7309 » » » »
[3] » 7540 » » » »

4. Naissances 1873—1875.

(De la population de demeure.)

	1873			1874			1875			Total		
	nés-vivants	mort-nés	en somme	nés-vivants	mort-nés	en somme	nés-vivants	mort-nés	en somme	nés-vivants	mort-nés	en somme
Garçons	3,193	225	3,418	3,406	220	3,626	3,452	201	3,653	10,051	646	10,697
dont illégitimes	601	52	653	514	55	569	577	40	617	1,692	147	1,839
Filles	2,989	173	3,162	3,239	177	3 416	3,264	197	3,461	9,492	547	10,039
dont illégitimes	537	45	582	527	40	567	530	49	579	1,594	134	1,728
Total. . .	6,182	398	6,580	6,645	397	7,042	6,716	398	7,114	19,543	1,193	20,736
Dont illégitimes	1,138	97	1,235	1,041	95	1,136	1,107	89	1,196	3,286	281	3,567

Naissances vivantes sur 1,000 habitants: (en 1873) 36.6, (en 1874) 38.2, (en 1875) 37.5.

Naissances masculines sur 1,000 féminines (1871—74): en général 1,065.5, pour les naissances légitimes 1,065.8, pour les illégitimes 1,064.2.

Naissances illégitimes sur 1,000 naissances: 207.7.

Mort-nés sur 1,000 naissances vivantes: 61.0.

Cologne (Köln).

Longitude: 24° 39′ 38″ à l'est de l'île de fer.
Latitude septentrionale: 50° 56′ 29″.

1. État de la Population.

Année	Hommes	Femmes	Total	Année	Hommes	Femmes	Total
1830	27,621	30,721	58,342	1843	38,912	39,601	78,513
1831	28,541	31,332	59,873	1844	40,168	40,717	80,885
1832	28,905	31,514	60,419	1845	42,555	42,640	85,095
1833	29,325	31,773	61,098	1846	43,167	42:279	85,446
1834	30,062	32,119	62,181	1849	43,588	44,768	88,356
1835	30,227	32,904	63,131	1852	47,714	48,862	96,576
1836	30,832	33,439	64,271	1855	50,163	50,305	100,468
1837	32,021	34,158	65,296	1858	53,546	55,123	108,669
1838	32,238	34,105	66,341	1861	55,536	57,545	113,081
1839	33,444	35,226	68,670	1864	57,502	59,498	117,000
1840	35,195	35,804	70,999	1867	58,042	61,407	119,449
1841	36,296	36,849	73,145	1871	59,901	64,465	124,366
1842	37,393	37,791	75,184	1875	62,396	67,469	129,865

2. Mariages.

Année	Mariages		Année	Mariages		
	conclus	dissous par la mort	dissous par le divorce	Année	conclus	dissous par la mort	dissous par le divorce

Année	conclus	dissous par la mort	dissous par le divorce	Année	conclus	dissous par la mort	dissous par le divorce
1866	914	846	7	1872	1,695	790	8
1867	1,195	905	8	1873	1,569	801	7
1868	1,286	643	4	1874	1,532	747	13
1869	1,319	665	11	1875	1,517	?	10
1870	940	734	10	Total	13,153	?	84
1871	1,186	1,049	6				

Sur 1000 habitants (en 1867) 10·0, (en 1871) 9·5, (en 1875) 11·7.

Répartition sur les mois (1866—1875):

Janvier	755	Mai	1,110	Septembre	856
Février	878	Juin	778	Octobre	1,046
Mars	489	Juillet	748	Novembre	975
Avril	855	Août	808	Décembre	702
				Total	10,000

État civil des fiancés (1866—75. Sur 100 cas):

Garçon et fille	82	Veuf et fille	9
» » veuve	5	» » veuve	3

3. Naissances (1866—1875).

	1866	1867	1868	1869	1870	1871	1872	1873	1874	1875	Total
a) Nés vivants.											
Garçons	2,250	2,108	2,346	2,448	2,446	2,106	2,764	2,659	2,748	2,824	24,699
dont illégitimes	256	257	254	256	253	287	288	300	274	292	2,717
Filles	2,186	2,073	2,243	2,340	2,402	2,095	2,633	2,650	2,735	2,721	24,078
dont illégitimes	265	245	252	244	251	256	272	285	286	303	2,659
Somme .	4.436	4.181	4,589	4.788	4.848	4,201	5.397	5.309	5,483	5,545	48.777
b) Mort-nés											
Garçons	120	133	151	92	134	116	134	120	128	137	1,265
dont illégitimes	25	20	21	10	19	12	20	20	23	25	195
Filles	119	106	81	89	97	84	100	112	102	121	1,008
dont illégitimes	27	26	14	11	27	14	19	13	10	24	185
Somme .	236	239	232	181	231	200	234	232	230	258	2.273
c) Total											
Total des garçons	2,370	2,241	2,497	2,540	2,580	2,222	2,898	2,779	2,876	2,961	25,964
» » filles	2,302	2,179	2,324	2,429	2,499	2,179	2,733	2,762	2,837	2,842	25,086
» » légitimes	4,099	3,872	4,280	4,448	4,529	3,832	5,052	4,923	5,120	5,159	45,314
» » illégitimes	573	548	541	521	550	569	579	618	593	644	5.736
Total général	4,672	4,420	4,821	4,969	5,079	4,401	5,631	5,541	5,713	5,803	51,050

Naissances sur 1000 habitants: (en 1867) 35.0, (en 1871) 33·8, (en 1875) 42·8.

Naissances masculines sur 1000 féminines (1866—1875): en général 1,025.8, pour les naissances légitimes 1,026·3, pour les illégitimes 1,021.8.

Naissances illégitimes sur 1000 naissances: 123·9.

Mort-nés sur 1000 naissances vivantes: 46.6.

4. Répartition des naissances sur les mois (1871—1875).

	De 10,000 naissances il y a eu au mois de											
	Janvier	Février	Mars	Avril	Mai	Juin	Juillet	Août	Septembre	Octobre	Novembre	Décembre
a) Nés-vivants.												
Naissances **masculines** légitimes	901	816	855	855	873	815	829	838	788	812	769	749
» » illégitimes	1,013	964	992	740	852	796	859	698	796	775	775	740
Total	913	832	870	842	871	813	832	823	889	808	770	837
Naissances **féminines** légitimes	909	968	915	810	826	810	825	857	776	784	821	799
» » illégitimes	971	841	927	863	970	669	855	604	748	712	913	927
Total	916	865	916	816	842	795	828	830	772	776	831	813
b) Mort-nés.												
Mort nés **masculines** légitimes	1,094	849	774	1,076	642	736	698	679	792	812	830	1,018
» » » illégitimes	500	600	1,500	600	700	1,100	1,000	800	800	800	600	1,000
Total	1,000	809	889	1,000	651	794	746	698	794	809	794	1,016
Mort nés **féminines** légitimes	801	1,190	801	1,144	847	847	755	641	595	686	869	824
» » » illégitimes	1,500	750	750	1,250	625	875	250	750	750	1,125	375	1,000
Total	909	1,122	793	1,161	812	851	677	658	619	754	793	851

5. Décès.

Année	Hommes	Femmes	Total
1866	1,842	1,585	3,427
1867	2,141	1,950	4,091
1868	2,016	1,690	3,706
1869	1,896	1,712	3,608
1870	2,203	1,665	3,868
1871	2,649 *)	2,249	4,898
1872	2,049	1,742	3,791
1873	2,051	1,620	3,671
1874	1,987	1,700	3,687
1875	2,218	1,868	4,086
Total	21,052	17,781	38,833

On compte tous les cas, y compris les militaires et les étrangers.

Sur mille habitants:

	hommes	femmes	deux sexes
1867	37.1	31.8	34.2
1871	44.3	34.9	39.4
1875	35.6	27.7	31.5

Répartition sur les mois (1866—1875):

	hommes	femmes	deux sexes		hommes	femmes	deux sexes
Janvier	861	820	841	Juillet	872	959	913
Février	841	805	824	Août	933	931	932
Mars	851	890	869	Septembre	913	968	939
Avril	792	767	780	Octobre	764	809	785
Mai	819	762	793	Novembre	729	700	716
Juin	806	780	794	Décembre	819	809	814
				Total	10,000	10,000	10,000

*) Y compris 191 militaires, dont 48 prisonniers de guerre.

6. Age des morts de 1870—1874.

	De 10,000 morts		
	masc.	fém.	des deux sexes
	avaient l'âge de		
0—1 année	3387	3167	3285[1])
1—2 »	599	806	695
2—3 »	455	425	441
3—4 »	251	250	250
4—5 »	182	172	178
en somme 0—5 année	4874	4820	4849
5—6 »	104	129	116
6—7 »	76	85	80
7—8 »	69	56	63
8—9 »	47	38	43
9—10 »	35	37	36
5—10 »	331	345	338
10—11 »	28	15	22
11—12 »	23	17	21
12—13 »	24	20	22
13—14 »	19	25	22
14—15 »	18	37	26
10—15 »	112	114	113
15—16 »	25	31	27
16—17 »	31	44	36
17—18 »	35	28	32
18—19 »	47	65	56
19—20 »	66	48	58
15—20 »	204	216	209
20—21 »	63	62	62
21—22 »	66	79	72
22—23 »	66	62	64
23—24 »	63	87	74
24—25 »	82	77	80
25—26 »	81	77	79
26—27 »	76	65	71
27—28 »	83	68	76
28—29 »	88	79	84
29—30 »	60	73	66
20—30 »	728	729	728
30—31 »	86	60	74
31—32 »	59	69	64

	De 10,000 morts		
	masc.	fém.	des deux sexes
	avaient l'âge de		
32—33 année	83	77	80
33—34 »	78	60	70
34—35 »	83	70	77
35—36 »	72	72	72
36—37 »	83	79	81
37—38 »	80	74	77
38—39 »	91	72	82
39—40 »	72	78	75
30—40 »	787	711	752
40—41 »	83	73	79
41—42 »	71	53	63
42—43 »	79	52	66
43—44 »	77	56	67
44—45 »	69	53	61
45—46 »	89	69	80
46—47 »	75	70	73
47—48 »	75	66	71
48—49 »	82	60	67
49—50 »	81	69	75
40—50 »	781	611	702
50—51 »	67	76	71
51—52 »	68	67	67
52—53 »	93	72	84
53—54 »	81	65	73
54—55 »	91	69	81
55—56 »	67	48	58
56—57 »	88	64	77
57—58 »	70	58	65
58—59 »	80	61	71
59—60 »	75	69	72
50—60 »	780	649	719
60—61 »	96	68	83
61—62 »	79	61	71
62—63 »	87	93	90
63—64 »	64	72	68
64—65 »	73	68	70
65—66 »	67	77	72
66—67 »	67	72	69

	De 10,000 morts		
	masc.	fém.	des deux sexes
	avaient l'âge de		
67—68 année	74	79	76
68—69 »	69	62	66
69—70 »	74	74	74
60—70 »	750	726	739
70—71 »	73	82	77
71—72 »	50	66	58
72—73 »	66	79	72
73—74 »	57	78	67
74—75 »	58	75	66
75—76 »	43	69	54
76—77 »	36	66	50
77—78 »	43	61	51
78—79 »	44	68	55
79—80 »	24	54	38
70—80 »	494	668	588
80—81 »	23	42	32
81—82 »	17	48	31
82—83 »	19	39	28
83—84 »	20	44	31
84—85 »	11	40	25
85—86 »	9	31	19
86—87 »	13	27	19
87—88 »	13	15	14
88—89 »	11	25	18
89—90 »	7	17	12
80—90 »	143	328	229
90—91 »	3	13	7
91—92 »	4	9	6
92—93 »	3	6	4
93—94 »	1	5	3
94—95 »	—	6	3
95—96 »	3	4	4
96—97 »	—	3	2
97—98 »	1	2	2
98—99 »	—	2	1
99—100 »	1	—	—
au-dessus de 80 ans	16	50	32
	—	3	2

Récapitulation.

	0—5 ans	5—10 »	10—15 »	15—20 »	20—30 »	30—40 »	40—50 »	50—60 »	60—70 »	70—80 »	80—90 »	90—100 »	au-dessus de 80 ans	Total
Masculins	4874	331	112	204	728	787	781	780	750	494	143	16	—	10,000
Féminins	4820	345	114	216	729	711	611	649	726	698	328	50	3	10,000
Deux sexes	4849	338	113	209	728	752	702	719	739	588	229	32	2	10,000

[1]) De 10,000 morts à l'âge de 0—1 mois il y avait légitimes: 8549, illégitimes: 1406.

7. Principales causes de décès (1865—1878).

Chiffres absolus

Année	Debilitas congen.	Tuberculosis pulmonum	Typhus	Variola	Scarlatina	Morbilli	Dysenteria	Pertussis	Dyphteritis et Croup	Febris puer-perales	Marasmus senilis	Diarrhoea
1865	286	?	?	?	?	?	?	?	?	24	202	?
1866	257	?	?	22	?	?	?	?	?	31	190	?
1867	210	?	?	8	?	?	?	?	?	17	166	?
1868	221	?	?	1	?	?	?	?	?	16	182	?
1869	14	?	?	5	?	?	?	?	?	9	213	?
1870	24	?	?	65	?	?	?	?	?	17	243	?
1871	18	875	166	418	40	42	92	97	125	28	229	402
1872	67	696	101	25	23	92	176	65	140	35	205	188
1873	44	660	69	8	12	1	41	24	182	22	207	199
1874	44	646	58	7	43	15	11	?	180	32	185	248
1875	?	674	66	?	169	?	24	106	253	?	?	?

En pour cent (sur 10,000 cas)

Année	Debilitas congen.	Tuberculosis pulmonum	Typhus	Variola	Scarlatina	Morbilli	Dysenteria	Pertussis	Dyphteritis et Croup	Febris puer-perales	Marasmus senilis	Diarrhoea
1865	?	?	?	?	?	?	?	?	?	73	?	?
1866	749	?	?	64	?	?	?	?	?	85	554	?
1867	513	?	?	19	?	?	?	?	?	42	432	?
1868	596	?	?	3	?	?	?	?	?	47	491	?
1869	39	?	?	14	?	?	?	?	?	25	590	?
1870	62	?	?	168	?	?	?	?	?	48	628	?
1871	37	1,786	339	857	82	86	188	198	255	62	468	821
1872	177	1,836	266	66	60	245	464	171	369	94	541	496
1873	119	1,797	188	22	33	3	111	65	496	61	564	542
1874	119	1,752	157	19	117	41	29	?	490	88	504	673
1875	?	1,649	161	?	413	?	58	259	619	?	?	?

Breslau.

Longitude: 34° 42′ 11′ à l'est de l'île de Fer.

Latitude septentrionale: 51° 6′ 56″ 5.

Se compose de 7 quartiers: Cité, Ile d'Oder, Faubourgs à la rive droite (Oder-, Sand-et Dom-Vorstadt), Faubourgs à la rive gauche (Ohlau, Schweidnitz et Nicolai).

Le 1 Janvier 1868 furent incorporés 6 villages, avec 14,417 habitants.

1. État de la population (civile).

(d'après des recensements.)

Année	Hommes	Femmes	Total	Année	Hommes	Femmes	Total
1822	37,379	41,486	78,865	1849	48,469	55,753	104,222
1825	38,865	43,419	82,284	1852	54,530	61,705	116,235
1829	39,822	45,082	84,904	1855	57,844	63,501	121,345
1832	38,347	44,547	82,894	1858	61,880	67,930	129,813
1835	40,101	45,951	86,052	1861	65,342	73,432	138,774
1838	41,355	47,514	88,869	1864	74,411	82,233	156,644
1840	43,597	48,708	92,305	1867	78,014	88,404	166,418
1843	46,044	51,895	97,939	1871	94,662	107,855	202,517
1846	50,801	55,886	106,687	1875	110,199	124,197	234,396

Données pour des périodes antérieures:

La ville fut fondée en 1000; la population est évaluée:

pour 1,403   à 21,863 habitants (v. K l o s e, Geschichte Breslau's).
    1,555   à 35,400   »   (v. Zimmermann, Beschreibung Breslau's).
    1,618   à 36,260   »   (v.   »   »   »
    1,687/91 à 34,000   »   (d'après Halley, dans les Philosophical Transactions de Londres).
    1,710   à 40,890   »   (v. Zimmermann).
    1,780   à 50,524   »   ⎰ (v. Bergius dans le Zeitschrift des Vereins für Geschichte Schle-
    1,811   à 62,504   »   ⎱ siens, tome III. pag. 165).

2. Mariages.

Année	Mariages conclus	Mariages dissous	
		par la mort	par le divorce
1866	1.586	2,534	51
1867	2,228	1,140	54
1868	2,128	1,153	54
1869	2,122	1,275	84
1870	2,119	1,168	80
1871	1,988	1,560	66
1872	2,552	1,442	92
1873	2,698	1,402	81
1874	2,757	1,540	62
1875	2,922	1,602	85
Total	23,100	14,816	709

Sur 1000 habitants (en 1875): 12.4 mariages.

Répartition sur les mois (1872—1875):

Janvier	780	Mai	1,015	Septembre	913
Février	784	Juin	675	Octobre	1,119
Mars	257	Juillet	931	Novembre	1,085
Avril	1,180	Août	847	Décembre	414
				Total	10,000

État civil des fiancés (1867—75).

7,753 garçons et filles.	1,151 veufs et filles.	90 divorcés et filles.
556 » » veuves.	302 » » veuves.	25 » » veuves.
84 » » divorcées.	30 » » divorcées.	8 » » divorcées.

Degré d'instruction (en 1875):

Sur 10,000 fiancés savaient écrire 9,959
» » fiancées » » 9,853

3. Naissances (1867—1875).

	1867	1868	1869	1870	1871	1872	1873	1874	1875	Total
					a) Nés-vivants.					
Garçons	3,192	3.633	3.874	4,053	3,776	4,353	4,330	4,508	4,918	36,637
dont illégitimes	549	637	652	650	630	621	661	632	741	5,773
Filles	3,016	3,631	3,791	3,938	3,548	4,272	4,285	4,459	4,733	35,673
dont illégitimes	560	638	628	663	609	630	650	636	692	5,706
Somme . .	6,208	7,264	7,665	7,991	7,324	8,625	8,615	8,967	9,651	72,310
					b) Mort-nés.					
Garçons	127	141	134	156	131	156	174	185	204	1,408
dont illégitimes	24	27	31	25	27	33	27	26	43	263
Filles	98	100	124	118	126	121	130	128	161	1,106
dont illégitimes	33	22	17	23	17	23	28	29	28	220
Somme . .	225	241	258	274	257	277	304	313	365	2.514
					c) Total.					
Total des garçons	3,319	3,774	4,008	4,209	3.907	4,509	4,504	4,693	5,122	38,045
» » filles	3,114	3,731	3,915	4,056	3,674	4,393	4,415	4,587	4,894	36,779
× » légitimes	5,267	6,181	6,595	6,904	6,298	7,595	7,553	7,957	8.512	62,862
» » illégitimes	1.166	1.324	1,328	1,361	1,283	1,307	1,366	1,323	1.504	11,962
Total général	6,433	7,505	7,923	8.265	7,581	8,902	8,919	9,280	10,016	74,824

Naissances sur 1000 habitants (en 1867): 37·9, (en 1871): 36·1, (en 1875): 41·2.
Naissances masculines sur 1000 féminines (1867—1875): en général 1027·2, pour les naissances légitimes 1029·9, pour les illég. 1011·8.
Naissances illégitimes sur 1000 naissances (1867—1875): 185·7.
Mort-nés sur 1000 vivant-nés (1867—1875): 34·3.

31*

4. Répartition des naissances sur les mois.

	De 10,000 naissances il y a eu au mois de											
	Janvier	Février	Mars	Avril	Mai	Juin	Juillet	Août	Septembre	Octobre	Novembre	Décembre
a) Nés-vivants.												
Naissances **masculines** légitimes 1873—75	817	776	863	813	828	856	825	870	862	817	817	856
» » illégitimes 1872—75	873	1,034	810	839	839	727	709	787	791	772	907	912
En somme (1872—1875)	824	822	852	817	821	835	812	862	849	802	833	871
Naissances **féminines** légitimes 1873—75	874	751	838	758	823	871	830	858	848	876	843	830
» » illégitimes 1872—75	843	839	970	797	908	785	755	781	847	766	812	897
En somme (1872—1875)	876	767	852	758	824	860	821	855	849	859	842	837
b) Mort-nés.												
Mort-nés **masculins** légitimes 1872—75	903	630	937	698	937	835	766	937	835	750	920	852
» » » illégitimes 1872—75	930	1,163	698	1,085	775	775	853	853	930	465	853	620
En somme (1872–1875)	908	726	894	768	908	824	782	922	852	698	908	810
Mort-nés **feminins** légitimes 1872—75	1.070	977	675	744	837	581	767	767	744	977	861	1,000
» » » illégitimes 1872—75	278	648	648	926	926	556	1.111	833	1,019	1,111	648	1,296
En somme (1872—1875)	911	911	669	781	855	576	836	781	799	1,004	818	1,059

5. Décès (1866—1875).

Année	Hommes	Femmes	Total
1866	5,149	5,210	10,359
1867	3,017	2,902	5,919
1868	3,262	2,931	6,193
1869	3,328	3,093	6,421
1870	3,178	2,783	5,961
1871	4,358	4,021	8,379
1872	3,614	3,558	7,172
1873	3,644	3,270	6,914
1874	3,547	3,174	6,721
1875	3,947	3,371	7,318
Total	37,044	34,313	71,357

Sur 1,000 habitants cas de décès en 1875 : hommes $35._8$, femmes $27._1$, deux sexes $31._2$.

Répartition sur les mois (1866—1875) :

	hommes	femmes	deux sexes		hommes	femmes	deux sexes
Janvier	773	749	761	Juillet	997	959	978
Février	705	681	694	Août	1307	1439	1371
Mars	796	730	764	Septembre	893	991	941
Avril	739	715	728	Octobre	749	766	756
Mai	800	730	766	Novembre	703	749	725
Juin	812	756	785	Décembre	726	735	731
				Total	10,000	10,000	10,000

6. Age des morts de 1874 à 1875.

Age des morts	De 10,000 morts			Age des morts	De 10,000 morts			Age des morts	De 10,000 morts		
	masc.	fém.	deux sexes		masc.	fém.	deux sexes		masc.	fém.	deux sexes
	avaient l'âge de				avaient l'âge de				avaient l'âge de		
1 semaine	456	350	403	5— 6 année	52	63	58	34—35 année	67	83	74
2 »	224	229	227	6— 7 »	52	53	53	35—36 »	85	89	86
3 »	219	221	220	7— 8 »	35	30	33	36—37 »	103	67	86
4 »	170	133	152	8— 9 »	20	14	17	37—38 »	77	74	76
en somme 0— 1 mois	1072	952	1003	9—10 »	19	12	16	38—39 »	99	59	81
1— 2 »	460	493	470	5—10 »	178	173	177	39—40 »	94	94	94
2— 3 »	416	420	418	10—11 »	21	12	17	30—40 »	898	798	849
3— 4 »	391	349	372	11—12 »	9	22	15	40—41 »	111	69	91
4— 5 »	278	293	286	12—13 »	17	20	19	41—42 »	85	69	78
5— 6 »	253	216	236	13—14 »	19	23	22	42—43 »	110	58	86
6— 7 »	234	233	233	14—15 »	16	17	17	43—44 »	87	53	81
7— 8 »	212	190	202	10—15 »	82	94	90	44—45 »	77	67	73
8— 9 »	165	192	177	15—16 »	25	31	29	45—46 »	81	73	77
9—10 »	187	213	199	16—17 »	33	35	35	46—47 »	82	60	72
10—11 »	150	130	142	17—18 »	44	32	39	47—48 »	83	55	70
11—12 »	117	158	137	18—19 »	39	42	41	48—49 »	102	69	86
en somme 0— 1 année	3935	3829	3875	19—20 »	51	48	50	49—50 »	107	64	87
13—15 mois	289	272	281	15—20 »	192	188	194	40—50 »	925	637	801
16—18 »	199	215	203	20—21 »	67	35	53	50—51 »	93	49	73
19—21 »	126	138	132	21—22 »	38	70	53	51—52 »	85	78	81
22—24 »	95	121	107	22—23 »	64	51	59	52—53 »	111	64	89
en somme 1— 2 année	709	746	723	23—24 »	82	60	73	53—54 »	77	57	68
25—27 mois	105	81	93	24—25 »	74	78	76	54—55 »	99	57	79
28—30 »	53	35	45	25—26 »	82	78	80	55—56 »	86	64	75
31—33 »	59	61	61	26—27 »	63	66	65	56—57 »	78	75	76
34—36 »	50	43	46	27—28 »	68	72	71	57—58 »	77	81	71
en somme 2— 3 année	267	220	245	28—29 »	55	57	57	58—59 »	82	78	80
3— 4 »	102	121	112	29—30 »	81	73	78	59—60 »	63	75	68
4— 5 »	73	79	75	20—30 »	674	640	665	50—60 »	851	678	760
en somme 0— 5 année	5086	5005	5030	30—31 »	89	66	78	60—61 »	82	78	80
				31—32 »	78	81	79	61—62 »	64	57	61
				32—33 »	89	93	91	62—63 »	70	66	68
				33—34 »	117	90	104	63—64 »	68	90	78

[1]) Sur 10,000 morts à l'âge de 0—1 jour il y avait : légitimes : 8,391, illégitimes : 1,609
[2]) » » » » » » 0—1 année » » légitimes : 7,778, illégitimes : 2,222
[3]) » » » » » » 1—2 » » » légitimes : 9,144, illégitimes : 856
[4]) » » » » » » 2—3 » » » légitimes : 9,304, illégitimes : 696
[5]) » » » » » » 3—4 » » » légitimes : 9,534, illégitimes : 466
[6]) » » » » » » 4—5 » » » légitimes : 10,000, illégitimes : 0

	De 10,000 morts				De 10,000 morts				De 10,000 morts		
	masc.	fém.	deux sexes		masc.	fém.	deux sexes		masc.	fém.	deux sexes
	avaient l'âge de				avaient l'âge de				avaient l'âge de		
64—65 »	52	73	62	77—78 »	31	57	43	**80—90** »	111	249	173
65—66 »	72	100	85	78—79 »	30	55	42	90—91 »	—	8	4
66—67 »	51	76	63	79—80 »	24	46	35	91—92 »	1	5	3
67—6S »	51	75	62	**70—80** »	395	739	553	92—93 »	—	2	1
68—69 »	55	69	61	80—81 »	20	46	32	93—94 »	4	2	3
69—70 »	56	95	75	81—82 »	19	34	26	94—95 »	—	—	—
60—70 »	621	779	695	82—83 »	12	42	26	95—96 »	1	2	1
70—71 »	48	80	63	83—84 »	20	25	22	96—97 »	1	2	1
71—72 »	35	66	50	84—85 »	9	25	17	97—98 »	—	—	—
72—73 »	52	92	71	85—86 »	8	22	14	98—99 »	—	—	—
73—74 »	50	106	76	86—87 »	8	29	16	99—100 »	—	—	—
74—75 »	52	74	63	87—88 »	7	9	8	**90—100** »	7	20	13
75—76 »	44	92	67	88—89 »	3	9	6	Au-dessus de 90 ans	—	—	—
76—77 »	19	71	43	89—90 »	5	8	6				

Récapitulation pour 1874—1875.

	0—5 année	5—10	10—15	15—20	20—30	30—40	40—50	50—60	60—70	70—80	80—90	90—100	Au-dessus de 90 ans	En somme
Masculins	5086	178	82	192	674	898	925	851	621	385	111	7	—	10,000
Féminins	5005	173	94	188	640	798	637	678	779	739	249	20	—	10,000
En somme	5030	177	90	194	665	849	801	760	695	553	173	13	—	10,000

Récapitulation pour 1868—1875.

	0—5	5—10	10—20	20—30	30—40	40—50	50—60	60—70	70—90	En somme
Masculins	5221	225	288	680	842	892	774	581	497	10,000
Féminins	5087	237	288	691	751	695	650	716	885	10,000
En somme	5158	231	288	687	799	798	712	645	682	10,000

7. Principales causes de décès (1866—1875).

Chiffres absolus.

	Debilitas congenita et deformitas	Tuberculosis pulmonum	Cholera asiatica	Typhus	Dysenteria	Variola	Morbilli	Scarlatina	Croup	Pertussis	Syphilis	Meningitis	Dyphteritis	Febris puerperalis	Marasmus senilis	Diarrhoea et cholerina	Atrophia	Pneumonia	Hydrops	Apoplexia pulmonum	Convulsiones
1866	226	717	4,328	256	?	5	22	13	106	20	?	155	?	26	236	671	485	149	162	342	1,071
1867	194	802	535	187	?	10	16	40	139	28	?	135	?	33	189	468	406	155	164	410	842
1868	239	840	—	223	?	105	29	28	126	36	?	189	?	31	195	612	485	166	164	413	1,005
1869	267	879	—	311	3	191	4	29	87	62	?	174	?	28	204	560	405	223	149	370	1,030
1870	270	778	—	123	7	25	2	24	56	18	?	185	?	19	182	589	438	185	133	268	997
1871	300	758	—	163	15	752	285	72	115	27	?	175	?	32	237	839	550	304	175	445	1,172
1872	290	675	—	168	7	597	41	52	55	124	?	186	35	50	191	639	378	281	148	398	988
1873	271	702	39	137	12	30	78	48	48	24	5	185	17	31	202	874	391	319	148	402	1,005
1874	354	612	2	113	9	2	8	36	44	20	1	62	22	30	218	891	331	335	126	386	863
1875	321	671	—	115	6	—	2	54	58	43	2	150	69	26	262	997	337	352	93	408	934
Somme de 10 ans	2,732	7,532	4,904	1,796	—	1,717	487	395	834	402	—	1,596	—	306	2,116	7,140	4,206	4,269	1,462	3,842	9,907
masc. en 1868—75	1,281	3,431	17	692	—	771	211	189	305	127	—	718	—	—	579	3,018	1,731	1,232	451	1,582	4,318
fém. en 1868—75	1,031	2,582	24	661	—	931	238	153	284	227	—	588	—	247	1,112	2,983	1,534	933	685	1,508	3,676

8. Principales causes de décès (1866—1871.)

En pour cent.

	Debilitas congenita et deformitas	Tuberculosis pulmonum	Sur 10,000 sont morts des maladies suivantes																		
			Cholera	Typhus	Dysenteria	Variola	Morbilli	Scarlatina	Croup	Pertussis	Syphilis	Meningitis	Dyphteritis	Febris puerperalis	Marasmus senilis	Diarrhoea et cholerina	Atrophia	Pneumonia	Hydrops	Apoplexia pulmonum	Convulsiones
1866	221	700	4,224	250	?	5	21	13	103	20	?	151	?	25	230	654	473	145	158	334	1.045
1867	322	1,331	889	310	?	17	27	66	231	46	?	222	?	55	314	776	674	257	272	680	1,397
1868	385	1,355	—	360	?	169	47	45	203	58	?	305	?	50	315	987	782	268	265	666	1,621
1869	404	1,327	—	470	5	289	6	47	132	94	?	263	?	42	309	848	613	338	225	560	1,554
1870	448	1,290	—	204	12	41	3	38	93	30	?	307	?	32	302	977	727	307	221	445	1,654
1871	348	878	—	189	17	872	330	84	133	31	?	203	?	37	275	978	638	353	203	518	1,354
1872	404	941	—	234	10	832	56	72	77	173	?	259	49	70	266	891	527	392	206	555	1,377
1873	379	980	55	192	17	42	109	67	67	34	7	259	24	44	283	1,223	547	446	207	563	1,407
1874	519	1,045	3	166	13	3	12	53	65	29	1	91	32	44	320	1,307	486	491	185	566	1,264
1875	438	917	—	157	8	—	3	74	79	59	3	205	94	36	358	1,362	461	481	127	558	1,276
Moyenne de 10 ans	378	1,043	679	248	—	238	67	55	116	56	—	221	—	43	293	989	583	343	202	532	1,372
dont mascul. (en 1868—75)	439	1,179	6	237	—	264	72	65	105	43	—	246	—	—	198	1,034	593	422	155	542	1,480
féminin. (en 1868—75)	385	966	9	471	—	348	89	57	106	85	—	219	—	91	415	1,114	573	348	248	563	1,374

9. Diverses causes de décès par rapport au sexe et à l'âge (1868—1875).

	Sont morts des causes de décès mentionnées à la rubrique 1, sur 10,000 décès						
	0—5 ans	5—15 ans	15—20 ans	20—30 ans	30—50 ans	au dessus de 50 ans	Total
Debilita s congenita deformitas :							
hommes	10,000	—	—	—	—	—	10,000
femmes	10,000	—	—	—	—	—	10,000
deux sexes	10,000	—	—	—	—	—	10,000
Tuberculosis pulmonum : hommes	606	259	45S	2,119	4,585	1,973	10,000
femmes	1,000	495	611	2,296	3,914	1,720	10,000
deux sexes	775	345	522	2,195	4,298	1,865	10,000
Cholera : hommes	2,353	588	—	—	4,706	2,353	10,000
femmes	1,200	—	—	1,600	2,800	4,400	10,000
deux sexes	1,667	238	—	953	3,571	3,571	10,000
Typhus : hommes	899	948	899	2,254	3,023	1,977	10,000
femmes	552	1,155	1,310	2,293	3,018	1,672	10,000
deux sexes	730	1,048	1,099	2,274	3,020	1,829	10,000
Dysenteria : hommes	5,603	421	602	904	1,566	904	10,000
femmes	5,641	257	576	1,090	1,346	1,090	10,000
deux sexes	5,621	341	591	994	1,460	994	10,000
Variola : hommes	5,020	822	314	1,033	1,961	850	10,000
femmes	4,335	800	313	1,395	2,173	984	10,000
deux sexes	4,645	811	313	1,231	2,077	923	10,000
Morbilli : hommes	9,100	758	—	95	47	—	10,000
femmes	8,908	799	83	210	—	—	10,000
deux sexes	8,949	779	44	156	22	—	10,000
Scarlatina : hommes	5,556	3,809	53	159	370	53	10,000
femmes	5,882	3,204	261	261	327	65	10,000
deux sexes	5,702	3,538	146	204	351	39	10,000
Croup : hommes	8,333	1,400	—	67	133	67	10,000
femmes	8,100	1,720	72	—	72	36	10,000
deux sexes	8,220	1,554	35	35	104	52	10,000
Pertussis : hommes	9,685	315	—	—	—	—	10,000
femmes	9,780	220	—	—	—	—	10,000
deux sexes	9,746	254	—	—	—	—	10,000
Dyphteritis : hommes	8,116	1,304	—	290	290	—	10,000
femmes	6,622	2,162	—	405	270	541	10,000
deux sexes	7,343	1,748	—	349	280	280	10,000
Febris puerperalis : femmes	—	—	284	5,101	4,615	—	10,000
Marasmus senilis : hommes	—	—	—	—	—	10,000	10,000
femmes	—	—	—	—	—	10,000	10,000
deux sexes	—	—	—	—	—	10,000	10,000
Syphilis : hommes	6,667	—	—	—	3,333	—	10,000
femmes	8,000	—	—	2,000	—	—	10,000
deux sexes	7,500	—	—	1,250	1,250	—	10,000

		Sont morts des causes de décès mentionnées à la rubrique 1, sur 10,000 décès						
		0—5 ans	5—15 ans	15—20 ans	20—30 ans	30—50 ans	au dessus de 50 ans	Total
Meningitis :	hommes	6,594	1,031	125	469	1,094	687	10,000
	femmes	7,255	1,020	238	745	471	271	10,000
	deux sexes	6,885	1,025	174	591	821	504	10,000
Atrophia :	hommes	9,439	162	46	41	81	231	10,000
	femmes	9,223	164	20	82	170	341	10,000
	deux sexes	9,336	163	33	60	124	284	10,000
Pneumonia :	hommes	3,935	209	129	733	2,850	2,126	10,000
	femmes	4,554	382	106	626	1,561	2,771	10,000
	deux sexes	4,212	284	119	687	2,294	2,404	10,000
Hydrops :	hommes	1,596	732	199	710	1,929	4,834	10,000
	femmes	569	423	117	395	2,117	6,379	10,000
	deux sexes	977	546	150	519	2,072	5 766	10.000
Apoplexia pulmonum :	hommes	4,371	234	78	311	1,439	3,567	10,000
	femmes	4,015	292	58	263	1,095	4,277	10,000
	deux sexes	4,203	261	69	288	1,278	3,901	10,000
Convulsiones :	hommes	9,912	74	—	—	9	5	10,000
	femmes	9,927	49	—	8	8	8	10,000
	deux sexes	9,919	62	—	4	9	6	10,000

Bibliographie.

DR F. GRÄZER : Beiträge zur Bevölkerungs-, Armen-, Krankheits- und Sterblichkeits-Statistik der Stadt Breslau 1832—52. (Breslau 1854.)

»   »   Suite de celles données pour chaque année suivant jusqu'à 1871. (Breslau 1872.)

DR R. & N. FINCKENSTEIN : Rapports annuels de 1864—1874. Berlin. (Dans le Monatsblatt für öffentliche Gesundheitspflege. Supplément à la »clinique allemande«.)

DR STEUER, membre du conseil municipal : Rapports annuels pour 1872 et 1873. Breslau (Breslauer Statistik, II. cahier).

DR BRUCH, directeur du bureau de statistique communale : Rapports annuels pour les années 1874 et 1875 (Breslauer Statistik, II. et III. cahier).

10. Climatologie.

Hauteur au-dessus de la mer : 147.35 mètres.
Vents dominants \ de 50   S, SW, W, NW. N, NO, O, SO.
Force des vents / années 2.7 3.3 4.2 3.7 2.5 1.7 1.7 2.2 (échelle de 0—10 degrés).

Moyennes de mois.

	Janvier	Février	Mars	Avril	Mai	Juin	Juillet	Août	Septembre	Octobre	Novembre	Décembre
Moyenne normale de 1791—1875 (Celsius)	− 3.1	− 1.23	+ 1.31	+ 7.65	+13.0	+16.52	+18.10	+ 7.69	+13.75	+ 8.85	+ 2.90	− 1.10
Température moyenne	− 1.0	− 0.65	+ 2.20	+ 8.23	+12.67	+16.98	+18.98	+17.90	+14.83	+ 8.63	+ 3.24	− 1.10
Moyenne des maxima de température	+ 8.65	+ 9.15	+14.25	+22.65	+26.85	+29.80	+33.20	+32.0	+28.30	+21.75	+ 8.25	+10.30
Moyenne des minima de température	−14.40	−13.0	− 6.70	− 1.30	+1.65	+ 7.70	+10.50	+ 9.40	+ 4.05	− 1.15	− 6.15	−14.30
Pression de l'air ("' de Paris)	332.23	332.52	331.50	331.22	331.55	331.7	331.87	331.88	332.25	332.8	331.05	331.38
Différence entre les maxima et les minima de la pression de l'air	13.14	12.76	13.71	10.95	8.50	7.44	7.24	7.34	9.02	11.91	13.92	13.92
Humidité moyenne	85.0	82.5	79.2	70.7	66.3	67.4	66.7	68.7	70.2	79.2	83.2	85.5
Quantité mensuelle de pluie ("' de Paris)	9.72	14.43	14.25	17.59	24.60	30.28	33.39	27.80	17.16	15.58	20.20	19.36
Nombre de jours pluvieux	7	8	8	15	14	16	14	14	12	13	12	7
dont » neigeux	8	9	8	2	1	—	—	—	—	1	7	10
» à grêle	—	—	1	2	1	1	—	1	—	—	1	1
» à orages	—	—	—	1	2	4	4	2	1	—	—	—

Nâples (Napoli).

Longitude: 31° 55′ à l'est de l'île de Fer.
Latitude septentrionale: 40° 51′ 45″.

Se compose de 12 quartiers suivants : S. Ferdinando, Chiaja, S. Giuseppe, Montecalvario, Avvocata, Stella, S. Carlo all Avena, Vicaria, San Lorenzo, Mercato, Pendino, Porto. — La banlieue sétend encore sur les 5 villages : Posillipo, Fuorigrotto, Vomero, Miano, Piscinola avec Marionella.

En 1866 la commune de Piscinola a été agglomerée à la commune de Nâples ; sa population était 1985.

1. État de la Population.

Année	Total	Année	Total
1765	340,000	1862	447,368
1847	414,134	1863	449,605
1848	416,367	1864	451,007
1849	416,499	1865	447,537
1850	416,475	1866	447,159
1851	418,347	1867	446,990
1852	421,599	1868	444,305
1853	420,452	1869	444,707
1854	418,512	1870	444,886
1855	414,010	1871 [2]	448,335
1858	418,198	1872	449,951
1859	417,463	1873	449,305
1861 [1]	447,065	1874 [3]	451,000

[1] Recensement officiel.
[2]   »   »   (223,577 hommes, 224,778 femmes).
[3] Calcul approximatif.

2. Mariages.

Année	Conclus	Dissous par la mort	Année	Conclus	Dissous par la mort
1865	3,407	4,114	1870	3,139	3.499
1866	2,242	4,215	1871	3,278	3,311
1867	2,605	3,497	1872	3,288	3,187
1868	2,704	4,470	1873	3.449	3,606
1869	3,177	3,373	1874	3,454	3,691
			Total	30,743	36,963

Sur 1000 habitants: (en 1871) 7.3.

Répartition sur les mois (1863—1874).

Janvier	588	Mai	1,121	Septembre	874
Février	676	Juin	1,031	Octobre	877
Mars	660	Juillet	974	Novembre	747
Avril	785	Août	875	Décembre	782

État civil: Sur 10,000 cas (de 1863—1874) il y avait: 7,795 garçons et filles, 1,090 veufs et filles.

Mariages protogames 87 % des hommes,
88 % des femmes.

Degré d'instruction (1869—1874):
Sur 10,000 fiancés savaient écrire 6,401
» » fiancées » » 3,534

3. Age des fiancés. (1874 *)

Age des fiancés	Age des fiancées									Total
	au-dessous de 18	18—20	21—24	25—30	31—40	41—50	51—60	69—70	au-dessus de 70	
18—24	72	224	267	166	54	7	1	—	—	791
25—30	54	209	446	397	141	38	5	—	—	1,290
31—40	25	89	198	271	213	70	11	1	—	878
41—50	2	11	27	62	102	81	20	2	1	308
51—60	—	3	5	15	32	52	16	4	—	127
61—70	1	—	2	3	15	12	15	1	1	50
au-dessus de 70	—	—	2	—	1	3	2	1	1	10
Total	154	536	947	914	558	263	70	9	3	3,454

*) Age moyen des fiancés 31.8, ans, des fiancées 24.9, du couple 28.3 ans.

4. Naissances (1865—1874).

	1865	1866	1867	1868	1869	1870	1871	1872	1873	1874	Total
a) Nés-vivants.											
Garçons	8,304	8,179	8,134	7,526	8,059	8,217	8,148	8,408	8,015	7,678	80.668
» dont illégitimes	589	582	678	632	653	669	659	674	621	594	6,351
Filles	7,991	7,540	7,672	7,061	7,484	7,748	7,600	7,955	7,660	7,049	75,760
» dont illégitimes	580	585	669	689	636	660	673	686	655	572	6.405
Somme	16.295	15.719	15,806	14,587	15.543	15,965	15,748	16,363	15.675	14.727	156.423
b) Mort-nés.											
Garçons	545	503	466	427	540	549	678	682	566	397	5,353
» dont illégitimes	25	36	29	20	36	29	28	31	24	45	303
Filles	414	393	341	321	371	422	412	469	433	314	3,890
» dont illégitimes	36	19	21	21	23	23	25	19	26	30	243
Somme	959	896	807	748	911	971	1.090	1,151	999	711	9,243
c) Total.											
Total des garçons	8,849	8,682	8,600	7,953	8,599	8,766	8,826	9,090	8,581	8,075	86,021
» » filles	8,405	7,933	8.013	7,382	7,855	8,170	8,012	8,424	8,093	7,363	79,650
» » légitimes	16,024	15,393	15,216	13,973	15,106	15,555	15,453	16,104	15,348	14,197	152,369
» » illégitimes	1.230	1,222	1,397	1,362	1,348	1,381	1,385	1,410	1,326	1,241	13,302*)
Total général	17,254	16,615	16,613	15,335	16,454	16,936	16,838	17,514	16,674	15,438	165,671

Naissances sur 1000 habitants (en 1871): 35.1.

Naissances masculines sur 1000 féminines: en général (1865—1874) 1063.4; pour les naissances légitimes: 1071.6, pour les illégitimes: 990.2.

Naissances illégitimes sur 1000 naissances (1865—1874): 88.8.

Mort-nés sur 1000 vivant-nés (1865—1874) 99.1.

*) Les chiffres des enfants illégitimes nés-vivants ne représentent que les naissances, qui sont arrivées en effet dans la commune, sans tenir compte des enfants illégitimes, qui sont nés dans d'autres communes, et qui, sous la dénomination d'enfants trouvés ont été admis dans l'hospice de la ville.

5. Répartition des naissauces sur les mois (1863—1874).

	De 10,000 naissances il y a eu dans le mois de											
	Janvier	Février	Mars	Avril	Mai	Juin	Juillet	Août	Septembre	Octobre	Novembre	Décembre
a) Nés-vivants.												
Naissances **masculines** légitimes	962	917	974	840	800	743	748	743	757	824	826	868
» » illégitimes	968	862	902	860	817	803	772	748	780	817	791	880
Total	964	913	968	842	801	747	749	745	755	823	824	869
Naissances **féminines** légitimes	968	934	972	879	788	724	738	732	766	804	828	867
» » illégitimes	878	841	933	874	744	779	768	758	808	792	909	916
Total	960	927	969	879	784	728	740	735	769	803	835	871
b) Mort-nés.												
Mort-nés **masculins** légitimes	887	827	875	855	792	772	720	792	787	889	852	952
» » » illégitimes	1,019	637	956	493	608	464	783	841	927	956	1,041	1,275
Total	894	817	880	836	782	755	723	794	794	894	862	969
Mort-nés **féminins** légitimes	1,005	833	867	685	763	711	813	781	732	938	992	878
» » » illégitimes	894	831	543	831	767	735	735	1,086	767	607	894	1,310
Total	999	833	845	694	764	713	808	801	734	917	986	906

6. Nombre des décès (1865—1875).

Année	Hommes	Femmes	Total	Enfants morts au-dessous d'un an dans les maison d'enfants trouvés *)
1865	10,853	9,796	20,649	970
1866	10,010	9,181	19,191	943
1867	8,859	8,165	17,024	1,403
1868	9,653	8,776	18,429	1,189
1869	8,481	7,657	16,138	1,280
1870	8,976	7,907	16,883	1,394
1871	9,322	8,201	17,523	1,284
1872	8,391	7,605	15,996	1,299
1873	8,874	8,331	17,205	878
1874	8,952	8,211	17,163	1,042
1875	8,387	8,077	16,464	?
Total	100,758	91,907	192,665	?

Sur 1000 habitants (en 1871): hommes 41.7, femmes 36.5, deux sexes 39.1.

Répartition sur les mois (1863—1874):

	Hommes	Femmes	Deux sexes		Hommes	Femmes	Deux sexes
Janvier	893	950	921	Juillet	838	851	846
Février	843	861	852	Août	754	747	751
Mars	891	868	879	Septembre	825	830	827
Avril	829	827	828	Octobre	732	704	718
Mai	831	828	829	Novembre	893	860	876
Juin	806	797	802	Décembre	865	877	871

*) Comme il n'y a pas une maison d'accouchement, ce chiffre ne répresente pas encore l'entière et affreuse mortalité des enfants confiés à l'hospice: beaucoup de nourrissons meurent dans la ville mais hors de l'hospice, chez une mère de lait, et encore plus dans la campagne. (Remarque faite par le Bureau de statistique de Nâples.) Pour le nombre des enfants admis dans la maison d'enfants trouvés voir le Supplément.

7. Age des morts de 1863—1874.

	De 10,000 morts				De 10,000 morts				De 10,000 morts		
	masc.	fém.	des deux sexes		masc.	fém.	des deux sexes		masc.	fém.	des deux sexes
	avaient l'âge de				avaient l'âge de				avaient l'âge de		
0—1 mois	752	686	721	20—30 année	980	725	838	66—67 année	79	81	80
2—3 »	434	501	466	30—31 »	73	64	69	67—68 »	70	82	76
3—6 »	364	387	374	31—32 »	72	60	67	68—69 »	67	85	75
6—9 »	354	366	360	32—33 »	72	62	67	69—70 »	69	87	78
9—12 »	314	309	312	33—34 »	67	61	64	**60—70** »	813	823	817
0—1 année	2218	2249	2233	34—35 »	72	65	68	70—71 »	73	96	84
1—2 »	1023	1025	1024	35—36 »	72	68	69	71—72 »	81	109	95
2—3 »	480	492	485	36—37 »	73	64	68	72—73 »	88	103	95
3—4 »	280	303	291	37—38 »	74	66	70	73—74 »	86	101	93
4—5 »	181	208	194	38—39 »	75	68	73	74—75 »	81	86	83
0—5 année	4182	4277	4227	39—40 »	75	69	73	75—76 »	77	80	79
5—6 »	98	104	101	**30—40** »	725	647	688	76—77 »	66	75	71
6—7 »	76	90	83	40—41 »	78	70	74	77—78 »	50	69	59
7—8 »	62	79	70	41—42 »	80	69	75	78—79 »	39	67	52
8—9 »	55	55	54	42—43 »	78	68	73	79—80 »	42	64	52
9—10 »	44	43	44	43—44 »	76	66	72	**70—80** »	683	850	763
5—10 »	335	371	352	44—45 »	71	65	68	80—81 »	44	63	53
10—11 »	39	31	35	45—46 »	74	60	67	81—82 »	47	63	54
11—12 »	29	26	27	46—47 »	71	64	67	82—83 »	45	60	53
12—13 »	20	32	26	47—48 »	72	65	69	83—84 »	47	58	52
13—14 »	28	41	35	48—49 »	74	59	67	84—85 »	39	60	49
14—15 »	32	41	36	49—50 »	65	61	68	85—86 »	30	56	43
10—15 »	148	171	159	**40—50** »	745	651	700	86—87 »	23	39	31
15—16 »	39	44	41	50—51 »	79	61	70	87—88 »	25	26	25
16—17 »	48	51	50	51—52 »	81	62	72	88—89 »	16	19	18
17—18 »	53	53	53	52—53 »	79	66	73	89—90 »	12	18	14
18—19 »	64	54	59	53—54 »	79	67	73	**80—90** »	328	462	392
19—20 »	73	55	64	54—55 »	78	68	74	90—91 »	11	16	13
15—20 »	277	257	267	55—56 »	78	64	71	91—92 »	9	17	12
20—21 »	89	63	77	56—57 »	76	66	71	92—93 »	8	14	11
21—22 »	106	71	89	57—58 »	70	66	68	93—94 »	6	11	9
22—23 »	111	80	96	58—59 »	68	69	69	94—95 »	6	9	8
23—24 »	115	81	99	59—60 »	78	71	75	95—96 »	5	9	7
24—25 »	114	78	97	**50—60** »	766	660	716	96—97 »	5	9	7
25—26 »	92	76	85	60—61 »	81	76	78	97—98 »	3	8	6
26—27 »	87	74	80	61—62 »	91	81	86	98—99 »	2	5	3
27—28 »	78	70	74	62—63 »	89	81	85	99—100 »	2	3	2
28—29 »	74	67	71	63—64 »	88	85	87	**90—100** »	57	101	78
29—30 »	74	65	70	64—65 »	95	84	90	Au-dessus de 100 ans	1	5	3
				65—66 »	84	81	82				

Récapitulation.

	0—5 année	5—10 »	10—15 »	15—20 »	20—30 »	30—40 »	40—50 »	50—60 »	60—70 »	70—80 »	80—90 »	90—100 »	Au-dessus de 100 ans	En somme
Masculins	4,182	335	148	277	940	725	745	766	813	683	328	57	1	10,000
Féminins	4,277	371	171	257	725	647	651	660	823	850	462	101	5	10,000
Total	4,227	352	159	267	838	688	700	716	817	763	392	78	3	10,000

8. Principales causes de décès (1873—1875).

a) Chiffres absolus

	Debilitas congenita et deformitas	Tuberculosis pulmonum	Cholera	Typhus	Dysenteria	Variola	Morbilli	Scarlatina	Croup	Pertussis	Syphilis	Hydrocephalus acutus	Meningitis	Dyphteritis	Febris puerperalis	Alii morbi puerper.	Marasmus senilis	Gastro enteritis	Apoplexia	Pneumonia et Bronchitis
1873	131	1,216	—	402	?	5	91	83	75	72	86	?	?	233	54	?	197	1,614	494	3,124
1874	158	1,287	—	228	220	3	132	98	110	38	69	530	361	233	10	29	97	1,232	456	3,510
1875	142	1,117	—	580	?	93	112	67	110	34	55	?	?	275	51	?	315	1,441	489	3,746
Total	431	3,620	—	1,210	?	101	335	248	295	144	210	?	?	741	115	?	609	4,287	1,439	10,380
dont masculin.	231	2,051	—	641	?	63	178	127	170	52	75	?	?	353	—	—	293	2,004	827	4,660
» féminin.	200	1,569	—	569	?	38	157	121	125	92	135	?	?	388	115	?	316	2,283	612	5,720

b) En pour cent: sur 10,000 cas

	Debilitas congenita et deformitas	Tuberculosis pulmonum	Cholera	Typhus	Dysenteria	Variola	Morbilli	Scarlatina	Croup	Pertussis	Syphilis	Hydrocephalus acutus	Meningitis	Dyphteritis	Febris puerperalis	Alii morbi puerper.	Marasmus senilis	Gastro enteritis	Apoplexia	Pneumonia et Bronchitis
1873	76	707	—	234	?	3	53	48	44	42	50	?	?	194	31	?	115	938	287	1,815
1874	92	750	—	133	128	2	77	57	64	22	40	309	210	136	6	17	57	718	266	2,045
1875	86	678	—	352	?	56	68	41	67	21	33	?	?	167	31	?	191	875	297	2,275
Moyenne	85	712	—	238	?	20	66	49	58	28	41	?	?	146	23	?	120	843	283	2,042
dont masculin.	88	782	—	245	?	24	68	48	65	20	29	?	?	135	—	?	112	765	315	1,778
» féminin.	81	637	—	231	?	15	64	49	51	37	55	?	?	158	47	?	128	927	249	2,323

9. Climatologie.

Hauteur au-dessus de la mer: 147 mètres.

Vents régnants. D'après les observations de douze années les vents NE., N., SW., S sont représentés respectivement par les N° 1240—1 1494--1052. Le vent moins fréquent ESE est représenté par le Nr. 66.

Moyennes des mois.

	Janvier	Février	Mars	Avril	Mai	Juin	Juillet	Août	Septembre	Octobre	Novembre	Décembre
Moyenne normale de la température de 25 années	8.05	8.75	10.62	13.73	18.12	21.53	24.21	24.17	21.02	16.89	12.36	9.72
Moyenne des maxima de température	10.86	12.85	14.12	18.62	24.25	25.85	29.25	28.62	26.37	20.37	15.12	14.28
Moyenne des minima de température	5.27	5.50	6.88	9.44	13.35	16.58	18.94	18.92	16.59	12.95	9.23	6.92
Pression de l'air	752.5	750.5	750.6	749.8	751.9	753.6	753.4	753.4	753.—	753.—	751.8	753.1
Différence entre les maxima et les minima de la pression de l'air*)	23.4	21.7	21.1	16.1	12.8	10.2	8.5	9.7	13.3	16.9	22.1	21.7
Humidité moyenne (Pourcents des maxima)	77.5	75.1	73.1	66.9	66.9	63.—	64.5	67.3	68.3	73.9	78.6	77.8
Quantité mensuelle de pluie (Mm. sur ¹/₁₀ métre carré)	105.4	74.6	72.2	61.2	42.2	33.6	10.9	27.2	68.7	102.9	105.8	91.6
Nombre des jours pluvieux etc.	14.08	12.54	12.61	12.—	10.38	5.92	2.23	4.23	7.92	9.69	14.77	11.23
dont » neigeux	0.46	0.33	0.31	—	—	—	—	—	—	—	—	0.08
» » à grêle	1.—	1.38	1.39	1.54	0.46	0.08	—	0.15	—	0.54	0.92	0.54
» » à orages (de 8 années) . . .	0.4	0.6	2.1	1.3	2.—	3.5	1.9	1.4	3.1	2.5	1.6	1.4

(accolade: de 13 années)

*) à la hauteur de 147 mètres et 15° de température.

Supplément.

Nombre des enfants admis dans la maison d'enfants trouvés.

a) Enfants illégitimes.

	Garçons	Filles	Total (nés à Naples)	D'autres communes	En somme
1865	502	514	1016	894	1910
1866	535	545	1080	986	2066
1867	618	616	1234	1048	2282
1868	586	637	1223	1156	2379
1869	580	570	1150	996	2146
1870	592	594	1186	1099	2285
1871	581	577	1178	1052	2230
1872	625	631	1256	1181	2437
1873	548	588	1136	1018	2154
1874	477	511	988	1093	2081

b) Enfants légitimes.

	Garçons	Filles	Total (nés à Naples)	D'autres communes	En somme
1872	4	—	4	5	9
1873	24	16	40	51	91
1874	65	43	108	35	143

Manière d'enregistrer les décès.

Les bureaux d'état civil (il y en a un par arrondissement et un par village = 17) reçoivent les déclarations des décès, qui arrivent dans le territoire de leur jurisdiction. — Les déclarants doivent être munis du certificat du médecin qui attèste la cause du décès pour obtenir l'autorisation de sepulture du cadavre (en cas de mort violente, accidentelle, ou criminelle le certificat du médecin est substitué par la rélation sommaire de la police judiciaire). Toute déclaration de décès (même ceux, qui arrivent dans les hôpitaux) est notifiée au bureau de statistique. Il n'y a donc aucune lacune dans les données sur la mortalité, puisqu'elles comprennent effectivement toute la mortalité, qui arrive dans la commune, soit qu'elle se présente dans la population civile, que dans la garnison, les hôpitaux, les prisons, les hospices et même dans les étrangers de passage. Dans les bulletins mensuels sur la mortalité de Nâples on fait distinction entre les morts résultants de la population stabile, et ceux résultants de la population passagère, mais les chiffres de mortalité exposés dans les tableaux internationaux représentent effectivement la mortalité t o t a l arrivée dans la commune.

Paris.

Longitude: 20° de l' île de Fer.
Latitude septentrionale: 48° 50' 11"

Se compose de 20 arrondissements (= 80 quartiers) nommés plus bas.

La population de Paris depuis un siècle.*)

Il serait fort difficile de déterminer quelle a été la population de Paris, jusqu'à la fin du dix-huitième siècle; c'est en vain qu'on interroge à cet égard, les archives de cette ville. Ce n'est qu'à partir de l'année 1800 que l'administration possède, sur ce point, des documents certains.

Longtemps Paris resta circonscrit dans l'étroite enceinte de l'île de la Cité. Vers le dixième siècle, les deux rives du fleuve, en face de la Cité, étaient déjà couvertes d'habitations. Au treizième, Philippe-Auguste fit élever une enceinte, qui, sur la rive droite, s'étendait de la rue Saint-Antoine au Louvre et comprenait une partie des I et II arrondissements actuels.

Au quatorzième, sous le règne de Charles V, l'enceinte de Paris s'est agrandie, et un document authentique, le registre de la Cour des comptes, nous apprend qu'en 1366, les arrière-fossés de Paris avaient un développement de 2506 toises, ce qui donne pour la ville un circuit de 4884 mètres.

Au seizième, Paris comptait 14,000 maisons et une population de 230,000 habitants, quand les Ligueurs assiégés (1590) firent opérer le recensement des seize quartiers, à l'occasion du rationnement des vivres; l'enceinte de la ville comprenait à cette époque 597 hectares. Louis XIV fait démolir les remparts de Paris et combler les fossés. Cette enceinte présentait une superficie totale de 1104 hectares; le nombre des maisons, d'après le registre des boues de 1660, était de 20,000, et la population de 540,000 habitants.

C'est en 1700, sous le règne de Louis XIV, que Colbert entreprit une étude de la population, pour tout le royaume; dans ce temps-là Paris aurait renfermé 720,000 habitants. Ce chiffre, qu'on ne saurait justifier par des autorités authentiques, doit être considéré comme incertain.

En 1755, l'enceinte officielle était de 1337 hectares, contenant 23,565 maisons, habitées par 71,114 familles, soumises à la capitation. La population était évaluée à 640,000.

---

*) Nous empruntons ce qui suit aux VI. tomes des »Recherches statistiques sur la ville de Paris« et à »l'Annuare de Paris« 1.

Un second dénombrement fut exécuté, en 1762, sous Louis XV. Paris aurait eu, à cette époque, 600,000 habitants. Ce total s'accorde mieux avec les investigations des publicistes et des savants, et surtout avec les calculs de Buffon, qui portait, en 1778, le nombre des habitants de Paris à 658,000. C'est d'après le nombre des feux, qu'on a calculé la population en 1762.

En 1784, sous Louis XVI, Necker voulut également connaître la population de Paris. Pour y parvenir, il fit combiner le nombre moyen des naissances annuelles avec le résultat des dénombrements opérés dans d'autres généralités. Cette combination donna 600,000 habitants.

En 1786, l'enceinte de Paris est de nouveau reculée et reportée aux limites que nous appelons aujourd'hui les anciennes barrières.

Sous l'Assemblée constituante, le dénombrement de la population fut érigé en institution d'État, en vertu d'une loi du 22. juillet 1791. Aussi fut-il prescrit par la loi du 11 août 1793 ; mais, ni à l'une ni à l'autre de ces deux époques, il ne put être exécuté dans Paris.

En 1794, la Convention demanda à connaître enfin la population de Paris. Or, il résulte de l'examen des archives de la préfecture, que, pour satisfaire à ce désir, l'administration municipale se borna à faire dresser des états de population, au moyen du dépouillement des registres qui étaient tenus, à cette époque, dans chaque section, pour la distribution des bons de pain. D'après ce travail, la population de Paris, en 1794, aurait été de 647,000 âmes.

Un décret du 10 vendémiaire an IV. (2. oct. 1795) prescrivit aussi l'établissement, dans chaque commune, d'un tableau permanent contenant les noms, l'âge et la profession de tous les habitants. Mais cette mesure ne put être mise à exécution ; elle fut reconnue impraticable.

Enfin, en 1800, sous le Consulat, il fut possible d'entrependre le dénombrement de la population parisienne. Le recensement, opéré à cette époque, fut effectué avec le plus grand soin par l'autorité municipale ; les documents déposés dans les archives de la préfecture en établissent la preuve. Nous croyons qu'on peut considérer le dénombrement de 1800 comme le premier document exact que l'on possède sur la population de Paris.

En 1805, sous l'Empire, un nouveau recensement fut ordonné. Mais il résulte de l'inspection des pièces qui s'y rapportent, que dans la plupart des arrondissements on se contenta d'arranger les chiffres qui avaient été obtenus par le dénombrement de 1800.

Le dénombrement de 1817, opéré après la paix générale, fut encore supérieur, s'il est possible, à celui de 1800, sous le rapport de l'exactitude. Ce dénombrement fut individuel et nominatif ; d'où il suit qu'on put vérifier la régularité de l'opération.

En 1826, le gouvernement désira constater une seconde fois le nombre des habitants de Paris. Mais, suivant les instructions ministérielles, on se borna à faire une estimation de la population, d'après les variations qu'elle peut subir chaque année. Nous ne mentionnons cette opération que pour en prendre note.

En 1831, le dénombrement fut exécuté avec le même ensemble qu'en 1817. Il fut opéré à domicile, par bulletins individuels : on peut ajouter toute confiance à la régularité de l'opération. Le chiffre de ce dénombrement s'élève, sur notre tableau, à 785,862, bien qu'il n'accuse que 774,338 d'après l'ordonnance royale du 11. mai 1832; la raison de cette différence est que nous en avons retranché les militaires sous les drapeaux (4052), et que nous y avons ajouté la garnison (15,576). Le recensement de 1831 différant, sous ces deux rapports, des dénombrements antérieurs et postérieurs, il nous a semblé utile d'en rétablir la concordance.

A l'occasion du dénombrement de 1836, au lieu de comprendre seulement, comme aux autres époques, la population de fait, on y admit, par suite d'un malentendu, la population de droit, c'est-à-dire les individus résidant hors de Paris pour un temps long et indéterminé. Nous n'avons pas hésité à mettre le recensement de 1836 en harmonie avec les autres dénombrements, au moyen des éléments que l'Administration a conservés; il en résulte que le chiffre de ce recensement, qui s'élève d'après les états officiels à 909,126, figure sur notre tableau pour 868,438.

Suivirent ensuite les dénombrements de 1841, 1846, 1851, 1856 et 1871 dont nous donnons les résultats plus détaillés dans le tableau No. 1.

1. État de la Population.

(Ci-inclus la garnison.)

Date des Recensements	Ancien Paris	Petite Banlieue	Agglomération parisienne
1831	785,862	75,574	861,436
1836	899,313	103,320	1.022,633
1841	935,261	124,564	1.059,825
1846	1.053,897	173,083	1.226,980
1851	1.053,262	223,802	1.227,064
1856	1.174,346	364,267	1.538,613
1861*)	»		1.696,141
1866	»		1.825,274
1872	»		1.851,792

Nous donnons ici aussi la population de 1866 et 1872 des vingt arrondissements qui composent depuis 1866 la ville de Paris.

Arrondissements	superficie en hectares	Population civile		Arrondissements	superficie en hectares	Population civile	
		1866	1872			1866	1872
Louvre	190	81,665	73,750	Reuilly . . .	568	78,635	84,154
Bourse	97.5	79,909	73,578	Gobelins . . .	625	70,192	67,150
Temple	116	92,680	89,687	Observatoire . .	464	65,506	69,038
Hôtel de ville . .	156.5	98,648	92,549	Vaugirard . . .	721	69,340	74,278
Panthéon . . .	249	104,083	96,404	Passy	709	42,187	42,647
Luxembourg . .	211	99,115	90,288	Battignolles .	445	93,193	99,557
Palais Bourbon	403	75,438	68,182	Montmartre . .	519	130,456	136,433
Elysée	381	70,259	73,189	Buttes Chaumont	566	88,930	91,461
Opéra	213	106,221	103,712	Ménilmontant . .	521	87,444	91,387
St.-Laurent . .	286	116,438	135,214				
Popincours. . .	361	149,641	166,052	Total .	7802	1.799,980	1.818,710

*) En 1869 on a reculé les frontières de Paris des murs d'octroi jusqu'aux fortifications. Dans les recensements de 1831—1856 la population de la petite banlieue n'était pas comprise dans le chiffre arreté pour la ville de Paris.

2. Mariages.*)

1866	17,201	1871	12,928
1867	17,730	1872	21,373
1868	18,596	1873	19,520
1869	18,948	1874	18,827
1870	14,657	1875	18,845
		Total . .	178,625

Sur mille habitants: en 1866: 9.4, en 1872: 11.5 mariages.

Répartition sur les mois (1872—1874). Sur 10,000 cas il y avait en

Janvier	733	Juillet	814
Février	940	Août	858
Mars	601	Septembre	838
Avril	944	Octobre	904
Mai	1,024	Novembre	750
Juin	891	Décembre	703

État civil des fiancés (1872—1874). Sur 10,000 cas il y avait:

7,966 garçons et filles.	887 veufs et filles.
682 » » veuves.	465 » » veuves.

Degré d'instruction (1872—1874).

Sur 10,000 fiancés savaient écrire 9,777
» fiancées » » 9,123

---

*) Les données sont prises des »Bulletins municipales, publiés par les ordres de Mr. le Préfet de la Seine« (publications mensuelles).

3. Naissances (1866—1875).

	1866	1867	1868	1869	1870	1871	1872	1873	1874	1875	Total
					a) Nés-vivants.						
Garçons	27,505	27,789	27,973	28,121	29,332	19,167	29,042	28,244	27.220	27,541	271,934
dont illégitimes	?	7,838	?	7,810	7,856	4,941	7,773	7,534	7.249	7,261	?
Filles	26,780	27,255	27,029	26,816	28,254	18,243	27,852	27,661	26,566	26,337	262,793
dont illégitimes	?	7,634	?	7,556	7,310	4,774	7,645	7,612	7,095	6,947	
Somme . . .	54,285	55,044	55,002	54,937	57,586	37,410	56,894	55,905	53,686	53,878	534,727
					b) Mort-nés.						
Garçons	2,399	2,475	2,361	2,438	2,763	1,894	2.404	2,388	2,345	2,258	23,725
dont illégitimes	?	?	?	?	?	?	763	782	707	715	
Filles	1,933	1,842	2,018	2,111	2,143	1,570	2,039	1,952	1,891	1,852	19,351
dont illégitimes	?	?	?	?	?	?	719	663	599	601	
Somme . . .	4,332	4,317	4,379	4,549	4,906	3,464	4,443	4,340	4,236	4,110	43,076
					c) Total.						
Total des garçons	29,904	30,264	30,334	30,559	32,095	21,061	31,446	30,632	29,565	29,799	295,650
» » filles	28,713	29,097	29,047	28,927	30,397	19,813	29,891	29,613	28,457	28,189	282,144
» » légitimes*)	?	?	?	?	?	?	44,437	43,654	42,372	42,464	?
» » illégitimes	15,510	15,472	15,645	15,366	15,166	9,715	16,900	16,591	15,650	15,524	?
Total général	58,617	59,361	59,381	59,486	62,492	40,874	61,337	60,245	58,022	57,988	577,803

Naissances vivantes sur 1000 habitants: (en 1872) 30.6, (1869—1875) 30.3.
Naissances masculines sur 1000 féminines: (1866—1875) 1034·8 pour les légitimes, (1869—1875) 1041·1 pour les illégitimes.
Naissances illégitimes sur 1000 naissances: (1869—1875) 268·3.
Mort-nés sur 1000 nés-vivants: (1866—1875) 80.6.

*) Selon les données des bulletins mensuels.

4. Répartition des naissances sur les mois (1872—74).*)

	De 10,000 naissances il y a eu au mois de											
	Janvier	Février	Mars	Avril	Mai	Juin	Juillet	Août	Septembre	Octobre	Novembre	Décembre
a) Nés-vivants.												
Naissances **masculines** légitimes	851	804	888	870	856	810	875	843	800	795	780	828
» » illégitimes	858	773	890	852	856	807	842	789	833	801	818	881
Total	854	796	888	865	856	809	866	829	808	797	790	842
Naissances **féminines** légitimes	862	777	899	880	843	820	859	831	796	812	789	832
» » illégitimes	837	792	880	863	835	816	832	785	830	799	853	878
Total	855	781	894	875	841	819	852	818	806	809	806	844
b) Mort-nés.												
Mort-nés **masculins** légitimes	900	719	889	856	926	803	809	823	832	755	764	924
» » illégitimes	848	941	884	782	848	666	768	732	862	853	910	906
Total	883	789	888	833	902	760	796	795	841	786	809	918
Mort-nés **féminins** légitimes	919	768	829	880	940	758	817	765	696	804	890	934
» » illégitimes	909	939	883	798	873	621	863	757	798	969	808	783
Total	916	825	847	853	917	712	832	763	730	859	863	883

*) Selon les données des bulletins mensuels.

5. Décès (1866—1875).

Année	Hommes	Femmes	Total
1866	24,712	23,011	47,723
1867	22,460	20,955	43,415
1868	23,364	22.496	45,860
1869	23,969	21,903	45,872
1870	40,143	33,420	73,563
1871	49,793	36,967	86,760
1872	20,503	19,147	39,650
1873	21,380	20,352	41,732
1874	20,800	19,959	40,759
1875	23,457	22,087	45,544
Total . .	270,581	240,297	510,878

Sur 1000 habitants: (en 1872) 21.4.

Répartition sur les mois:

	hommes	femmes	deux sexes
Janvier	868	849	859
Février	836	856	846
Mars	910	890	900
Avril	873	874	874
Mai	854	873	863
Juin	758	749	754
Juillet	794	766	781
Août	853	849	851
Septembre	843	858	850
Octobre	793	802	798
Novembre	783	793	788
Décembre	835	841	838
Total	10,000	10,000	10,000

6. Age des morts de 1872—1874.*)

	De 10,000 morts		
	masc.	fém.	des deux sexes
avaient l'âge de			
1 semaine	223	185	205
2 »	223	194	209
3 »	220	183	202
4 »	91	79	85
en somme			
0—1 mois	775	657	717
1—2 »	221	203	212
2—3 »	144	135	139
3—4 »	121	102	111
4—5 »	97	93	96
5—6 »	81	70	76
6—7 »	83	79	81
7—8 »	77	73	76
8—9 »	74	70	73
9—10 »	72	72	72
10—11 »	76	78	76
11—12 »	78	73	76
en somme			
0—1 année	1900	1704	1805
1—2 »	602	607	604
2—3 »	310	319	314
3—4 »	217	205	211
4—5 »	143	152	148
en somme			
0—5 année	3172	2987	3082
5—6 »	105	100	102
6—7 »	62	70	67
7—8 »	41	48	44
8—9 »	33	34	34
9—10 »	28	33	30
5—10 »	269	285	277
10—11 »	23	23	23
11—12 »	21	24	23
12—13 »	17	28	22
13—14 »	24	25	24
14—15 »	25	37	32
10—15 »	110	137	124
15—16 »	24	39	32
16—17 »	35	43	38
17—18 »	46	50	48
18—19 »	54	65	58
19—20 »	69	70	71
15—20 »	228	267	247
20—21 »	70	81	75

	De 10,000 morts		
	masc.	fém.	des deux sexes
avaient l'âge de			
21—22 année	72	97	85
22—23 »	100	113	106
23—24 »	94	114	103
24—25 »	89	114	101
25—26 »	83	108	95
26—27 »	84	111	97
27—28 »	92	111	102
28—29 »	104	122	113
29—30 »	95	121	108
20—30 »	883	1092	985
30—31 »	100	116	109
31—32 »	92	103	97
32—33 »	111	120	116
33—34 »	115	112	114
34—35 »	110	110	110
35—36 »	106	98	102
36—37 »	105	106	102
37—38 »	108	107	108
38—39 »	116	117	117
39—40 »	112	103	108
30—40 »	1075	1093	1083
40—41 »	120	97	109
41—42 »	102	84	93
42—43 »	118	103	111
43—44 »	115	93	104
44—45 »	119	96	109
45—46 »	126	96	113
46—47 »	119	89	105
47—48 »	110	92	97
48—49 »	124	104	115
49—50 »	119	86	103
40—50 »	1172	940	1059
50—51 »	120	94	107
51—52 »	106	82	94
52—53 »	125	104	115
53—54 »	119	96	108
54—55 »	110	79	95
55—56 »	115	84	100
56—57 »	107	88	98
57—58 »	105	82	94
58—59 »	114	100	107
59—60 »	109	86	97
50—60 »	1130	895	1015
60—61 »	117	110	114

	De 10,000 morts		
	masc.	fém.	des deux sexes
avaient l'âge de			
61—62 année	91	83	87
62—63 »	112	93	103
63—64 »	108	101	105
64—65 »	114	98	105
65—66 »	106	89	97
66—67 »	97	104	99
67—68 »	91	86	89
68—69 »	103	100	102
69—70 »	88	88	89
60—70 »	1027	952	990
70—71 »	94	96	95
71—72 »	75	89	82
72—73 »	95	116	105
73—74 »	84	107	95
74—75 »	86	105	95
75—76 »	83	102	92
76—77 »	69	93	81
77—78 »	64	86	75
78—79 »	46	80	63
79—80 »	40	72	56
70—80 »	736	946	838
80—81 »	35	66	50
81—82 »	29	52	41
82—83 »	26	58	41
83—84 »	21	43	32
84—85 »	22	42	32
85—86 »	18	32	25
86—87 »	12	25	18
87—88 »	8	22	15
88—89 »	7	19	13
89—90 »	5	14	9
80—90 »	183	373	276
90—91 »	4	9	7
91—92 »	2	3	2
92—93 »	1	5	3
93—94 »	1	4	3
94—95 »	1	3	2
95—96 »	1	2	1
96—97 »	1	1	1
97—98 »	1	1	1
98—99 »	—	1	0·5
99—100 »	—	1	0·5
90—100 »	12	30	21
Age incon.	3	3	3

Récapitulation.

	0—5 ans	5—10	10—15	15—20	20—30	30—40	40—50	50—60	60—70	70—80	80—90	90—100	Age inconnu	Total
Masculins	3172	269	110	228	883	1075	1172	1130	1027	736	183	12	3	10,000
Féminins	2987	285	137	267	1092	1093	940	895	952	946	373	30	3	10,000
Deux sexes	3082	277	124	247	985	1083	1059	1015	990	838	276	21	3	10,000

*) Selon les données des bulletins mensuels.

7. Principales causes de décès (1869—1875).[1]

a) Chiffres absolus

	Debilitas congenita et deformitas	Tuberculosis pulmonum	Typhus	Dysenteria	Variola	Morbilli	Scarlatina	Croup	Pertussis	Syphilis	Hydrocephalus	Meningitis	Dyphteritis	Morbi puerperales	Marasmus senilis	Bronchitis	Diarrhoea, cholera infantium, cholera nostras	Vitia cordis	Pneumonia	Convulsiones
1869 [2]	?	8,501	1,028	?	649	534	279	766	?	?	?	?	?	467	?	?	?	?	?	?
1871 [3]	3,178	11,971	4,200	1,108	2,777	565	205	526	284	78	23	2,593	347	215	3,074	8,598	3.118	2.630	6.043	2,258
1872 [4]	1,885	7,436	938	208	102	583	124	421	190	125	17	1,966	414	432	713	2,496	1,435	1,678	2,324	1,152
1873 [5]	1,861	7,919	952	143	17	561	86	709	75	139	16	2,023	455	367	782	2,752	2,227	1,844	2,449	1,148
1874 [6]	2,105	8,037	824	116	46	635	68	?	241	114	?	2,000	2,008	515	921	3,814	674	2,004	2,925	?
1875 [7]	1,897	8,671	1,048	69	253	686	88	?	293	148	?	2,178	1,328	333	1,128	4,572	781	2,715	3,546	?
Total de 1872—75 [8]	7,748	3,2063	3,762	536	418	2,465	366	—	799	526	—	8,167	3,205	1,647	3,544	13,634	5,117	8,241	11,244	—
dont masculin.	4,189	17,182	1,986	320	215	1,274	211	—	370	276	—	4,373	1,667	—	1,263	6,662	2,593	3,861	5,777	—
» féminin.	3,559	14,881	1,776	216	203	1,191	155	—	429	250	—	3,794	1,538	1,647	2,281	6,972	2,524	4,380	5,467	—

b) En pourcent (sur 10,000 cas)

	Debilitas congenita et deformitas	Tuberculosis pulmonum	Typhus	Dysenteria	Variola	Morbilli	Scarlatina	Croup	Pertussis	Syphilis	Hydrocephalus	Meningitis	Dyphteritis	Morbi puerperales	Marasmus senilis	Bronchitis	Diarrhoea, cholera infantium, cholera nostras	Vitia cordis	Pneumonia	Convulsiones
1872	475.4	1,875.4	237.5	52.4	25.7	147.—	31.2	181.8	47.9	31.5	4.2	495.3	104.4	108.9	179.8	629.5	336.6	423.2	586.1	290.5
1873	445.9	1,897.6	228.1	34.3	3.1	134.4	20.6	169.9	17.9	33.3	3.8	484.7	109.—	87.9	187.3	666.6	533.6	441.9	586.8	275
1874	516.4	1,971.8	202.1	28.4	11.3	155.8	16.6	?	59.1	27.9	?	490.7	247.3	126.3	225.9	935.8	165.4	491.6	717.6	?
1875	816.5	1,903.9	230.1	15.2	55.6	150.6	19.3	?	64.3	32.5	?	478.2	291.6	73.1	247.7	1003.9	171.5	596.1	778.6	?
Moyenne de 4 ans	462.1	1,912.1	224.4	32.—	24.9	147	21.8	—	47.7	31.7	—	487.—	191.1	98.2	211.3	813.1	305.2	491.5	670.5	—
dont masculin.	486.3	1,994.7	230.6	37.1	25.—	147.9	24.5	—	43.—	32.0	—	507.7	193.5	—	146.6	773.4	301.—	448.—	670.7	—
» féminin.	436.4	1,824.9	217.8	26.5	24.9	146.1	19.—	—	52.6	30.7	—	465.3	188.6	202.—	279.7	855.—	309.6	537.1	670.4	—

[1]) Les causes des décès sont déterminées d'après les renseignements fournis par la famille. — [2]) Voir Annuaire de Paris (Première années p. 61. — [3]) Bulletin municipale 1871. — [4]) Bulletin récapitulatif 1872. — [5]) Bulletin récapitulatif 1873. — [6]) Bulletin récapitulatif 1874. — [7]) Bulletin municipale 1875. — [8]) Vu les événements extraordinaires de l'année 1871 nous avons calculés les chiffres en pourcent seulement pour les années 1872—75.

8. Décès par arrondissement et par sexe pour 1865—1874.

Année	Arrondissement																				Paris	Sexe	
	1	2	3	4	5	6	7	8	9	10	11	12	13	14	15	16	17	18	19	20		M.	F.
1865	1354	1095	1619	3893	3768	2778	1815	1930	1458	4692	3556	3909	2580	2611	3005	872	2319	3496	2433	2102	51285	26339	24946
1866	1797	1548	2098	2522	3168	2135	2191	1241	1826	3025	4665	2424	2125	2038	2201	1087	2555	3301	2927	2849	47723	24712	23011
1867	1260	1301	1704	2194	2675	1994	1931	1097	1561	2595	4282	2373	2441	2164	2015	941	2196	3263	2719	2709	43415	22460	20955
1868	1391	1205	1727	2135	2546	1821	1866	1084	1521	2882	4454	2468	2957	2719	2224	934	2441	3492	2989	3004	45860	23364	22496
1869	1389	1286	1765	2182	2590	1807	1948	1137	1705	3016	4411	2510	2729	2865	2234	895	2367	3414	2898	2724	45872	23969	21903
1870	2205	1957	2717	3452	4522	3164	3429	2181	2839	2263	6633	4107	4289	4903	3762	1410	3741	5107	4106	3776	73563	40143	33420
1871	2230	1788	2649	4407	5903	3745	4915	3537	2597	7620	6986	5436	5064	5084	4996	1870	3774	5341	4354	4464	86760	49793	36967
1872	1295	1195	1574	1792	2137	1656	1553	1039	1575	2859	3921	2023	2123	2259	1863	829	2161	3170	2266	2360	39650	20503	19147
1873	1374	1261	1683	2046	2377	1770	1661	1228	1717	3024	4154	2172	1714	2009	1908	1003	2291	3345	2364	2631	41732	21380	20352
1874	1385	1187	1710	1853	2299	1722	1589	1157	1714	2876	4040	2095	1641	1900	1798	975	2431	3426	2429	2532	40759	20800	19959
Total	15680	13823	19246	26476	31985	22592	22898	15631	18513	37852	47102	29517	27663	28552	26006	10816	26276	37355	29485	29151	516619	273463	243156

9. Climatologie.

Hauteur au-dessus de la mer : 67.35 mètres.

Vents regnants : SW.

Moyennes de mois.

	Janvier	Février	Mars	Avril	Mai	Juin	Juillet	Août	Septembre	Octobre	Novembre	Décembre
Température moyenne	2.4	4.5	6.4	10.1	13.9	17.2	18.8	18.5	15.7	11.3	6.5	3.7
Moyenne des maxima	4.1	6.7	10.1	14.7	18.8	22.3	23.6	23.4	20.1	14.8	9.4	5.7
Moyenne des minima	— 0.2	1.0	3.0	5.6	9.3	12.3	13.7	13.7	11.4	7.5	4.4	1.8
Pression moyenne de l'air	757.8	757.9	756.0	754.9	755.0	757.1	756.2	756.5	756.4	754.5	755.7	755.0
Pluie en millimètres	40.2	29.7	41.9	41.1	52.2	49.8	51.4	47.5	55.0	52.4	47.8	39.7
Nombre des jours de pluie	11.2	11.6	12.0	11.8	14.6	13.2	14.0	12.3	13.6	13.3	14.3	12.5
» » » de neige	2.7	2.7	1.5	1.0	—	—	—	—	—	0.2	0.8	1.7
» » » grêle ou grésil	0.1	1.1	1.7	1.9	1.1	0.9	0.3	0.1	0.4	0.4	0.6	0.3
» » » de tonnerre	0.07	0.00	0.2	0.9	2.0	3.0	2.5	1.9	1.2	0.3	0.1	0.03

Bibliographie.

BULLETINS DE STATISTIQUE MUNICIPALE (Bulletins mensuels) 1871, 1872, 1873, 1874, 1875, 1876.

RECHERCHES STATISTIQUES SUR LA VILLE DE PARIS ET LE DÉPARTEMENT DE LA SEINE, (publié d'aprés les ordres de Mr. le préfet de la Seine). I. année (1821) Paris 1833 (deuxiéme édition); II. année (1823), Paris 1834 (deuxième édition); III. année, Paris 1826; IV. année, Paris 1829; V. année, Paris 1849; VI. année, Paris 1860.

GARNIER ET GUILLAUMIN, Annuaire de l'économie et de statistique, années 1848—1855 ⎫

BLOCK ET GUILLAUMIN, » » » » 1856—1864 ⎬ Chaque année contient un chapitre spécial sur la ville de Paris.

M. BLOCK, » » » » 1865—1875 ⎭

ANNUAIRE DE PARIS (Paris 1872).

A. LOUA, Atlas statistique sur la population de Paris (Paris 1873).

MAXIME DU CAMP, Paris, ses organes, ses fonctions et sa vie dans la seconde moitié du XIX. siècle, tome I—VI., Paris 1869—1875.

JOURNAL DE LA SOCIÉTÉ DE STATISTIQUE DE PARIS, tome I—XX.

⌶⌶⌶ondres (London).

Latitude septentrionale: 51° 31.

1. État de la Population.*)

Année	Population			Année	Population		
	Hommes	Femmes	Total		Hommes	Femmes	Total
1851	1.109.015	1.264,066	2.373,081	1864	1.378,661	1.571,700	2.950,361
1852	1.129,244	1.287,123	2.416,367	1865	1.399,778	1.595,773	2.995,551
1853	1.149,588	1.310,311	2.459,899	1866	1.420,904	1.619,857	3.040,761
1854	1.170,040	1.333,622	2.503,662	1867	1.442,030	1.643,941	3.085,971
1855	1.190,592	1.357,047	2.547,639	1868	1.463,146	1.668,014	3.131,160
1856	1.211,237	1.380,578	2.591,815	1869	1.484,243	1.692,065	3.176,308
1857	1.231,967	1.404,207	2.636.174	1870	1.505,311	1.716,083	3.221,394
1858	1.252,775	1.427,925	2.680,700	1871	1.528,832	1.737,566	3.266,398
1859	1.273,653	1.451,721	2.725,374	1872	1.549,848	1.761,450	3.311,298
1860	1.294,593	1.475,588	2.770,181	1873	1.570,804	1.785,269	3.356,073
1861	1.315,456	1.499,645	2.815,101	1874	1.591,692	1.809,009	3.400,701
1862	1.336,491	1.523,626	2.860,117	1875	1.612,501	1.832,659	3.445,160
1863	1.357,563	1.547,647	2.905,210	1876	1.633,221	1.856,207	3.489,428

*) Les chiffres des années 1851, 1861, 1871 résultent des recensements, les autres sont calculés.

2. Mariages (1864—1873).

1864	31,541	1869	30,017
1865	33,364	1870	30,382
1866	33,592	1871	31,843
1867	31,689	1872	33,155
1868	30,607	1873	33,425

Sur mille habitants (en 1871): 9.7 mariages.

Degré d'instruction (1870—1873): savaient écrire sur 1000 fiancés: 916
» » » fiancées: 867

État civil (1870—1873). Sur 1000 cas il y avait:

garçons et filles	814.9	veufs et filles	87.8	divorcés et filles	0.2
» » veuves	48.9	» » veuves	7.6	» » veuves	—
» » divorcées	0.3	» » divorcées	—	» » divorcées	0.1

3. Naissances (sans les mort-nés).

	Garçons	Filles	Total		Garçons	Filles	Total
1864	52,383	50,242	102,625	1869	57,039	55,293	112,332
1865	54,051	52,752	106,803	1870	58,117	55,785	113,902
1866	55,249	53,416	108,665	1871	57,032	55,585	112,617
1867	57,608	55,083	112,691	1872	60,453	57,987	118,440
1868	57,810	56,127	113,937	1873	60,513	58,502	119,015

Sur mille habitants (en 1871): 34.5.

Naissances masculines sur 1000 féminines (1864—1873): 1035.3.

Répartition sur les trimestres. Sur 1000 cas il y avait (1872—1874):

	Garçon	Filles	Total		Garçon	Filles	Total
au I. trimestre	259	260	260	au III. trimestre	244	246	245
» II. »	243	242	242	» IV. »	254	252	253

4. Décès (1864—1873).

Année	Hommes	Femmes	Total	Dont mort dans des etabblisements publies
1864	39,551	38,687	78,238	12,731
1865	37,578	35,953	73,531	12,116
1866	41,092	39,361	80,453	13,054
1867	36,378	34,546	70,924	12,002
1868	37,753	36,045	73,798	12,326
1869	39,862	38,220	78,082	12,298
1870	39,853	37,781	77,634	12,300
1871	40,634	39,796	80,430	14,665
1872	36,592	34,763	71,355	11,039
1873	38,366	37,093	75,459	13,101
Total	387,659	372,245	759,904	125,632

Sur mille habitants: de 1845—50: 25, de 1850—60: 24, de 1860—70: 24 *)
(en 1871) hommes: 26.5 , femmes: 22.9 , deux sexes 24.6.

Répartition sur les trimestre: sur 1000 cas il y avait (1872—1874):

| au I. trimestre | 259 | 266 | 263 | au III. trimestre | 246 | 238 | 242 |
| » II. » | 230 | 222 | 226 | » IV. » | 265 | 274 | 269 |

5. Age des morts (1861—1870).

Sur 100 morts avaient l'âge de	Masculins	Féminins	Total	Sur 100 morts avaient l'âge de	Masculins	Féminins	Total
0-- 5 annèe	4532	4160	4349	45—55 annèe	850	742	796
5—10 »	402	402	409	55—65 »	830	842	836
10—15 »	160	163	161	65—75 »	729	915	829
15—20 »	204	214	208	75—85 »	419	664	539
20—25 »	292	287	288	Au dessus de 85 ans	91	189	139
25—35 »	675	685	679	En somme	10,000	10,000	10,000
35—45 »	816	737	777				

*) Supplement to the 35, Report of the Registrar General (LXXXIII).

6. Mortalité de Londres de 1840—1873. *)

Année	London (Arch 122 miles carrés)	West Districts (16.8 miles)	North Districts (21 miles)	Central Districts (3.5 miles)	East Districts (9.3 miles)	South Districts (71.4 miles)
1840	25.—	24.1	23.9	24.5	25.7	25.9
1841	24.—	22.4	22.4	25.—	25.1	24.4
1842	23.5	22.6	22.6	23.6	24.4	23.9
1843	24.7	23.3	23.1	25.3	26.4	24.8
1844	25.0	23.9	23.3	24.4	25.9	25.6
1840—4	24.4	23.3	23.1	24.6	25.5	24.9
1845	23.2	22.5	21.—	24.—	24.6	23.8
1846	23.3	21.6	21.9	22.9	24.1	24.6
1847	27.—	24.5	25.4	27.9	29.4	27.7
1848	25.8	23.6	23.4	25.3	28.7	27.2
1849	30.1	26.1	23.7	27.9	31.8	37.6
1845—9	25.9	23.7	23.1	25.6	27.7	28.2
1850	21.—	19.6	19.8	21.1	21.7	21.9
1851	23.4	22.—	22.2	24.1	24.3	24.—
1852	22.6	21.5	21.2	23.9	23.3	23.—
1853	24.4	22.3	22.4	25.1	26.5	25.3
1854	29.4	28.5	24.4	27.4	30.—	34.8
1850—4	24.2	22.8	22.—	24.3	25.2	25.8
1855	24.3	23.—	23.3	25.1	25.5	24.6
1856	22.1	21.5	21.1	23.—	23.3	21.8
1857	22.4	21.2	21.5	23.8	24.6	21.5
1858	23.9	22.4	22.9	24.5	25.8	24.—
1859	22.7	21.4	21.7	24.1	24.—	22.6
1855—9	23.1	21.9	22.1	24.1	24.6	22.9

Année	London (Arch 122 miles carrés)	West Districts (16.8 miles)	North Districts (21 miles)	Central Districts (3.5 miles)	East Districts (9.3 miles)	South Districts (71.4 miles)
1860	22.5	22.2	21.2	23.3	24.1	22.1
1861	23.2	22.1	22.3	25.4	24.—	22.8
1862	23.6	22.—	22.0	26.3	26.—	22.7
1863	24.5	23.—	23.8	27.1	26.5	23.3
1864	26.5	24.6	25.4	30.—	29.—	25.4
1860—4	24.1	22.8	22.9	26.4	25.9	23.3
1865	24.6	22.7	24.5	27.5	26.4	23.2
1866	26.5	22.6	25.3	27.5	34.—	24.1
1867	23.—	21.8	23.1	25.1	24.2	22.—
1868	23.6	22.3	22.9	25.6	25.6	22.9
1869	24.6	22.2	23.5	26.8	28.—	23.9
1865—9	24.5	22.3	23.9	26.5	27.6	23.2
1870	24.1	23.8	23.6	26.1	25.1	23.5
1871	24.6	22.4	25.6	25.—	26.1	24.—
1872	21.5	19.6	21.2	23.6	23.6	20.9
1873	22.5	20.5	21.2	25.1	25.2	22.1
—	—	—	—	—	—	—
1840—49	25.2	23.5	23.1	25.1	26.6	26.6
1850—59	23.6	22.3	22.1	24.2	24.9	24.4
1860—69	24.3	22.6	23.4	26.5	26.8	23.2
1840—1873	24.2	22.6	22.8	25.2	26.—	24.5
Nombre des vivants sur un cas de décès	41	44	44	40	39	41

*) Cettes données se trouvent sur le tableau Nr. 38 du 36. Annual Report du Registrar général. — Le nombre des habitants est calculé d'après les recensements de 1841, 1851, 1861, 1871. — Les changements survenus en 1868 dans les districts du West et aux du Central ne sont pas regardés dans ce tableau.

7. Principales causes des décès (1870—73).

Année	Debilitas congenita et deformitas	Tubercul. pulm.	Cholera	Typhus	Dysenteria	Variola	Morbilli	Scarlatina	Croup	Pertussis	Syphilis	Hydrocephalus acutus	Meningitis	Dyphteritis	Febris puerperalis	Alii morbi puer-perales	Marasmus senilis	Diarrhoea	Pneumonia	Bronchitis
a) Chiffres absolus.																				
1870	3,368	8,948	239	472	95	973	1,449	6,040	587	1,956	461	1,449	911	334	278	283	2,702	3,719	3,801	8,348
1871	3,267	8,686	221	384	81	7,912	1,427	1,902	498	2,321	352	1,404	847	344	221	337	2,588	3,887	3,835	9,010
1872	3,197	8,586	181	174	79	1,786	1,680	918	607	3,259	436	1,341	889	267	255	361	2,277	3,509	3,753	7,685
1873	3,244	8,683	162	277	81	113	2,149	645	718	2,620	436	1,313	905	320	333	282	2,599	3,869	4,319	9,235
Totale	13,076	34,906	803	1,307	336	10,784	6,705	9,505	2,410	10,156	1,685	5 507	3,552	1.265	1,087	1,163	10,166	14,984	15,708	34,278
dont mascul.	6,813	19,460	456	610	226	5,647	3,446	4,841	1,330	4,661	889	3,102	1,930	611			3,650	7,821	8,623	17,058
féminin	6,263	15,446	347	697	110	5,137	3,259	4,664	1,080	5,495	796	2,405	1,622	654	1,087	1,163	6,516	7,163	7,085	17,220
b) En pour cents.																				
1870	4.31	11.54	0.30	0.59	0.12	1.21	1.85	7.78	0.75	2.42	0.59	1.86	1.18	0.43	0.34	0.36	3.48	4.79	4.89	10.75
1871	4.04	10.80	0.27	0.48	0.10	8.59	1.76	2.35	0.61	2.67	0.44	1.74	1.05	0.42	0.24	0.42	3.20	4.84	4.77	11.20
1872	4.47	12.03	0.25	0.24	0.11	2.51	2.35	1.28	0.85	4.67	0.61	1.88	1.35	0.37	0.36	0.36	3.19	5.03	5.25	10.78
1873	4.30	11.50	0.21	0.36	0.11	0.14	2.84	0.85	0.94	3.47	0.57	1.73	1.20	0.42	0.40	0.37	3.44	5.12	5.71	12.23
Totale	4.28	11.45	0.26	0.43	0.11	3.54	2.20	3.11	0.79	3.32	0.45	1.80	1.16	0.41	0.36	0.37	3.33	4.91	5.15	11.24
dont mascul.	4.38	12.51	0.29	0.39	0.13	3.62	2.22	3.10	0.84	2.99	0.57	1.99	1.23	0.39	—	—	2.34	5.02	5.54	10.97
feminin	4.18	10.33	0.23	0.46	0.07	3.43	2.18	3.12	0.72	3.67	0.53	1.60	1.08	0.43	0.72	0.77	4.40	4.73	4.73	11.51

8. Diverses causes de décès par rapport au sexe à et l'âge (1861—1870*).

		Sont morts des causes de décès mentionnées à la rubrique 1, sur 10,000 décès						
		0—5 ans	5—15 ans	15—20 ans	20—30 ans	30—50 ans	au dessus de 50 ans	Total
Tuberculosis pulmonum :	hommes	616	342	550	1,071	4,694	2,727	10,000
	femmes	711	556	769	1,147	4,875	1,942	10,000
	deux sexes	659	438	648	1,105	4,775	2,375	10,000
Cholera :	hommes	3,807	1,381	237	289	1,921	2,365	10,000
	femmes	3,079	1,153	262	394	2,346	2,766	10,000
	deux sexes	3.439	1,265	251	342	2,135	2,568	10,000
Typhus :	hommes	1,844	1,716	653	655	2,405	2,727	10,000
	femmes	1,844	1,806	700	643	2,301	2,706	10,000
	deux sexes	1,844	1,762	677	649	2,353	2,715	10,000
Dysenteria :	hommes	8,712	107	26	46	215	894	10,000
	femmes	8,325	126	20	35	236	1,258	10,000
	deux sexes	8,525	116	23	41	225	1,070	10,000
Variola :	hommes	5,129	1,374	484	880	1,770	363	10,000
	femmes	5,826	1,518	482	663	1,243	268	10,000
	deux sexes	5,446	1,440	483	782	1,530	318	10,000
Morbilli :	hommes	9,487	477	8	8	15	5	10,000
	femmes	9,413	516	18	15	32	6	10,000
	deux sexes	9,450	496	13	12	24	5	10,000
Scarlatina :	hommes	6,774	2,882	131	78	112	23	10,000
	femmes	6,489	2,998	161	131	200	21	10,000
	deux sexes	6,634	2,939	146	104	155	22	10,000
Pertussis :	hommes	9,695	296	2	1	4	2	10,000
	femmes	9,611	379	6	1	2	1	10,000
	deux sexes	9,649	341	4	1	3	2	10,000
Hydrocephalus acutus :	hommes	9,046	852	32	19	42	9	10,000
	femmes	8,944	943	50	26	28	9	10,000
	deux sexes	9,002	891	40	22	35	10	10,000
Dyphteritis :	hommes	7,129	1,840	147	139	405	340	10,000
	femmes	6,537	2,432	217	150	414	250	10,000
	deux sexes	6,818	2,151	184	145	410	292	10,000
Morbi puerperales :	femmes	—	2	431	1,814	7,660	93	10,000
Scrofulosis et Tabes :	hommes	8,032	934	221	179	365	269	10,000
	femmes	7,982	893	213	124	437	351	10,000
	deux sexes	8,009	916	217	154	398	306	10,000

*) Pour les chiffres absolus v. Supplement to the 35 annuel Report of the Registrar General of Births, Deaths and mariages.

Supplément.

Différence dans la mortalité causée

par maladies de poumons et phthisis à Londres et en Angleterre.*)

Sont morts de 1.000,000 vivants à l'âge de

	25—35	35—45	45—55	55—65 ans
hommes:				
par phthisis en Angleterre	4092	4165	3860	3207
» » en Londres	4793	6183	6380	5314
par maladies de poumons en Angleterre	860	1722	3500	7587
» » » » en Londres	996	2180	4843	11342
femmes:				
par phthisis en Angleterre	4378	3900	2850	2065
» » en Londres	3698	4097	3208	2299
par maladies de poumons en Angleterre	613	1130	2327	5875
» » » » en Londres	578	1277	3294	8987

---

*) V. Supplem. to the 35. ann. rep. of the Reg. Gen. Tabl. 76.

Mortalité dans les différents districts de Londres (1841—1870).

District	Densité de population 1861 (Combien d'acres par tête)	Mortalité		
		1841—1850	1851—1860	1861—1870
Westminster St.-James *).	005?	22	23	23 ?
St.-Giles	005	26	28	29
Holborn: Holborn.		26	26	
» Clerkenwell.	005	24	23	28
» St.-Luke		27	27	
Shoreditch	005	27	24	26
Whitechapel	005	29	28	30
St.-George in the East	005	29	29	30
Strand: St.-Martin in the field . .		24	23	
» Strand.	006	24	24	25
London City: East-London . . .		27	27	
West-London . . .	007	29	25	26
London City		22	22	
Bethnal Green	007	25	23	27
Stepny	008		27	28
Mile Eud Old town	008	25	24	25
Marylebone	009	24	24	25
St.-Saviour Southw. St. Geo. Southwark		30	27	
» Newington		26	24	
» St. Saviour				
St.-Olave Southwark St.-Olave . .	009	30	29	25
Bermondsey		28	26	
Rotherhithe		28	25	
Chelsea	012	27	26	26
St.-George Han. Sq. Westminster . .	012	27	26	27
» » St.-George Han. Sq. .	013	19	19	19
Pancras	013	23	22	23
Islington.	017	19	21	22
Lambeth	021	25	23	23
Poplar	024	22	24	26
Kensigton	032	20	19	21
Greenwich **)	035	27	24	26
Hackney	038	19	19	20
Lambeth	049	24	23	23
Hamstead	087	18	17	16
Wapdsworth	118	19	20	19
Lewisham	217	17	18	19

V. Supplément to the 35. Report of the Reg. Gen. Tabl. 56.

*) En consequence du changement effectué dans le district du Westminster (St.-James) en 1868, la densité de la population et la mortalité de ce district pour les dix années de 1860—70 ne furent pas séparées de ceux du district nommé Strand.

**) Le district de Woolwich, créé le juillet 1868 par une subdivision des districts Greenwich et Lewisham, est contenu dans ces districts.

Surface, maison et population

des

grandes villes de la Grande Bretagne.

	Surface (acres)	Maisons habitées		Population	
	1871	1861	1871	1861	1871
Angleterre.					
London	668	13,298	9,305	112,063	74,897
Birmingham	8,400	59,060	68,532	296,076	343,787
Bradford	6,508	22,518	29,408	106,218	145,830
Bristol	4,452	23,590	27,536	154,093	182,552
Hull	3,635	19,516	25,119	97,661	121,892
Leeds	21,572	44,651	55,827	207,165	259,212
Liverpool	5,210	65,781	78,403	443,938	493,405
Manchester . . .	4,293	61,487	67,204	338,722	351,189
Newcastle-on-Tyne . .	5,371	13,979	16,460	109,108	128,443
Oldham	4,666	13,810	16,739	72,333	82,629
Portsmouth	4,486	15,819	19,088	94,799	113,569
Salford	5,170	19,128	23.891	102,449	124,801
Sheffield	19,651	38,052	48,496	185,172	239,946
Écosse.					
Edinburgh	—	9,760	10,529	168,121	196,979
Glasgow	—	13,866	14,652	394,864	477,156
Irlande.					
Belfast	5,991	18,595	27,691	121,369	174,412
Dublin	3,803	22,935	23,896	254,808	246,326
Indes orientaux. *)					
Bombay (ville et îles, sans ports et bateaux)	11,919		29,691		621,452
Madras	17,280		51,741		397,552
Lucknow	5,120 (Estimated)		58,772		284,779
Benares	3,141		37,574		175,188
Delhi	2,560 (Estimated)		notstated		154,417
Calcutta (ville) . . .	5,120		38,864		447,601
» (faubourgs) .	108,800		59,952		347,044
Australie.					
Melbourne	—	—	39,000[1]	—	206,780[2]
Sydney	—	10,185	26.000[3]	56,394	127,000
Montréal	—	—	16,134	90,323	107,225

*) Dans les Indes c'était en 1871/2 qu'on faisait le premier recensement.

[1] Évaluation. — [2] Avec les faubourgs. — [3] Évaluation.

Errata à corriger.

11 p. Budapest   tableau 14: les données se rapportent aux années 1848—1875.

43 » Prague   »   11: »   »   »   »   »   »   »   1845—1873.

46 » Trieste   »   3: »   »   » sur les naissances rapportent aux années 1865—1874.

86 » Stuttgard   »   4: » rubriques des mort-nés et »nés-vivants« à changer.

182 » Moscou—les données sur la confession des morts se rapportent aux années 1868—1872.

184 »   »   tableau 10: les données se rapportent aux années 1868—1872.

186 » Odessa   »   4: »   »   »   »   »   » à 1873.

216 » Rotterdam »   4: »   »   »   »   »   » à 1860—1874.

Note : Les données météorologiques de Palerme se rapportent aux thermomètre de 80° (Réaumeur).